飞机撞击下

核电厂房的安全评估

方 秦　吴 昊　李忠诚　 著
张 涛　董占发　黄 涛

机械工业出版社

本书介绍了核电厂房在商用飞机意外撞击下的结构损伤破坏、厂房结构和内部设备振动响应的分析与评估方法，以及商用飞机引擎低速撞击破坏效应的评估方法等。

　　全书共7章。第1章介绍了飞机撞击核电厂房的研究背景及其国内外研究现状；第2章介绍了飞机撞击力的计算方法；第3章介绍了作者建立并得到验证的具有代表性的四种飞机和四种核电厂房的精细化有限元模型；第4章介绍了多种因素影响下商用飞机撞击核电厂房动态响应与损伤破坏的数值仿真；第5章介绍了引擎撞击普通钢筋混凝土结构的试验及理论分析；第6章介绍了引擎撞击超高性能混凝土结构的试验、模拟及理论分析；第7章介绍了飞机撞击核电厂房模型试验及数值模拟，以及核电设备受飞机撞击的安全性评估方法。

　　本书可作为核电厂房设计人员以及相关方向的研究人员的参考书。

图书在版编目（CIP）数据

飞机撞击下核电厂房的安全评估/方秦等著. —北京：机械工业出版社，2022.3

ISBN 978-7-111-70355-6

Ⅰ.①飞… Ⅱ.①方… Ⅲ.①核电厂-厂房-安全评价 Ⅳ.①TM623

中国版本图书馆 CIP 数据核字（2022）第 041065 号

机械工业出版社（北京市百万庄大街 22 号　邮政编码 100037）

策划编辑：李　帅　　　　　责任编辑：李　帅
责任校对：潘　蕊　王　延　封面设计：张　静
责任印制：常天培
北京宝隆世纪印刷有限公司印刷
2022 年 7 月第 1 版第 1 次印刷
169mm×239mm·23.25 印张·2 插页·440 千字
标准书号：ISBN 978-7-111-70355-6
定价：199.00 元

电话服务　　　　　　　　网络服务

客服电话：010-88361066　　机　工　官　网：www.cmpbook.com
　　　　　010-88379833　　机　工　官　博：weibo.com/cmp1952
　　　　　010-68326294　　金　书　网：www.golden-book.com
封底无防伪标均为盗版　　机工教育服务网：www.cmpedu.com

前言 / PREFACE

　　核电厂房设计主要考虑的外部事故来源包括地震和海啸、剧烈气流以及飞机撞击等。对于核电厂房抗震、抗风已经有成熟的研究成果。在抗飞机撞击方面，"9·11"事件之前，核电站的设防标准仅为轻型飞机。"9·11"事件中，大型商用飞机撞击所呈现的巨大破坏力和灾难性后果，使得核安全领域认识到，抵御大型商用飞机的恶意撞击、保证放射性物质不泄露是核电站防护设施所必须具备的能力。2009年，美国联邦法规和美国核管理委员会修订的条例以法规的形式指出美国新建核电站必须能够抵御大型商用飞机的恶意撞击。之后，美国核能研究所、核管理委员会和能源部等部门也相继出台了相应的初步分析评价和总体管理导则。我国国家核安全局于2016年批准发布了HAF 102—2016《核动力厂设计安全规定》，明确规定我国核电站建造要考虑商用飞机的恶意撞击。为满足核电站稳定运营和国家重要能源目标战略安全的迫切需求，客观上亟须开展核电厂房抗大型飞机撞击的基础理论和工程应用研究。

　　核电厂房抗大型商用飞机撞击研究涉及核电设计、冲击动力学和土木工程防灾减灾与防护等多个学科领域的交叉。本书介绍了作者近年来在相关国家自然科学基金项目资助下，围绕核电厂房在商用飞机意外撞击下的结构损伤破坏、厂房结构和内部设备振动响应的分析与评估方法，以及商用飞机引擎低速撞击理论体系等方向开展的研究工作。本书可为核电厂房设计人员以及相关方向的研究人员提供参考。

　　由于作者水平有限，书中难免存在疏漏之处，敬请广大读者批评指正。

作　者

目录 / CONTENTS

第**1**章 绪论

1.1 研究背景与意义

1.1.1 核电站建设与发展现状

能源，不仅是自然界一切运动和演变的必要前提，更是人类经济发展和社会进步的重要基础。从古至今，人类对于能源的巨大需求从未停止，同时也在不断探索对新型能源的开发利用。

目前最主要的能源形式仍是地球早期形成的化石能源，包括石油、煤炭、天然气等，以及近些年正在探索开发和利用的页岩气和可燃冰等。虽然地球上的化石能源存储量非常巨大，但是其属于不可再生能源，不断的开采利用使得化石能源的储量越来越少，而化石能源的形成却需要数亿年、数十亿年乃至数百亿年，因此化石能源一直处于"入不敷出"的状态。随着人类生产生活活动的不断扩大，对能源的需求日益增加，导致化石能源的储量大量减少。同时在使用化石能源的过程中会不可避免地产生大量的废气、粉尘和残渣等，从而对生态环境产生污染和破坏，如雾霾、酸雨、温室效应和臭氧层破坏等，进而对人类和其他物种造成严重影响，直接或间接地影响人类的发展和社会的进步。随着科技的进步和对能源的需求持续增加，一些可再生的新型清洁能源不断被发掘和利用，如水能、风能、太阳能、潮汐能、地热能和生物燃料等。

此外，还有一种特殊的能量存在形式——核能（原子能），它与上述的一般能源形式的最根本区别在于：核能是通过核反应从原子核释放的能量，并伴随着物质形态的根本性转变以及质量变化。它的利用已经深入到物质的最内层，而一般的化学反应仅仅涉及电子层面，并且物质的质量不会改变。根据爱因斯坦的质能方程，在发生核反应的过程中，将会释放巨大的能量。例如，在核能生产中常用的重元素铀，其 1000g 的质量可生成的能量相当于燃烧 2500t 优质煤。同时，在陆地上、海洋中以及正在探索的月球上，铀等核材料的存储量十分丰富。此外，在核能利用过程中，不会产生诸如废气、废水和粉尘等污染性物质，不会对环境造成污染破坏，是一种典型的清洁、高效的能源。目前对核能最成熟的利用方式，是将核反应过程中释放的巨大热能传递给水，利用加压下的高温水蒸气推动发电设备运转产生电能，而电能既方便运输又几乎可以转化为各种能量，可满足人类生产生活的需求。

然而，从核能的首次可控利用到如今核电站的建设运营，仅仅过去了七八十年，可见核能的开发利用具有巨大的吸引力，各国都非常重视对核能发电的科学研究和投资建设。1954 年，苏联在莫斯科附近建成了世界第一座试验性核电站，揭开了核能利用的新篇章。

当前，我国特别是东南沿海地区的城市，对电能的需求量逐渐增加但用于火力发电的煤炭资源却日趋匮乏。因此，随着核电技术的日益成熟，我国的核电事业将高质量发展。

1.1.2 核电厂房的安全性

目前人类已经可以较为成熟平稳地控制链式核裂变的反应过程。然而核燃料是一种会对生物生命和生态环境产生严重威胁的放射性物质，它的泄漏虽然属于小概率事件，但是其造成的危害性十分巨大。因此，利用核能发电其实是一柄"双刃剑"，在源源不断地产生大量清洁电能的同时，也有可能导致放射性物质泄漏而带来几乎不可逆的巨大破坏和长久的生态影响。

1. 核电站放射性物质泄漏的来源

（1）乏燃料 基于目前的技术条件核燃料并不能全部转化为热能而被完全利用，其所剩的乏燃料仍具有较强的放射性，其一般会被临时放置于充满水的乏燃料池中，待积攒到一定数量后储藏于乏燃料罐中再集中运送到人迹罕至的偏远地区进行 300m 以下的深埋处理。核燃料的放射性衰减到安全值以下通常需要数百万年，在此期间会产生越来越多的乏燃料并且会不断地积累放射热量，而目前几乎没有任何包裹材料的寿命可以满足要求，因此即使进行深埋处理，后续仍面临着潜在的泄漏危险。此外，在临时存储和运输期间，强烈的外部冲击作用也可能导致乏燃料罐跌落破损（密封性遭到破坏）甚至乏燃料池结构坍塌等，进而导致放射性物质泄漏。

（2）堆芯燃料 反应堆堆芯是核燃料发生裂变和释放能量的场所，是整个核电站最为关键和危险的地方。在核电发展早期，人员操作失误以及设备故障可能会引起失水事故。但是，随着技术的成熟和设备鲁棒性的增加，人员和设备本身的因素几乎可以忽略，而强烈的外部冲击作用仍有可能直接或间接地引起失水事故。

2. 对核电站的外部冲击作用

在目前的技术条件下，随着设计方法的改进以及设施设备的完善，在无外部因素影响下，仅仅由核电站内因而导致的严重泄漏事故已经越来越少。相比之下，强烈的外部冲击作用，由于其较大的不可控性和不确定性，更容易直接或间接地引发放射性物质的泄漏。

（1）地震和海啸　地震时将产生剧烈的地面震动，当地震波传递到核电厂房基础上会引起结构及其内部设备的强烈晃动，会直接造成结构和内部设施设备的破坏，并间接地引起火灾、海啸、山体滑坡等。当地震的震源处于海底时，还会引发海啸。由于核电站需要大量的流动水来进行降温冷却，因此其大多数都选址在海岸附近。海啸引起的海浪除了会对沿海的核电站造成巨大的冲击破坏外，还会使核电厂房内部的精密仪器设备处于被海水浸泡而失效的危险之中。例如，2011年日本的福岛核电站就遭遇到地震与海啸作用，多台机组永久废弃并导致大量放射性物质泄漏到外部，对生态环境造成了难以修复的巨大破坏。因此，在核电站选址时会尽量避开强震可能发生的区域，并进行严格的地震环境评估和抗震设计。

（2）剧烈气流　核电站的安全还面临着另一种破坏力巨大的自然灾害——剧烈变化的气流，主要有飓风、台风和龙卷风。其中飓风和台风的表现形式是一样的，但由于所发生的区域不同而名称上不同，前者发生于大西洋、加勒比海以及北太平洋东部，后者主要对应于西北太平洋和我国南海，根据风力时速可分为台风（32.7~41.4m/s）、强台风（41.5~50.9m/s）和超强台风（≥51.0m/s）。龙卷风虽然持续时间较短仅有数小时，但是破坏力强劲，足以把大树连根拔起、把房屋铲平、把汽车和建筑构件等卷入空中，这些风致飞射物可能对核电站厂区的设备设施和建（构）筑物造成严重破坏。例如，2011年美国中东部11个州遭受了史上最大规模的龙卷风袭击，导致阿拉巴马州的布朗斯费里核电站的警报系统发生瘫痪，弗吉尼亚州的苏里核电站一个用于为后备发电机提供燃料的燃料箱被摧毁，堪萨斯州南部的狼溪核电站的应急设备和燃料池被评估为很难抵御龙卷风的袭击。虽然目前还没有关于剧烈气流导致核电站放射性物质泄漏的报道，但其威胁不可轻视，在核电站厂房设计中有必要考虑其破坏作用。

（3）飞机撞击　飞机作为一种快速的交通工具，一方面它给人们的出行和货物的运输带来了极大的便利，另一方面以下特点使得其也可能会对核电设施的安全造成巨大的威胁：

① 与在划定的道路上行驶的汽车不同，飞机一旦升空它可飞行的区域是整

个天空并且几乎可以飞抵任何地点的上空，在正常情况下虽然有航线的约束，但是在发生操作失灵、遇到恶劣天气以及人为蓄意劫机等极端事件时，虚拟的航线并不能像实在的道路那样对其产生有效的约束，即飞机的活动范围很大且难以控制。

② 飞机的质量很大且速度也较高，远远超过了一般的大型汽车。特别是为了适应经济的发展，民航业也进入到了快速发展期，目前正在服役的商用飞机已经超过30000架，每天的航班数量也已经超过150000架次。以空客A380为代表的商用大飞机翼展达到了80m，最大起飞质量达到了560t。强劲的引擎也使得飞机的巡航速度可以超过200m/s，很多新型飞机甚至是超音速巡航。具有如此大质量和高速度的飞机，若一旦发生失控而撞击到重要设施，将会带来巨大的冲击破坏作用。

③ 除了动力冲击，撞击后还将极有可能引发大火甚至爆炸。为了满足长距离飞行的要求，现在飞机一般都携带了大量的航空燃油，A380的最大载油量甚至超过了310000L，如此体积的燃油燃烧后产生的高温会使材料性能快速劣化甚至导致结构整体坍塌，引发后续更严重的破坏。

虽然目前并没有飞机直接撞击核电站的事件发生，但是我们已经可以从其他的飞机撞击事故中感受到飞机撞击的巨大破坏力。例如，2007年7月巴西一架空客A320客机着陆后高速冲出跑道并撞入一个加油站和一处仓库，引起剧烈燃烧和爆炸，造成约200人罹难。2001年在美国发生的"9·11"事件，除了对世贸大厦和五角大楼撞击的飞机外，还有一架被劫持的最大起飞质量约115t的B757飞机坠毁于宾夕法尼亚州，事后分析表明其袭击目标很可能就是位于宾夕法尼亚州南部的三里岛核电站。"9·11"事件后，法国和德国的相关专家经过研究得出一致的结论：之前已经建成的核电站最多只能抵御5座小型飞机的低速撞击，而无法承受类似于空中客车和波音等公司生产的大型商用客机的撞击。

此外，汽车袭击也会造成剧烈的外部冲击荷载，但是其只能限定在地面上，不能像飞机一样从空中撞击。为了防止驾驶携带炸药的卡车接近反应堆主体，需要设置多道防冲击关卡，为反应堆在地面上提供足够的安全区域。

1.1.3 对核电设施抵抗飞机撞击的相关法规与规范

飞机撞击核电站属于小概率事件，在"9·11"事件之前，核电站的结构设计也考虑了飞机撞击事故，但是仅将小型飞机的偶然性撞击当作是可接受的设计工况，将中、大型商用客机的撞击视为非常规事件，超过设计基准而没有考虑，只要求进行安全风险评估[1,2]。如果仅为了以防万一，新增核电站必须抵御大型商用飞机撞击的要求，之前很多的设计标准都需要重新制定并且必然导致工程造价和工期的增加。但"9·11"事件中大型商用飞机撞击所表现的巨大破坏力和带来的灾难性后果，使得核安全领域认识到，抵御大型商用飞机的恶意撞击、保证放射性物质不泄露是核电站防护设施所必须具备的能力。因此，经过多年的反复论证，在 2009 年，美国联邦法规制定的"Aircraft Impact Assessment"[3]和美国核管理委员会修订的"Consideration of Aircraft Impacts for New Nuclear Power Reactors"[4]正式颁布，其以法规的形式明确提出了美国新建核电站必须满足抵御大型商用飞机蓄意撞击的要求。此外，美国核能研究所（Nuclear Energy Institute，NEI）[5]、美国核管理委员会（Nuclear Regulatory Commission，NRC）[6]和能源部（Department of Energy，DOE）[2]等部门也出台了支持性的初步分析评价和总体管理导则。

我国国家核安全局也于 2016 年批准颁发了 HAF 102—2016《核动力厂设计安全规定》[7]，明确规定了我国核电站要考虑商用飞机的蓄意撞击。为落实《核动力厂设计安全规定》，针对陆上固定式大型商用核动力厂，生态环境部（国家核安全局）组织编写了《新建核动力厂防御商用飞机蓄意撞击安全评估方法》，拟作为国家核安全局技术文件，来指导和规范新建核动力厂防御商用飞机蓄意撞击的安全评估和审评工作。上述方法指出商用飞机蓄意撞击评估应包括撞击产生的物理效应导致安全壳和乏燃料水池结构失效的评估，以及物理、冲击和火灾效应导致核动力厂特定系统丧失，进而对堆芯、乏燃料的热量导出功能产生影响的评估，并给出了相应的评估流程。

然而这些法规、规范和指南等在大型商用飞机撞击结构分析方面提供的信息仍旧非常有限，尽管 NEI[5]给出了总体指导思想，但没有包含详细的分析方法和有关结构损伤的内容，部分内容由于保密原因未公开。与此同时，法规的明确规定和工程建设的迫切要求，促使更多的科研人员依托资助项目和具体核电站工程开展了复杂程度各异的专题研究，为核电站抵御大型商用飞机撞击的安全评估和结构设计提供了有益的参考。具体的国内外研究进展本书在 1.2 节进行详细的综述。

1.1.4 研究的重要意义

充足和稳定的能源供给是保障经济快速发展和社会进步的首要条件之一，而传统的化石能源随着消耗而趋于枯竭，并且在能量转化过程中会伴随着大量的污染和废物的产生。随着人类对链式核裂变反应过程的控制越来越平稳，核能高效清洁的特点使得其应用越来越广泛。但是核燃料具有强烈的放射性，一旦外泄即会对生物生命造成严重的损害并对生态环境造成几乎不可恢复的巨大破坏。因此世界各国均投入了大量的人力物力进行开发设计，目前新一代核电站的安全性和鲁棒性已经得到了大幅提升，在无外部因素的影响下，仅仅由核电站内因而导致的严重泄漏事故已经越来越少。

然而，确实存在外部因素会对核电站的安全造成较大的威胁。除了自然界中破坏力巨大的地震海啸和飓风龙卷风等，还有来自人类自身的破坏活动，特别是恐怖主义袭击。随着民航业的快速发展，数量众多的各种大型商用飞机不断投入运营，其携带着大量航空燃油在世界各地的上空高速飞行。故此，恐怖分子开始将劫持飞机进行蓄意撞击的袭击手段作为选择之一，除了重要的高楼大厦和关键桥梁等，存储着大量放射性物质的核电站也成为其袭击目标之一，特别是"9·11"事件使人们认识到这已经是现实的威胁。此外，苏联的切尔诺贝利核电站事故在陆地环境上造成的大面积无人区，以及日本的福岛核电站事故对太平洋乃至全球海洋的污染，让我们清楚地看到放射性物质对环境造成的灾难性破坏。

因此，保证核电站在大型商用飞机的蓄意撞击下，仍没有超过辐射标准的放射性物质泄漏到环境中，已经成为非常迫切的要求，这对于保障经济和社会的发展、维护生态环境的平衡以及树立人们对于核电事业的充足信心，具有十分重要的现实意义。本书介绍的相关工作其研究目的就是探讨飞机撞击核电厂房过程中涉及的动力冲击和损伤破坏问题，为核电站设施的结构安全评估以及设计提供支持和参考。图 1-1 对研究飞机撞击核电站的背景和意义进行了简明概括。

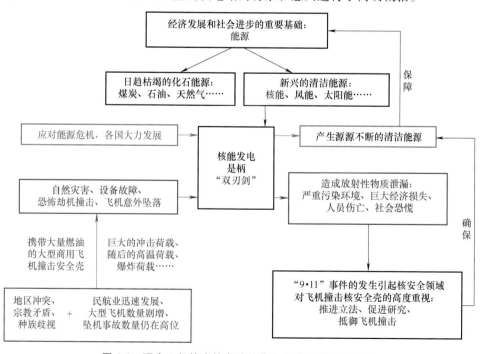

图 1-1　研究飞机撞击核电站的背景和意义简明概括图

1.2　国内外研究现状

为了保障核电站的正常运行，需要建造各种不同功能的建筑结构，诸如反应堆厂房、汽轮机、燃料和辅助设施设备厂房等，以容纳和保护反应堆、汽轮机、蒸汽发生器、主泵、主控室、燃料、乏燃料、冷却系统等设备及管道。其中最为关键的区域就是位于反应堆厂房内的堆芯，包含了大量的核燃料，是放射性物质泄漏的主要来源。而反应堆厂房的功能就是防止外部作用对内部设施设备正常运行的影响，因此其成为飞机撞击核电站事故中最需要关注的结构，也是各国学者研究最多的对象。反应堆厂房，又叫安全壳，材料上主要由钢筋、钢板和混凝土构成，形式上一般为带有穹顶的圆柱形筒体，主要包括内覆钢板的钢筋混凝土（Reinforced Concrete，RC）单层壳、内覆钢板的预应力 RC 单层壳、外层为 RC 壳而内层为预应力 RC 壳的双层壳、以及两侧均覆有较厚钢板的钢板混凝土（Steel Concrete，SC）单层壳等结构形式。

在大型商用飞机撞击安全壳的过程中，除了整架飞机撞击造成结构的整体响应外，引擎作为飞机上质量和刚度相对较大的部件对结构易造成更加严重的局部破坏。为确保堆芯的安全，安全壳结构在大型商用飞机的撞击作用下除了应保证整体上不发生较大挠度变形、失稳坍塌甚至倾覆外，还应保证不发生严重侵彻、震塌甚至贯穿的局部破坏。此外，携带大量燃油的大型商用飞机撞击很可能引起火灾和爆炸，对结构进一步造成火灾高温和燃油爆炸的联合作用，本书主要关注大型商用飞机撞击核电厂房过程中的动力冲击以及结构响应与损伤破坏问题。

为了研究飞机机身和引擎的撞击破坏效应，从 20 世纪中期开始，各国科研人员开展了大量的相关研究，从方法上主要分为理论分析、试验研究和数值模拟等方面。事实上，关于飞射物对结构的撞击破坏效应，在更早时间就已经进行了很多细致的研究，但是主要集中在所谓的"刚性撞击"，即飞射物的刚度远大于被撞击物的刚度，这类问题关注的是结构的局部破坏。然而飞机撞击并非纯粹的刚性撞击，一是，飞机质量非常大，达到了数十吨甚至上百吨；二是，其质量分布的空间也很大，材料的自由面很多且不是同时受力，因此其压屈刚度相比其体量较小，在撞击中自身会产生明显的压屈变形；上述特点也导致了被撞结构主要发生整体响应，这类撞击也称为"柔性撞击"。同时，质量集中且刚度较大的飞机引擎的撞击则有可能造成严重的局部破坏，应属于刚性撞击。

本节主要从理论分析、试验研究、数值模拟等方面，对国内外研究现状进行系统梳理和总结，一则，可以为相关研究人员提供总体概览和整体把握，二则，也可以方便以后的查阅。此外，读者也可阅读和参考 Jiang 和 Chorzepa[8]，刘晶波等[9]，温丽晶等[10]，Cheng 等[11]的综述性文献。

1.2.1 理论分析

飞机的撞击过程虽然复杂，但是也符合物理规律，因此基于合理的简化和假设，可以采用冲击动力学等知识进行理论分析。目前，已有的理论工作主要是柔性/刚性撞击的划分标准，以及飞机对刚性平板的撞击力计算方法。

1. 柔性/刚性撞击的划分

从直观撞击现象上看，实心刚性飞射物贯穿 RC 结构认为是刚性撞击，而薄壁钢管撞击发生屈曲则为柔性撞击，定性的判断依据是实心刚性飞射物没有明显的变形（硬度比较大），而薄壁钢管则变形严重（刚度比较小）。为了更准确地用定量的方法区分柔性/刚性撞击，相关学者进行了如下研究。

（1）相对位移法　1987 年，Eibl[12]从飞射物和被撞击物的相对位移着手，建立了用于划分柔性/刚性撞击的弹簧—质量模型，如图 1-2 所示。

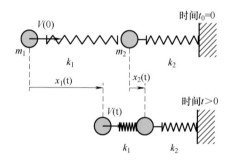

图 1-2　划分柔性/刚性撞击的弹簧—质量模型

注：该图取自参考文献［12］。

其基本原理为，首先对飞射物和被撞击物建立耦合的运动方程（由于撞击作用的时间一般较短，不考虑系统阻尼的影响）为

$$m_1 \ddot{x}_1(t) + k_1 [x_1(t) - x_2(t)] = 0 \tag{1-1}$$

$$m_2 \ddot{x}_2(t) - k_1 [x_1(t) - x_2(t)] + k_2 x_2(t) = 0 \tag{1-2}$$

式中，m_1、m_2 分别是飞射物和被撞击物的质量；$x_1(t)$、$x_2(t)$ 分别是飞射物和被撞击物的位移；k_1 是飞射物和被撞击物之间的弹簧刚度；k_2 是被撞击物变形的弹簧刚度。

当 $x_2(t) \ll x_1(t)$ 时，可忽略 $x_2(t)$，则式（1-1）和式（1-2）方程解耦为

$$m_1 \ddot{x}_1(t) + k_1 x_1(t) = 0 \tag{1-3}$$

$$m_2 \ddot{x}_2(t) + k_2 x_2(t) = k_1 x_1(t) \qquad (1\text{-}4)$$

从而可以分别得到飞射物和被撞击物的位移，则此撞击被划分为柔性撞击。相反，若被撞击物位移相对于飞射物的位移不可以忽略，方程无法解耦，则撞击被划分为刚性撞击。上述划分方法存在一定的缺点和不足：①对柔性撞击和刚性撞击的划分只是定性的，没有量化表述关键判据"$x_2(t) \ll x_1(t)$"；②需要在撞击过程发生之后才能进行划分，否则难以得到被撞击物和飞射物的位移，因此无法对柔性/刚性撞击进行预测。

（2）材料强度法　2008 年和 2009 年，Kœchlin 和 Potapov[13,14]基于材料强度和飞射物撞击速度，提出了一个划分柔性/刚性撞击的定量方法，并与大量的试验进行了对比分析。根据撞击现象的描述，柔性撞击时飞射物发生较大变形且被撞击物没有发生侵彻破坏，而刚性撞击时出现飞射物侵入甚至贯穿被撞击物的情况。划分方法大致如下。

计算撞击力的 Riera 函数（在 1.2.1 中 2 进行介绍）将总撞击力分为压屈力和惯性力两部分，Kœchlin 和 Potapov[14]将此函数形式采用应力的形式进行表达，则撞击产生的应力也包含两部分：①飞射物材料本身压屈所需的应力；②与飞射物质量和撞击速度相关的惯性应力。其表达式为

$$\sigma = \sigma_p + \rho_p V^2 \qquad (1\text{-}5)$$

式中，σ_p 是飞射物材料的压屈应力；ρ_p 是飞射物与被撞击物的接触面上飞射物的密度；V 是接触面上飞射物的速度。

若被撞击物的抗压极限应力为 σ_t，则柔性撞击和刚性撞击的划分临界条件为

$$\sigma_p + \rho_p V^2 = \sigma_t \text{ 或 } \sigma_p/\sigma_t + \rho_p V^2/\sigma_t = 1 \qquad (1\text{-}6)$$

当飞射物材料的压屈应力 σ_p 或者撞击速度 V 较高时，$\sigma_p/\sigma_t + \rho_p V^2/\sigma_t > 1$，则该撞击被划分为刚性撞击；反之当 $\sigma_p/\sigma_t + \rho_p V^2/\sigma_t < 1$ 时，则撞击被划分为柔性撞击。此划分标准与试验的对比，如图 1-3 所示。可见这种划分方法与试验数据以及人们的主观认识吻合较好，并且具有预测功能。对于飞机的柔性/刚性撞击问题，根据此划分标准并结合试验结果可知：机身撞击属于柔性撞击，而引擎撞击则属于刚性撞击。

2. 飞机撞击力的计算

飞机作为一种可变形的柔性飞射物，与刚性飞射物相比其撞击持续时间相对较长且撞击荷载峰值不会过于尖锐。撞击荷载是结构响应和破坏的最直接因素，因此相关学者基于一定的假设和简化，对飞机的撞击力进行了理论推导。

（1）经典的 Riera 函数　Riera[15]在 1968 年提出了飞机撞击力的一维理论计算方法，即经典的 Riera 函数，该方法由于简单易懂且得到了 F-4 飞机原型撞击试验（1.2.2 中 4）的验证而被广泛采用，其撞击模型，如图 1-4 所示。

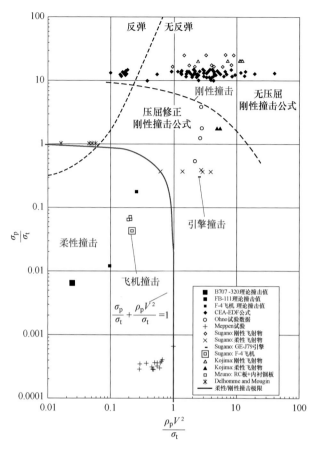

图 1-3　柔性/刚性撞击的划分标准与试验的对比

注：该图取自参考文献 [14]。

图 1-4　Riera 撞击模型

Riera 将飞机撞击力分为压屈力和惯性力两部分，即

$$F(t) = P[x(t)] + \mu[x(t)]V(t)^2 \qquad (1-7)$$

式中，$F(t)$ 是 t 时刻的总撞击力；$P[x(t)]$ 是 t 时刻在压屈面上对应的飞机结构沿轴线方向的屈曲力；$\mu[x(t)]$ 是 t 时刻在压屈面上对应的飞机质量沿轴线分布的线密度；$V(t)$ 是 t 时刻飞机未被压屈部分的速度；$x(t)$ 是从撞击开始到 t

时刻之间自头部算起的飞机压屈总长度。

对于压屈力 $P[x(t)]$，韩鹏飞等[16]梳理和评价了现有的压屈力计算公式，对更适宜于飞机撞击条件下的压溃力计算公式给出了说明，讨论了压溃力对撞击荷载曲线的影响。

（2）改进的 Riera 函数 不同于刚性飞射物侵彻，在真实的飞机撞击过程中，必然伴随着大量材料的失效和结构的断裂，引起撞击碎片的产生和飞散，一些学者认为这会导致部分质量和能量的损失，进而降低撞击力。1977 年，Hornyik[17]基于能量守恒定律，对 Riera 方程的惯性力部分引入了一个小于 1 的折减系数，但是由于缺乏试验数据的支撑而没有确定该系数的大小。在 Riera 撞击模型中，假设了接触面上有一个宽度可忽略的压屈区域且压屈材料速度直接降为零，而 Bahar 和 Rice[18]认为被压屈材料的速度存在连续变化的梯度分布，并于 1978 年提出了惯性力部分的折减系数为 0.5。1979 年，Kar[19]认为在飞机撞击刚性平板的接触面上会发生材料的堆积，因此需要对惯性力部分引入了一个折减系数，但没有确定该系数的具体值。1980 年，Riera[20]对惯性力部分的折减系数进行了总结评估，认为 Bahar 和 Rice[18]的推导结果应为撞击力的下限，但是也未能够给出具体的系数值。

为了确定该折减系数值，Sugano 等[21]在 1993 年开展了 F-4 Phantom 飞机原型撞击 RC 板的试验（在 1.2.2 中 4 进行介绍），通过试验结果分析提出了该系数值为 0.9，并在之后的相关分析中得到了广泛的应用。在 Riera 的撞击模型中假设被撞击物是平面的，而核电站安全壳的筒身是圆柱形的。2015 年，张超[22]基于 Riera 函数讨论了飞机撞击力的计算方法，分析了 Riera 方程中的不足，通过增加飞机碰撞 RC 板时飞机前端部分与 RC 板之间存在的破损区对 Riera 函数进行了修正。

（3）其他计算方法 在 Riera 函数之后，还有学者提出了不同的飞机撞击力计算方法，由于形式过于复杂而没有得到广泛应用，在此仅进行简要介绍。1976 年，Drittler 和 Gruner[23]基于差分方法，将飞机沿轴线方向划分为多个小单元，并考虑了材料的弹塑性来计算飞机的撞击力，但是飞机质量的离散化导致撞击力的不连续；此外，还计算了飞机引擎的撞击力，以及对 F-4 Phantom 飞机撞击刚性墙的作用力进行了参数化分析[24]。1978 年，Wolf 等[25]提出了一个更为复杂精细的一维团聚质量动态弹塑性模型，他将飞机质量用多个质量点代替，且这些质量点之间用弹簧进行连接，将撞击力分为弹簧的压缩力和质量点的惯性力，其计算结果与 Riera 函数得到的撞击力曲线吻合较好，但是由于没有 Riera 函数简便，其使用受到限制。1986 年，Zorn 和 Schuëller[26]建立了使用轴向和旋转弹簧的离散质量模型，对垂直和倾斜撞击下的飞机撞击力时程曲线进行了分析。

11

1.2.2 试验研究

为了更为真实准确地研究飞机及其引擎对混凝土结构的破坏作用，相关科研机构和学者开展了一系列的原型和缩比撞击试验，本节总结整理了具有代表性的试验。

1. Alderson 等 MRCA 飞机缩比模型撞击 RC 板试验[27]

1977 年，为了评估核电站在多用途作战飞机（Multiple Role Combat Aircraft，MRCA）撞击下的安全性，英国原子能管理局（United Kingdom Atomic Energy Authority，UKAEA）和国防部原子武器研究所（Atomic Weapons Research Establishment，AWRE）等机构的学者 Alderson 等开展了柔性飞射物冲击 RC 板的试验。所采用的飞射物为 MRCA 飞机的 1:25 缩比模型，如图 1-5a 所示，其为空心薄壁结构（壁厚 1.7~2.8mm），由铝材料制成，飞射物质量约为 1.6kg，直径和长度分别为 108mm 和 500mm。此外，还加工了直径为 120mm 的实心刚性飞射物作为对比，质量同样约为 1.6kg。RC 板为圆形，直径为 1800mm 且厚度分别为 82mm、56mm 和 40mm（分别对应壁厚为 2m、1.4m 和 1m 原型安全壳），缩比的钢筋直径为 1.6mm，单层布置。飞射物采用空气炮装置进行发射，其中 6 发为柔性飞射物，3 发为刚性飞射物（还有 1 发未说明是何种飞射物），发射速度范围为 69~225m/s。在 255m/s 速度撞击下，RC 板正面和背面的破坏，如图 1-5b 所示。试验结果表明：①抗弯钢筋的用量对 RC 板响应影响很小；②在相同的速度和质量下，刚性飞射物比柔性飞射物对 RC 板的破坏更严重；③对于原型安全壳，壁厚 2m 可以抵御一架 MRCA 飞机贯穿，壁厚 1.4m 处于临界贯穿，壁厚 1m 会被贯穿。

a)   b)

图 1-5　Alderson 等试验所用的飞机模型和 RC 板贯穿破坏形态

a）缩比飞机模型　b）RC 板贯穿破坏形态

注：该图取自参考文献 [27]。

2. Meppen 系列的柔性飞射物撞击 RC 板试验[28-30]

在 20 世纪 80 年代末到 90 年代初，由德国联邦研究和技术部（BMFT）发起，在德国 Meppen 试验场进行了一系列的柔性飞射物撞击 RC 板的试验，旨在为评估核电站在飞机等柔性飞射物撞击下的安全性评估提供依据。该试验所采用的柔性飞射物为由低碳钢制成的空心钢管，总质量为 940 ~ 1060kg，长度为 5990 ~ 7990mm，壁厚为 3 ~ 20mm，外径约为 600mm，如图 1-6a 所示。该系列试验包括了两个阶段，所采用柔性飞射物没有太大区别，但是试验目的不同：①第一阶段（Meppen I），共进行了 9 发的柔性飞射物撞击"准刚性" RC 板，目的是测量柔性飞射物撞击的荷载时程；②第二阶段（Meppen II），共 21 发，飞射物速度为 172.2 ~ 257.6m/s，RC 板尺寸为 6500mm×6000mm×（500/700/900）mm，如图 1-6b 所示，RC 板设置了不同用量的抗弯钢筋和抗剪钢筋，旨在得到柔性飞射物撞击下 RC 板的最大承受能力等。该系列试验的设备装置和 Meppen II -17RC 板背面破坏如图 1-7 所示。结果表明，当抗弯钢筋的配筋率较大时，RC 板的剪切变形随抗剪钢筋的增加而减小；当抗剪钢筋的配筋率较大时，RC 板的变形和裂纹随抗弯钢筋的减少而增加。由于 RC 板尺寸、柔性飞射物质量以及发射速度相对都很大，之后的试验很少达到如此规模，因此 Meppen 系列试验被认为是非常经典的柔性飞射物撞击 RC 板的试验，其中 Meppen II -4 在 IRIS 项目（见 1.2.2 中 9）中被选为基准试验。

2012 年，荷兰的 Martin 等[31]采用 RADIOSS 软件对 Meppen II -4 试验进行了数值仿真分析，表明目前的显式求解软件可以较好地重现试验现象。

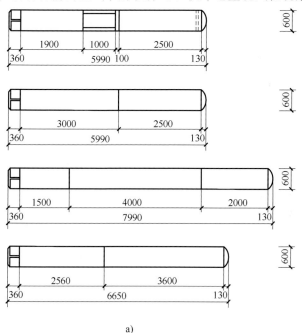

a）

图 1-6　Meppen 系列试验 I （单位：mm）

a）不同柔性飞射物

注：该图取自参考文献 [30, 31]。

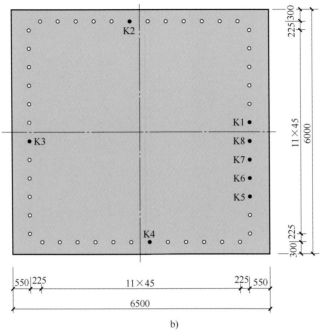

图 1-6　Meppen 系列试验 I （单位：mm）（续）

b）第二阶段中的 RC 板

注：该图取自参考文献［30，31］。

3. Kojima 的刚性/柔性飞射物撞击 RC 板试验[32]

考虑到绝大部分飞射物撞击混凝土板的经验公式是基于刚性飞射物试验得到的，其计算结果对于飞机等柔性飞射物过于保守，为此日本清水公司核能部 Kojima 于 1987 年和 1988 年开展了 12 发不同飞射物撞击 RC 板的试验，旨在研究 RC 板在刚性/柔性飞射物撞击下的局部破坏。试验考虑了 3 种板类型：1200mm× 1200mm×（120mm/180mm/240mm）单层 RC 板，90mm+90mm 和 60mm+120mm 双层 RC 板，以及后覆 3.2mm 厚钢板的 120mm 和 180mm 单层 RC 板，两种飞射物 （9 发刚性飞射物和 3 发柔性飞射物，质量均为 2kg，直径均为 60mm，长度分别为 100mm 和 220mm，如图 1-8 所示）、3 种撞击速度（100m/s/150m/s/200m/s）。结果表明：①RC 板越薄和飞射物速度越大，RC 板的破坏越严重；②柔性飞射物对 RC 板的破坏明显小于刚性飞射物，在同样的撞击条件下（单层 RC 板，板厚 180mm，撞击速度 200m/s），刚性飞射物和柔性飞射物撞击 RC 板的背面破坏形态，如图 1-9 所示；③后覆钢板可以有效地阻止 RC 板的贯穿和震塌破坏；④在 RC 板总厚度相同时，柔性飞射物对双层 RC 板和单层 RC 板的破坏几乎一样，而刚性飞射物对双层 RC 板的破坏比单层 RC 板更严重；⑤现有的贯穿和震塌公式对于刚性飞射物偏于保守，对于柔性飞射物更加保守。

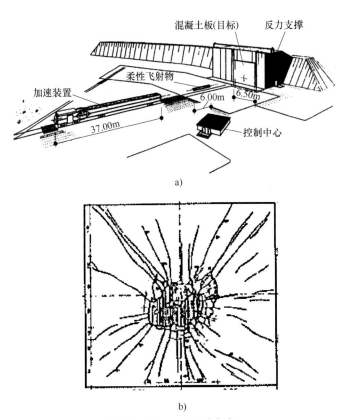

a)

b)

图 1-7 Meppen 系列试验 Ⅱ

a) 设备装置 b) Meppen Ⅱ-17 的 RC 板背面破坏

注：该图取自参考文献 [30、31]。

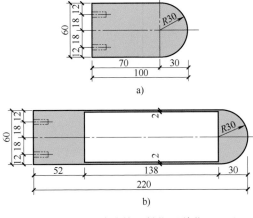

a)

b)

图 1-8 Kojima 试验的飞射物 （单位：mm）

a) 刚性飞射物 b) 柔性飞射物

注：该图取自参考文献 [32]。

c)

图 1-8　Kojima 试验的飞射物（单位：mm）（续）

c）试验后的柔性飞射物

注：该图取自参考文献［32］。

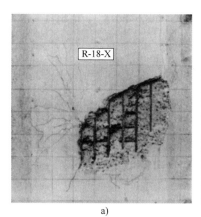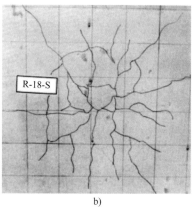

a)　　　　　　　　　　　　　　　b)

图 1-9　Kojima 试验的 RC 板背面破坏

a）刚性飞射物撞击　b）柔性飞射物撞击

注：该图取自参考文献［32］。

4. Sugano 等 F-4Phantom 原型飞机撞击 RC 板试验[21]

　　1993 年，日本小堀铎二研究所和美国的桑迪亚国家试验室共同开展了一次 F-4 Phantom 原型飞机撞击 RC 板的试验[21]。F-4 飞机的总质量约为 19t，其中内部放置了 4.8t 的水代替燃油，飞机撞击速度达到了 215m/s 且垂直于 RC 板。RC 板的尺寸为 7000mm×7000mm×3660mm，总质量约为 469t，RC 板没有固定在地面上，而是特意放置在空气轴承上用于减少其与地面之间的摩擦力，目的是尽量让 RC 板做自由运动来测量其加速度，进而乘以其质量得到飞机对 RC 板的撞击力。因此，该试验的主要目的是通过原型试验方法来获得 F-4 飞机对 RC 板的撞击力时程曲线，与以前基于大量假设提出并且包含一些不确定因素的理论方法的计算结果进行对比。在试验中，整架 F-4 飞机几部全部被压屈成碎片飞散，机身部分造成的最大侵彻深度约为 20mm，而引擎对应的撞击区域最大侵彻深度达到了约 60mm，撞击过程和最后的 RC 板正面局部破坏如图 1-10 所示。试验中测量到了 F-4 飞机的撞击力时程曲线，与经典的 Riera 函数的计算结果进行了对比分析，并提出了惯性力部分的折减系数为 0.9，较好地解决了由于缺乏可靠试验数据支撑而一直"悬而未决"的惯性力准确确定的难题，得到了众多学者的认可和广泛的应用。需要说明的是，该试验的大部分研究成果已经在 1989 年的第 10 届 SMiRT（Structural Mechanics in Reactor Technology）会议文献［33，34］中发表，但是更多的学者则是引用 Nuclear Engineering and Design 期刊文献［21］。

图 1-10　Sugano 等试验的 F-4 飞机撞击过程及 RC 板的正面局部破坏

注：该图取自参考文献 ［21］。

2014 年，美国的 Lee 等[35]（模拟软件 LS-DYNA，混凝土材料模型 MAT_159）建立了 3 种 F-4 飞机模型，分别为拉格朗日模型、拉格朗日-SPH（Smoothed Particle Hydrodynamics）混合单元模型（燃油为 SPH 粒子），以及 SPH 单元模型（飞机结构和燃油均为 SPH 粒子），对 F-4 飞机撞击 RC 板的过程进行了数值模拟。结果表明上述模型均较好地重现了试验现象，如图 1-11 所示。其中，后面两种飞机模型相对于拉格朗日模型对 RC 板造成的破坏更为严重，因此基于保守性安全考虑，在仿真分析中应该采用 SPH 单元建立飞机燃油，不能过于简化。此外，Itoh 等[36]于 2005 年也对 F-4 撞击试验进行了数值模拟分析，计算结果与试验数据吻合良好，同时指出为了提高仿真分析的准确性，需要进一步核实飞机的质量分布。

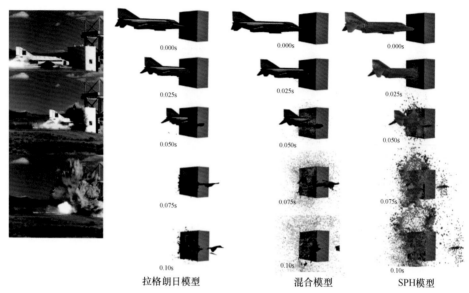

0.000s 0.000s 0.000s

0.025s 0.025s 0.025s

0.050s 0.050s 0.050s

0.075s 0.075s 0.075s

0.10s 0.10s 0.10s

拉格朗日模型 混合模型 SPH模型

图 1-11 Lee 等的 3 种不同的飞机模型撞击现象

注：该图取自参考文献 [35]。

5. Sugano 等原型/缩比 GE-J79 引擎撞击 RC 板试验[37,38]

为了进一步研究刚度相对较大的引擎对混凝土结构的局部破坏效应，日本的小堀铎二研究所、电力中央研究所和美国的桑迪亚国家试验室在 1993 年又共同开展了一系列 F-4 飞机的 GE-J79 引擎的原型和缩比撞击试验。试验中共使用了 83 个引擎，其中包括 5 台原型的 GE-J79 引擎，1 个全比例简化模型，33 个 1:2.5比例的中等模型（包括 20 个可变形模型以及 13 个同样直径和质量的"刚性"模型），44 个 1:7.5 比例的小型模型（包括 32 个可变形模型以及 12 个同样直径和质量的"刚性"模型），相关尺寸如图 1-12 所示。试验考虑了不同缩比尺寸下的撞击速度（83~252m/s）、RC 板厚度（60~1600mm）、钢筋配筋率（0.2%~0.6%）和混凝土抗压强度（23.5MPa 和 35.3MPa）的影响，得到了 RC 板破坏现象（侵彻、震塌和贯穿）等大量数据，图 1-13 进一步给出了原型引擎的撞击过程。主要结论有：①引擎的简化缩比方法以及物理相似率的应用是合适的，且简化模型的刚度比真实引擎更大，因此结果趋于保守；②对于可变形引擎对 RC 板的不同局部破坏模式，可以在刚性飞射物侵彻贯穿公式中引入折减系数进行修正；③配筋率对 RC 板局部破坏的影响很小（作者按：在贯穿破坏模式下配筋率会有一定影响。）；④后覆钢板减小了混凝土碎片的飞溅。需要说明的是，该试验的大部分研究成果已经在 1989 年的第 10 届 SMiRT 会议文献 [39-42] 中发表，但是更多的学者则是引用 Nuclear Engineering and Design 期刊文献 [37，38]。

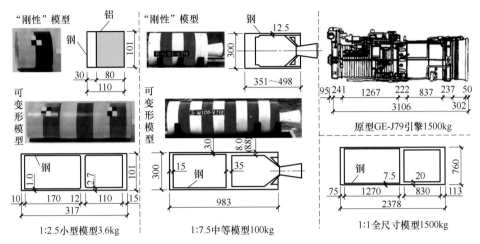

图 1-12　Sugano 等试验中不同比例的引擎模型（长度单位：mm）

注：该图取自参考文献 [37]。

图 1-13　Sugano 等试验中原型 GE-J79 引擎的撞击过程

注：该图取自参考文献 [37]。

1998 年，日本的 Sawamoto 等[43]采用离散元方法（Discrete Element Method，DEM）对 Sugano 等的引擎撞击试验进行了数值仿真模拟，得到了与试验现象基本吻合的结果，模拟和试验中 RC 板的破坏，如图 1-14 所示。

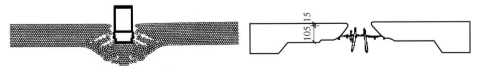

图 1-14　Sawamoto 等的 DEM 模拟中 RC 板破坏与试验对比（单位：mm）

注：该图取自参考文献 [43]。

6. Tsubota 等缩比 F-4 飞机模型撞击双层 RC 板试验[44]

考虑到多层屏障可以应用于核电站结构抵御飞机撞击，日本小堀铎二研究所和东京电力公司在 1999 年开展了缩比 F-4 飞机模型撞击双层 RC 板的试验。飞机模型的简化参考了 Sugano 等[21]试验中的飞机损伤过程且采用了 1∶7.5 比例，主要由高密度低强度的泡沫（机身）以及内部用钢板包裹的蜂窝状的蜂窝芯（引擎）组成，模型质量约为 25kg，总长度约为 1350mm，外直径约为 260mm，如图 1-15 所示。RC 板为两层，第一层尺寸为 1500mm×1500mm×（60/80/100）mm，固定在钢架上；第二层尺寸为 2000mm×2000mm×350mm，悬吊放置，以便于安装其背部的加速传感器。试验共进行了 3 发，飞机模型采用空气炮装置进行驱动，撞击速度为 142~149m/s。厚度为 60mm 和 80mm 的两块第一层 RC 板被贯穿，测量到了其残余速度以及对第二层 RC 板的撞击力，厚度为 100mm 的第一层 RC 板未被贯穿，试验后 3 块第一层 RC 板的背面破坏形态，如图 1-16 所示。试验结果表明：①第一层 RC 板厚度的增加有效地减少了对第二层 RC 板的撞击力；②被贯穿的第一层较薄 RC 板，其孔洞面积较小，而未被贯穿的第一层较厚 RC 板，其背面的损伤区域较大且出现明显的整体破坏。此外，日本小堀铎二研究所的 Morikawa 等[45]和 Mizuno 等[46]采用离散元方法分别对此试验以及 1∶1 简化 F-4 模型撞击双层 RC 板进行了数值模拟分析，模拟结果与试验结果基本吻合。

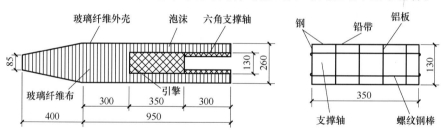

图 1-15　Tsubota 等试验中引擎模型的尺寸图（单位：mm）

注：该图取自参考文献［44］。

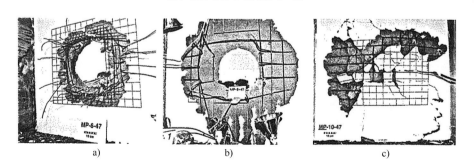

图 1-16　Tsubota 等试验中第一层 RC 板的背面破坏形态

a）60mm，142m/s　b）80mm，149m/s　c）100mm，145m/s

注：该图取自参考文献［44］。

2015 年，李小军等[47]采用 LS-DYNA 软件对 Tsubota 等[44]的试验进行了数值模拟分析，在同一接触算法和同一失效准则下，对比分析了 4 种不同的混凝土材料模型对撞击试验的模拟效果，结果表明，LS-DYNA 软件中 MAT_072R3 和 MAT_084 材料模型的计算结果与试验结果较为接近，MAT_111 材料模型次之，MAT_159 材料模型偏差较大。

7. Mizuno 等缩比 F-4 飞机模型撞击 SC 板试验[48]

为了研究后覆钢板在抵御飞机撞击过程中的作用，2005 年，日本的小堀铎二研究所和东京电力公司联合开展了缩比 F-4 飞机模型撞击 SC 板的试验。飞机模型与 Tsubota 等[44]试验一样，如图 1-15 所示。被撞击物为两种 SC 结构，一种是全钢板混凝土（FSC，混凝土两侧都用钢板包裹，无配筋），另一种是半钢板混凝土（HSC，混凝土背面用钢板包裹，正面配置钢筋），SC 板尺寸为 1600mm×1600mm×（60/80/120）mm，包裹钢板的厚度为混凝土厚度的 1/100 至 1/70。飞机模型采用空气炮装置发射，共 5 发，撞击速度为 146~152m/s，其中两块最薄的 HSC-60 和 FSC-60 板发生了贯穿破坏。图 1-17 和图 1-18 是 FSC-60 板的撞击过程和破坏现象。试验结果表明，SC 结构的包裹钢板（特别是后覆钢板）可以有效地抑制混凝土碎片的飞溅。此外，Mizuno 等[49,50]还基于离散元和有限元方法分别对此试验以及 1∶1 简化 F-4 模型撞击 HSC-100 板进行了数值模拟分析，所得结果与试验基本吻合。

图 1-17　Mizuno 等试验中飞机模型撞击 FSC-60 板的过程

注：该图取自参考文献［48］。

图 1-18　Mizuno 等试验中设备装置和 FSC-60 板的破坏现象

注：该图取自参考文献［48］。

2014 年，巴基斯坦的 Sadiq 等[51]采用 LS-DYNA 软件对 Tsubota 等[44]和 Mizuno 等[48]的 1：7.5 比例的 F-4 飞机模型撞击双层 RC 板以及单层 SC 板的试验进行了数值模拟，对比了 LS-DYNA 中不同的混凝土材料模型 MAT_084 和 MAT_159，结果表明前者可以更好地模拟试验现象。2016 年，韩国的 Lee 和 Kim[52]采用 LS-DYNA 软件，基于 MAT_084 材料模型对 Mizuno 等[48]的 1：7.5 的 F-4 飞机模型撞击 SC 板的试验进行了模拟分析，通过参数化分析对比了 SC 与 RC 板在刚性飞射物撞击下的抗力，结果表明 SC 板抗冲击性能更优。

8. IMPACT 项目的柔性飞射物/刚性飞射物撞击 RC 板试验

IMPACT 项目和 IRIS 项目（1.2.2 中 9）均是在"9·11"事件之后，开展的飞机及引擎等飞射物对核电站混凝土结构撞击的大型研究项目，主要包括各种撞击试验及其数值模拟，其中大部分试验是由芬兰技术研究中心（Technical Research Centre of Finland，VTT）完成[53]，发射装置，如图 1-19 所示。与上面介绍的单批次试验不同，IMPACT 项目和 IRIS 项目属于持续时间较长的分阶段试验，试验数量、飞射物和 RC 板种类较多，因此其相互关系上比较复杂。

图 1-19   VTT 为 IMPACT 项目提供的相关发射装置

注：该图取自参考文献［55］。

IMPACT 项目最初发起于 2004 年，由 VTT 组织和开展试验，有 12 个国家参与，包括法国辐射防护与核安全研究院（Institut de Radioprotection et de Sûreté Nucléaire，IRSN）和德国工厂和反应堆安全大会（GRS）等，项目所需要的资金由所有参与者共同承担，研究成果共同分享。该项目分为 3 个阶段 IMPACT Ⅰ、Ⅱ、Ⅲ，旨在研究 RC 结构在各类柔性飞射物/刚性飞射物撞击下的非线性力学行为，如柔性飞射物撞击下的 RC 板的整体弯曲、刚性飞射物撞击下 RC 板的局部冲切、两种破坏模式的组合以及结构的振动和阻尼等。

（1）IMPACT Ⅰ（2006—2009）   IMPACT Ⅰ中包含了 3 个系列的试验[55]：柔性飞射物撞击刚性板、150mm 厚的 RC 板和刚性飞射物撞击 250mm 厚的 RC 板。

在 IMPACT I 中进行了很多发试验，文献［54］简要地介绍了部分柔性铝制飞射物（质量 50kg，直径 250mm，铝管壁厚 5mm）的撞击试验，这些柔性飞射物分为"湿式飞射物"（长度 600mm，含水 28kg）和"干式飞射物"（长度 1500mm 或 1800mm，不含水）。该文献建议在后面的 IMPACT II 中飞射物不要采用铝质的，应该采用钢材进行制作，以便在撞击过程中飞射物可以更为可靠和稳定地压屈。文献［55］对比介绍了 IMPACT I 中不同参与单位采用不同的模拟软件以及简化分析方法对刚性飞射物（试验编号 TEST 699，板厚 250mm，刚性飞射物 47kg，速度 100m/s，RC 板破坏如图 1-20 所示）和柔性飞射物（试验编号 TEST 673，板厚 150mm，柔性"干式飞射物"50kg，速度 127m/s，撞击过程，如图 1-21 所示）撞击试验开展数值模拟分析。然而不同模拟的结果与试验相比出现了较大的离散性，这主要是由于采用的模拟软件和混凝土本构模型不同，以及提供的材料参数不一致导致的，因此在该项目的第二阶段补充了相关参数并开展了重复试验以降低随机性的影响。

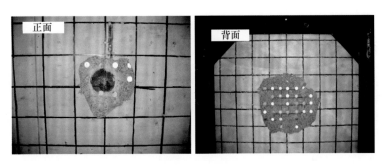

图 1-20　IMPACT I 中 TEST 699 试验的 RC 板破坏（刚性飞射物）

注：该图取自参考文献［55］。

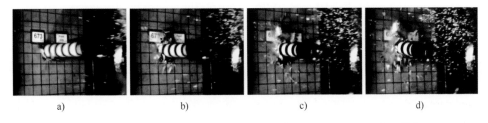

a)　　　　　　　　b)　　　　　　　　c)　　　　　　　　d)

图 1-21　IMPACT I 中 TEST 673 试验的撞击过程（柔性"干式飞射物"）

注：该图取自参考文献［55］。

（2）IMPACT II（2009—2012）　IMPACT II 中也进行了多组试验[56]，飞射物采用不锈钢制作，柔性飞射物也分为"干式飞射物"和"湿式飞射物"（水的位置有的在飞射物中部，有的在飞射物前部），直径为 254mm，钢管壁厚为 2mm，质量均约为50kg，其他尺寸和参数，如图1-22所示。文献［57］简要对比了"干式飞射物"和"湿式飞射物"的撞击力和对RC板的破坏，结果表明"湿式飞射物"的撞击冲量更大且对RC板的破坏更严重，这是由于在撞击过程中"湿式飞射物"里的水出现了较为明显的反弹并且其撞击持续时间相对更短，从而产生了较大的撞击力峰值。

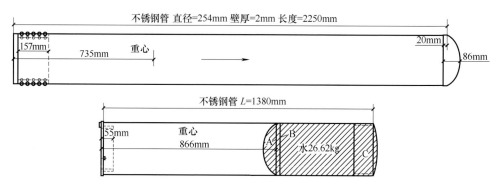

图1-22　IMPACT Ⅱ阶段所采用的不锈钢柔性"干式飞射物"和"湿式飞射物"

注：该图取自参考文献［56］。

（3）IMPACT Ⅲ（2012—2014）　该试验有两个关注点：

1）柔性飞射物撞击下RC板的弯曲和冲切联合破坏模式，共进行了4发试验，分别为X1（初始编号为C1）、X2、X3和X4，旨在研究纵横向钢筋的不同组合对结构力学行为的影响[57-59]。4组试验所用的RC板尺寸基本一样，约为2100mm×2100mm×250mm。在X1和X2试验中，柔性飞射物长度为1811mm，直径为256mm，钢管壁厚为3mm，质量约为50kg，撞击速度分别为165.9m/s和164.5m/s。由于X1板的冲切效应不明显，为了得到更为显著的冲切破坏结果，对X2板减少了的横向钢筋配置（为X1板的2/3左右），但是得到了相反的试验结果预期，这是因为X2板的混凝土强度（44.1MPa）略高于X1板（40.6MPa）。为了得到更明显的冲切锥体，在后续X3和X4试验中，重新设计柔性飞射物，钢管壁厚增加到6.35mm，质量为50kg，长度为1304mm，直径为219.1mm。在X1、X2和X3试验中，柔性飞射物被压缩的长度分别为411mm、381mm和328mm，破坏形态，如图1-23所示。X3和X4柔性飞射物的撞击速度分别为140m/s和168.6m/s，RC板破坏形态分别为弯曲破坏和冲切贯穿破坏，如图1-24所示。文献［60］针对X3试验进行了数值模拟分析，所得结果与试验数据吻合较好，同时指出模拟分析中材料参数（特别是抗拉强度）对计算结果的敏感性较大。

2）IMPACT Ⅲ的第二个关注点为RC结构在柔性飞射物撞击下的振动与阻尼问题，并开展了两个系列试验，包括V0系列（共3发，V0A～V0C）和V1系列（共6发，V1A～V1F）[61-63]。两个系列的柔性飞射物均为不锈钢的封闭钢管，质量均为 50kg，直径均为 254mm，钢管壁厚均为 2mm，但总长度和飞机尾部的设计略微不同，如图 1-25 所示。考虑到飞机撞击安全壳外壁后会将振动效应通过底板传导到内部设备，因此对 V0 和 V1 系列分别设计了 RC 板结构（V1 系列的 RC 板两侧增加了三角形连接结构）和支撑条件，如图 1-26 所示。

图 1-23 IMPACT III X1、X2 和 X3 试验的柔性飞射物变形

注：该图取自参考文献［57，58］。

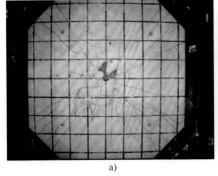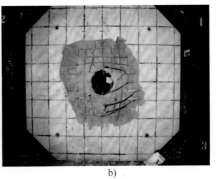

a)　　　　　　　　　　　　　　　b)

图 1-24 IMPACT III 弯曲和冲切组合破坏试验

a）X3 的 RC 板背面破坏　b）X4 的 RC 板背面破坏

注：该图取自参考文献［58，59］。

2015 年，德国的 Heckötter 和芬兰的 Vepsä[64]采用 AUTODYN 软件和 RHT 混凝土模型对 IMPACT 项目中的柔性飞射物和刚性飞射物撞击试验进行了较好的数值模拟复现。

9. IRIS 项目的柔性飞射物/刚性飞射物撞击 RC 板试验

2010 年，法国 IRSN、德国工厂和反应堆安全协会（GRS）和隶属于经济合作与发展组织（Organization for Economic Co-operation and Development，OECD）的核能源机构（Nuclear Energy Agency，NEA）等组织启动了名为"Improving Robustness Assessment Methodologies for Structures Impacted by Missiles，IRIS"的项目。目的是对比不同的分析程序、模拟方法和计算结果来确定最有效的方法，以用于分析核电站在假设飞射物撞击下的结构破坏和振动效应。第一阶段项目 IRIS PhaseI 共吸引了来自 11 个国家 20 个不同组织的 28 支研究团队参加[65]。

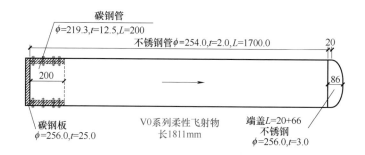

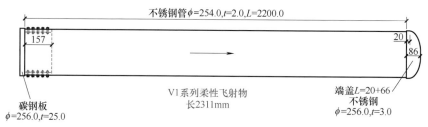

图 1-25 IMPACT Ⅲ V0 和 V1 系列的不同柔性飞射物（单位：mm）

注：该图取自参考文献 [61]。

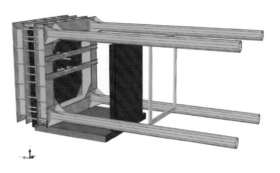

a)

b)

图 1-26 IMPACT Ⅲ关于振动和阻尼试验不同 RC 板和支撑

a) V0 系列　b) V1 系列

注：该图取自参考文献 [61]。

1）IRIS Phase I（2010—2012）。选取了 3 组不同的试验作为参加团队进行数值模拟的基准试验：第 1 组为著名 Meppen 系列试验中的 Meppen Ⅱ-4（弯曲和冲切联合破坏），板厚 700mm，柔性飞射物撞击速度为 247.7m/s，该试验后柔性飞射物的变形和 RC 板剖切面的破坏如图 1-27 所示。该项目在 VTT 进行了两组新的试验，但当时没有公布试验结果；第 2 组为弯曲破坏模式（B1 和 B2）；第 3 组为冲切破坏模式（P1、P2 和 P3）。参与团队在没有提供试验数据的情况下对这 3 组试验先进行了模拟预测，然后与试验结果进行了对比分析。需要特别说明的是，当时 IMPACT Ⅱ 也正在 VTT 开展试验，或许为了试验方便以及相互合作，IRIS Phase I 采用了 IMPACT Ⅱ 项目的部分柔性飞射物和 RC 板，或者说此时 VTT 进行的部分试验为此两个项目共用。B1 和 B2 弯曲破坏试验的 RC 板尺寸约为 2100mm×2100mm×150mm，柔性飞射物质量约为 50kg，长度 2111mm，直径 254mm，壁厚 2mm，撞击速度为 110.15m/s 和 111.56m/s（均未贯穿），B1 试验后柔性飞射物和 RC 板的破坏，如图 1-28 所示，柔性飞射物压缩屈曲长度约 970mm。在 P1、P2 和 P3 冲切破坏试验中，RC 板厚度增加到 250mm，同时减少了抗弯钢筋配筋率且不设置抗剪钢筋，采用刚性飞射物（钢管内填充了轻质混凝土），质量 47.5kg，长度 640mm，直径 168.3mm，壁厚 10mm，刚性飞射物均贯穿了 RC 板，初始（残余）速度分别为 135.9（33.8）m/s、134.9（45.3）m/s 和 136.5（35.8）m/s。图 1-29 所示为 P1 试验后刚性飞射物和 RC 板的破坏情况，可见刚性飞射物仍基本保持完整。在 2011 年的第 21 届 SMiRT 会议上，组委会用 5 篇连载文章[66-70]对 IRIS Phase I 项目的试验及其数值模拟结果进行了介绍，而最全面的介绍在其最终研究报告[65]中，其他相关文献［71-74］也对 IRIS Phase I 项目进行了介绍。

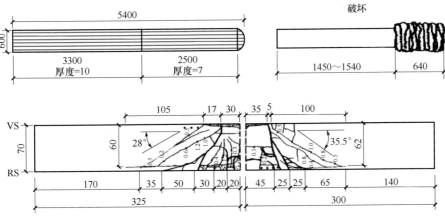

图 1-27　IRIS Phase I 项目中 Meppen Ⅱ-4 试验的柔性飞射物和

RC 板两个垂直剖切面的破坏情况（单位：mm）

注：该图取自参考文献［65］。

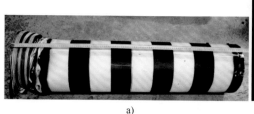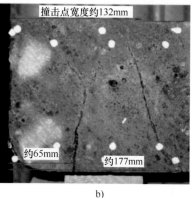

a)　　　　　　　　　　　　　　　b)

图 1-28　IRIS Phase I 项目中 B1 试验破坏情况

a）柔性飞射物　b）RC 板剖面

注：该图取自参考文献［65］。

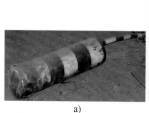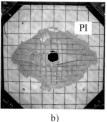

a)　　　　　　　　　b)　　　　　　　　　c)

图 1-29　IRIS Phase I 项目中 P1 试验破坏情况

a）刚性飞射物　b）RC 板背面　c）RC 板剖面

注：该图取自参考文献［65］。

2）IRIS Phase Ⅱ（2012—2014）。为了改进 IRIS Phase I 中的数值模型和评价方法，组委会继续开展了 IRIS 项目的第二阶段 IRIS Phase Ⅱ研究工作，大部分参与团队来自 IRIS Phase I [75]。IRIS Phase Ⅱ的具体目标有两个：①改进现有的有限元分析模型，模拟由 VTT 提供的混凝土单轴无侧限和三轴试验，以及巴西劈裂试验来标定混凝土的本构模型参数，使用一组输入参数并根据撞击试验结果模拟 P1 与 B1 试验，进行敏感性分析并指出主要控制参数；②开发简化的分析工具，并用其分析或模拟 P1 与 B1 试验。

参与团队分别采用不公开的内部软件以及常用的商用软件对相关试验进行了数值模拟，得到了以下结果：①混凝土试块的巴西劈裂试验和三轴试验：大部分的团队并没有模拟巴西劈裂试验，个别团队模拟的结果接近于试验结果。对于三轴试验：大部分团队都模拟出了混凝土的最大抗压强度，但是模拟的应变值与试验结果相差较大；②对于 RC 板弯曲试验 B1，与 IRIS Phase Ⅰ 的模拟结果相比有了明显的改进。对于所有参与团队的模拟结果，RC 板挠度最大值的变异系数从 97% 降低到了 31%，且平均值与试验值吻合较好。但是对于残余位移以及钢筋应变，其结果离散性仍然较大，但是已经比 IRIS Phase Ⅰ 阶段有了明显改进；③对于 RC 板冲切试验 P1，与 IRIS Phase Ⅰ 的模拟结果相比也有了明显的改进，飞射物残余速度的变异系数从 274% 降低到了 53%。尽管组委会给出了 RC 板破坏形态，但是参与团队的模拟结果却不尽相同，可能的主要原因是由于所用软件模拟损伤破坏的能力不同，此外混凝土单元侵蚀参数取值对预测结果影响很大；④8 支表现较佳的团队对 B1 和 P1 试验的模拟结果误差均在 40% 以内。总体来看，有限元模拟以及简化方法均获得了较好结果。

在 2013 年的第 22 届 SMiRT 会议上，组委会用 2 篇连载文章[76,77]对 IRIS Phase Ⅱ 项目进行了介绍，而最全面的信息在其最终研究报告[75]中。此外，其他相关文献［78-84］也给出了对 IRIS Phase Ⅰ/Ⅱ 试验的模拟分析。

3）IRIS Phase Ⅲ（2016—2018）。IRIS 项目第三阶段旨在研究直接撞击区域外的墙体和地板结构的振动问题，主要包括了两个方面[85]：①各个团队对 IM-PACT Ⅲ 中 V1 系列中的试验进行数值模拟以校准自己的有限元模型和参数，为下一步数值模拟提供依据；②利用前面模拟所得的经验数据，对组委会开展的新的试验（未公布试验结果）进行"盲算"，撞击试验的示意图，如图 1-30 所示，飞射物为 IRIS Phase Ⅰ 中弯曲破坏试验所用的 50kg 柔性飞射物，共进行了 3 发、两种速度（90m/s，90m/s 和 170m/s）的撞击试验。截至目前，相关研究结果还没有公开发表。

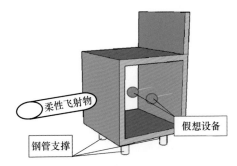

图 1-30　IRIS Phase Ⅲ 项目中关于振动的试验示意图

注：该图取自参考文献［85］。

2014 年，韩国的 Thai 和 Kim[86]采用模拟软件 LS-DYNA 和 MAT_084 混凝土材料模型对 IRIS 项目的试验进行了模型验证，并开展了大量刚性飞射物撞击 RC 板的参数化分析。

10. Riedel 等缩比 GE-J79 引擎撞击 UHP-FRC 板试验

超高性能纤维增强混凝土（Ultra High Performance Fiber Reinforced Concrete，UHP-FRC）与普通的混凝土相比，具有基体强度高、抗裂性能好等优点。为了研究 UHP-SFRC（Ultra High Performance Steel Fiber Reinforced Concrete）材料抵御柔性飞射物撞击的性能及其在核电站结构工程建设中的应用，2010 年，Riedel 等开展了 6 次缩比飞机引擎撞击 UHP-SFRC 板的试验[87]。缩比引擎模型的设计方法依据 Sugano 等[37,38]的引擎撞击试验，但比例更小，仅为 1∶10，直径约为76mm，质量约为 1.5kg，采用空气炮装置进行发射。UHP-SFRC 板尺寸均为1000mm×1000mm×100mm，混凝土基体 UHPC（Ultra High Performance Concrete）的强度范围为 172.1～196.0MPa，钢纤维（长度 13mm，直径 0.15mm）的体积含量为 1%，此外还配置了钢筋（直径 5.5mm，间距 50mm）。通过逐渐增大撞击速度（194.7～368.6m/s），得到了 UHP-SFRC 板不同的破坏模式（侵彻、临界震塌、临界贯穿和贯穿）。结果表明 UHP-SFRC 材料具有更优异的防护性能。引擎模型以 194.7m/s 的速度撞击过程如图 1-31 所示，侵彻深度小于 2mm，图 1-32所示为引擎模型以 320m/s 的速度撞击对 UHP-SFRC 板造成的临界贯穿破坏现象。

图 1-31　Riedel 等试验的引擎模型以撞击速度 194.7m/s 撞击 UHP-SFRC 板的过程

注：该图取自参考文献［87］。

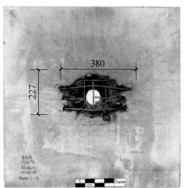

图 1-32　Riedel 等试验的引擎模型以撞击速度 320m/s
造成的 UHP-SFRC 板临界贯穿（单位：mm）

注：该图取自参考文献［87］。

2016 年，韩国的 Thai 和 Kim[88,89]采用模拟软件 LS-DYNA 和 MAT_084 混凝土材料模型，基于 Riedel 等的试验，开展了数值模拟分析和参数影响讨论（UH-PFRC 板厚度、撞击速度、纤维类型及其含量），并通过对经验公式引入折减系数，提出了引擎撞击 UHPFRC 板的临界震塌和贯穿公式。

11. 王强的缩比飞机模型撞击荷载测试试验

测量飞机撞击过程中的荷载对于结构动力分析十分重要，为了评估动态荷载测量方法的可行性，王强[90]于 2016 年开展了小尺寸的典型飞机模型撞击可移动板的试验。试验设计了 6 种薄壁飞机模型，壁厚 4mm，长度 319mm，外径分别为 60mm、80mm 和 114mm，为了更好地模拟机身的破坏特性，在其表面进行了两种开槽方式（一种只有纵向槽，另一种同时有纵向和横向槽，槽的宽度和深度均为 2mm），如图 1-33a 所示。模型质量为 3.5~7.2kg，采用直径 152mm 的空气炮，共发射了 9 发，撞击速度为 189.67~240.54m/s。被撞击板材料为 45钢，安装在可移动的小车上，如图 1-33b 所示，车上布置有加速度传感器和撞击力测量器，总质量约为 255~260kg，摩擦系数为 5%。试验结果表明，传感器测量数据准确、可靠，此外不同刻槽方式飞机模型的压屈力分布基本一致，说明在高速撞击中，横向结构的弱化对于压屈力影响不大。

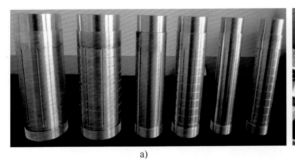 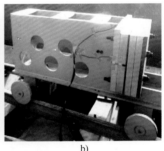

a)   b)

图 1-33 王强试验

a) 6 种简化缩比飞机模型 b) 可移动板

注：该图取自参考文献［90］。

12. 孔建伟和刘君的飞机模型撞击安全壳缩比试验

2017 年，为研究安全壳在飞射物撞击下的响应，孔建伟和刘君[91]以 CPR1000核电站安全壳为研究对象，依据弹性力-重力相似律，设计建造了一个几何比尺为1：20 的素混凝土安全壳模型，而简体壁厚和穹顶壁厚几何比尺为 1：15，安全壳简体现浇，穹顶预制，并采用建筑结构胶黏结。此外，根据相似律，计算得到其他参数的缩比为：密度 1.16，弹性模量和应力 0.058，动能（1/20）^{4}，速度 0.024，加速度、应变和泊松比均为 1。飞机模型有两种：新舟 600 支线客机质量为 13t，采用质量 16kg 的混凝土块来模拟，其速度为 6.42m/s（纵向撞击）；波音 737-800 商用客机质量为 40t，采用质量 140kg 的铁制圆筒来模拟，其速度为 3.81m/s（横向两次撞击）。试验结果表明：①核电站安全壳遭受小型飞机撞击作用时会出现局部冲剪破坏，筒体出现孔洞，但结构仍保持完整，撞击过程，如图 1-34 所示；②核电站安全壳遭受大型商用飞机第一次撞击作用时会出现大量的宏观裂纹，撞击局部出现孔洞，但安全壳整体基本保持完好，没有发生整体性的破坏和倒塌现象，而遭受第二次相同位置撞击作用后，安全壳则发生倒塌破坏，撞击后结构的破坏现象，如图 1-35 所示；③CPR1000 核电站安全壳具有较强的抵抗大型飞行物的撞击能力。

图 1-34　孔建伟和刘君试验的小型飞机模型撞击过程

注：该图取自参考文献［91］。

图 1-35　孔建伟和刘君试验的大型飞机模型两次撞击后结构的破坏

注：该图取自参考文献［91］。

13. Duan 等 J-6 全比例飞机模型撞击 RC 板试验

2017 年北京理工大学开展了一次 J-6 飞机模型撞击 RC 板的试验[92]。试验原理与 1993 年的 F-4 飞机撞击试验相同，通过撞击可以沿导轨滑动的 RC 板来获取飞机撞击荷载的特征参数。试验中 J-6 飞机原型长 12.54m，宽 9m，高

3.89m，重 5.28t，连同发射装置结构总重 6.71t；RC 板尺寸为 3m×1.2m×0.4m，混凝土强度为 44.3MPa，连同滑轨总重 196.34t，约为飞机模型总质量的 29 倍。飞机模型通过发射装置加载至 200m/s 的发射速度并正面垂直撞击 RC 板，J-6 飞机模型及其试验过程，如图 1-36 所示。试验测得了飞机尾部的加速度与 RC 板的滑动加速度，通过这两个加速度信号分别计算出了飞机机身的屈曲力。通过试验测得的加速度算出的飞机撞击荷载与 Riera 方程理论计算结果吻合程度较高，确定了 Riera 方程中折减系数 α 的具体数值约为 0.9；并且发现飞机机身屈曲力的累积冲量在总冲击荷载累计冲量中的占比趋于一个定值，约为 17%±1%，如图 1-36 所示，进而推导出新的飞机撞击荷载计算理论公式，该公式可以在无法获取飞机机身屈曲力具体数值的情况下估算出飞机撞击荷载。

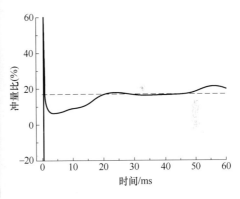

图 1-36　Duan 等试验的 J-6 飞机撞击试验过程及屈曲力累积冲量在总累积冲量中的占比

注：该图取自参考文献［92］。

14. Wen 等飞机模型撞击 RC 板试验

2017 年，生态环境部核与辐射安全中心的 Wen 等[93] 开展了飞机模型撞击 RC 板试验，试验共计 3 发，使用了大小两种飞机模型，其中前两发试验采用较小的飞机模型，长 2.2m，翼展 1.8m，高 0.47m，模型质量约为 40kg，加载速度约为 200m/s，对应的 RC 板尺寸为 1.5m×1.5m×0.4m，重 2.35t；第 3 发试验使用的是较大的飞机模型，长 3.8m，翼展 3.6m，高 0.86m，重 105kg，加载速度约为 205m/s，对应 RC 板尺寸为 2m×2m×0.6m，重 6.27t。飞机模型与试验过程，如图 1-37 所示。该试验的设计与试验原理与两次原型飞机撞击试验相同，飞机模型撞击可移动 RC 板，通过测得的 RC 板加速度计算飞机模型撞击力的具体数值。试验中，飞机模型在撞击 RC 板后充分压溃，RC 板未发生破坏，如图 1-37所示。最终计算出飞机模型的冲击荷载与 Riera 方程的理论计算结果吻合较好，证明了所使用飞机模型的可靠性与合理性，可以作为飞机等效模型用于其他相关试验；另外再次验证了飞机模型的屈曲力累计冲量在总冲量中的占比趋于一个定值，对于两种飞机模型累计冲量与总冲量的比值均为 16%。

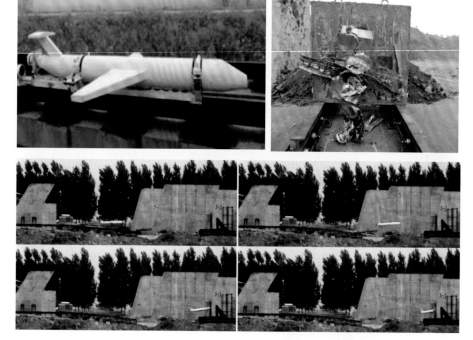

图 1-37　Wen 等试验的飞机模型及试验过程

注：该图取自参考文献［93］。

1.2.3　数值模拟

对于飞机撞击核电设施的相关研究，虽然在理论和试验方面已经开展了一定的工作，但是主要停留在撞击力和引擎模型对平板的缩比撞击试验等较为基础的研究层面，而无法完成核电厂房等复杂结构在飞机不同撞击工况下的详细分析。近年来，计算机性能的大幅提升以及有限元理论和商用软件的逐渐成熟，使得精细化的数值模拟得以实现并成为飞机撞击核电设施研究工作的有效方法之一。

2000 年以前，飞机撞击安全壳的数值模拟分析，由于不是研究热点，再加上计算机运算能力不强和仿真软件不够完善等原因，相关成果数量较少且模型简化程度较高。2000 年以来，特别是"9·11"事件之后，上述方向的数值模拟分析引起了学者的广泛关注，且模拟分析的软件和硬件条件都有了显著的提高，分析结果更接近真实且具有较高的参考价值。因此，本小节主要对 2000 年以后的数值模拟工作进行系统的分类梳理和总结。

1. 耦合方法与非耦合方法

对飞机撞击核电厂房的过程进行数值模拟的方法主要有两种：①飞机-厂房接触分析方法（耦合方法），即同时建立核电厂房和飞机的有限元模型，对撞击全过程进行模拟，计算结果较为真实；②撞击力时程分析方法（非耦合方法），只建立核电厂房的有限元模型，而将飞机撞击力荷载时程曲线施加在预设的撞击面积上。

2007 年，美国的 Arros 和 Doumbalski[94] 基于 LS-DYNA 模拟软件和 MAT_084 混凝土材料模型，建立了简化的 B747 商用飞机和虚构的核电站厂房结构有限元模型，对耦合分析和利用 Riera 函数直接加载的非耦合分析进行了对比，加载方式如图 1-38 所示，结果表明：在耦合分析中结构产生高频的振动响应，而在非耦合分析中人为确定的加载面积以及作用时间对计算结果较为敏感。

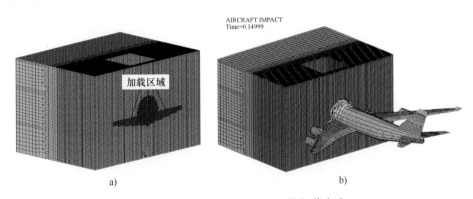

图 1-38 Arros 和 Doumbalski 的加载方式

a）非耦合 b）耦合

注：该图取自参考文献［94］。

2013 年，德国的 Siefert 和 Henkel[95] 采用 ABAQUS 软件建立了 A320 客机和安全壳（壁厚 1.8m，有钢筋，没有预应力钢束）的有限元模型，用飞机撞击刚性墙得到了飞机整体以及各部分（机身、机翼和引擎）的撞击力曲线，对飞机撞击安全壳进行了耦合分析和非耦合分析，加载方式如图 1-39 所示，结果表明：非耦合分析的最大撞击位移要小于耦合分析的结果。

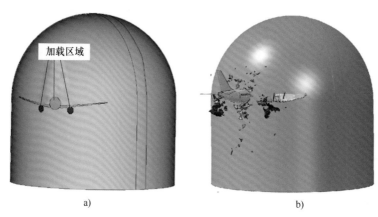

图 1-39　Siefert 和 Henkel 的加载方式

a）非耦合　b）耦合

注：该图取自参考文献［95］。

2015 年，张涛[96]基于有限元分析软件 LS-DYNA 和 MAT_159 混凝土材料模型建立了 A320 飞机和预应力安全壳有限元模型，进行了耦合与非耦合的对比分析，非耦合分析的加载曲线来自于耦合分析中飞机各部分的撞击荷载，结果表明：非耦合分析的安全壳损伤破坏明显偏小，壳体混凝土的损伤，如图 1-40 所示。

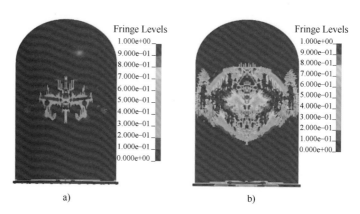

图 1-40　张涛的分析中混凝土的损伤

a）非耦合　b）耦合

注：该图取自参考文献［96］。

由此可见，非耦合方法虽然计算效率高，但是难以体现不断变化的加载面积以及撞击力时程曲线，结构响应和损伤破坏程度相对较小；耦合方法需要建立精细的飞机和安全壳等有限元模型，前期准备以及计算时间较长，但模拟结果更为真实、可靠。

2. 飞机撞击力的数值模拟分析

2013 年和 2014 年，郑文凯[97]和刘晶波等[98]分别基于 LS-DYNA 分析软件和 MAT_072R3 混凝土材料模型建立了 B767-200ER 飞机和安全壳有限元模型。利用引擎撞击 RC 板试验，验证了材料本构模型及参数，进一步获得了大型商用飞机撞击核电站安全壳的荷载时程曲线，分析了飞机撞击力及核电站安全壳结构变形特点及核电站结构刚度对撞击力的影响规律。

2015 年，为了考虑筒身直径大小对飞机撞击安全壳的影响，张涛[96]采用数值模拟方法开展了飞机撞击力的参数化分析，基于 Riera 函数提出了考虑圆筒形安全壳直径大小的撞击力计算公式。其中惯性力的折减系数不再是固定的 0.9，而是飞机翼展与安全壳筒身直径相对大小的无量纲函数，如图 1-41 所示，可以看出，折减系数随安全壳外直径与飞机翼展的比值增加而增加。

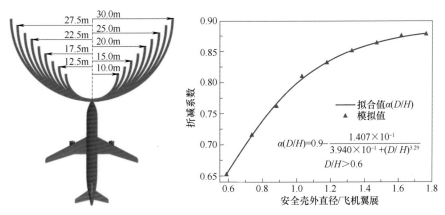

图 1-41　张涛的飞机撞击不同直径安全壳示意图和对 Riera 函数折减系数的修正

注：该图取自参考文献 [96]。

3. 飞机和引擎撞击试验的数值模拟

相关数值模拟分析已在 1.2.2 小节中进行介绍。

4. 飞机撞击安全壳的数值模拟

（1）RC 安全壳　1992 年，左家红[99]采用有限元分析软件 ADINA，以核算秦山核电站安全壳在假定的训练机坠毁事故下的安全性为工程背景，进行了飞机撞击的非耦合分析，结果表明，在小型飞机撞击作用下安全壳结构仍然有足够的安全保障。2004 年，李笑天和何树延[100]采用模拟软件 MSC.DYTRAN 建立了简化的飞机（实心块体）和安全壳（平板）有限元模型，并对撞击过程进行了数值模拟分析。2005 年，Kukreja[101]建立了简化的 500MWe PHWR 核电站双层安全壳有限元模型，将 B707-320 和 A300B4-200 飞机的撞击力时程曲线施加到安全壳被撞击区域，采用非公开的内部模拟软件 IMPACT 进行了非耦合分析。结果表明该类安全壳有足够的强度可以抵御飞机的撞击。其中双层安全壳有限元模型和撞击后的外层壳体的变形，如图 1-42 所示。

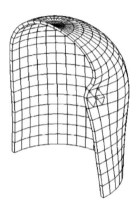

图 1-42　Kukreja 分析的外层壳体的变形

注：该图取自参考文献［101］。

2011 年，LoFrano 和 Forasassi[102]采用非耦合方法，将 B747 和 F-4 Phantom 飞机的撞击荷载时程直接加载于简化的安全壳有限元模型上进行了数值分析，结果表明：非撞击区域的安全壳结构整体稳定性可以得到保证，而厚度小于 1m 的安全壳结构在大型商用客机撞击作用下比较危险。

2012 年和 2013 年，Iqbal 等[103]以及 Sadique 等[104]采用 ABAQUS 有限元分析软件和 CDP（Concrete Damage Plasticity Model）混凝土材料模型，建立了局部加密的安全壳（1.2m，有钢筋，没有钢束）有限元模型，如图 1-43a 所示。并将 B747-400、B767-400、A320、B707-320 和 F-4 Phantom 共 5 种飞机的撞击力时程曲线直接加载于安全壳进行非耦合分析，撞击力曲线如图 1-43b 所示。结果表明该安全壳无法承受 B747-400 和 B767-400 飞机的撞击，撞击区域的混凝土会开裂并导致结构整体失效。

2013 年，李亮等[105]基于 LS-DYNA 有限元分析软件和 MAT_111 混凝土材料模型，将 B707-320 飞机的撞击力时程曲线加载于双层安全壳的外层安全壳进行了非耦合分析，结果表明该安全壳可以抵御 B707-320 飞机的撞击。2014 年，汤胜文[106]采用 ABAQUS 分析软件和 CDP 混凝土材料模型建立了简化的 B757 飞机和安全壳有限元模型，采用耦合方法分析了安全壳钢筋和撞击位置对结构破坏的影响。结果表明：核电站建设应选用塑性变形能力大的钢筋，且撞击设备孔洞时安全壳的位移较大。

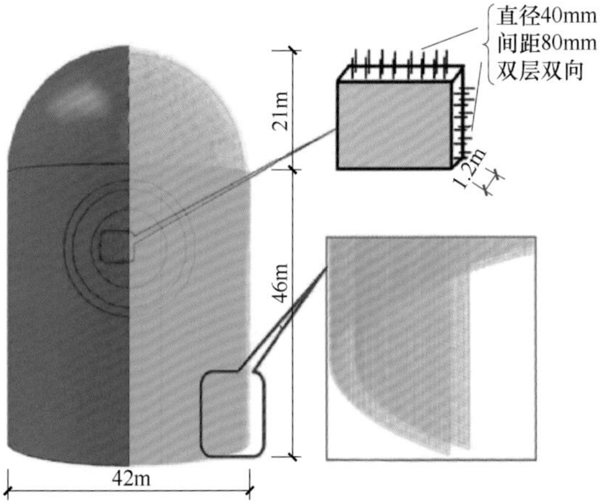

a)

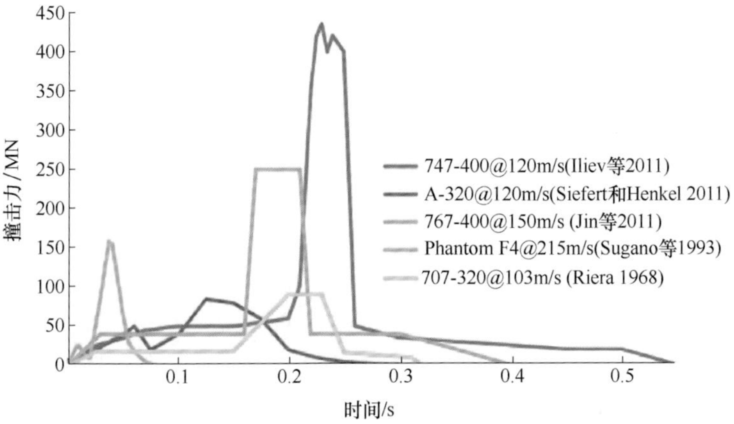

b)

图 1-43　Iqbal 和 Sadique 的试验

a）安全壳模型　b）撞击力时程曲线

注：该图取自参考文献［103，104］。

2014 年，Iqbal 等[107]采用 ABAQUS 软件和 CDP 混凝土材料模型，采用非耦合方法将 F-4 Phantom、B707-320 和 A320 飞机的撞击力时程曲线直接加载于安全壳结构的 4 个不同位置（筒体中部、筒体和穹顶交接处、穹顶中部和顶部）评估了安全壳的损伤破坏。结果表明：4 个位置中筒体中部最为危险且 3 种飞机中 F-4 撞击造成的破坏最为严重。2015 年，李亮等[108]采用有限元模拟软件 LS-DYNA 和 MAT_111 混凝土材料模型建立了简化的安全壳有限元模型，分别将小型和大型商用飞机撞击安全壳的荷载曲线施加于结构上进行非耦合的对比分析，结果表明：两种类型飞机撞击作用下安全壳均可以确保其整体密封性。

2016 年，Rouzaud 等[109]采用有限元模拟软件 LS-DYNA 和 MAT_172 混凝土材料模型，通过非耦合方法对飞机撞击安全壳的动力响应进行了参数化分析，考虑了加载面积、混凝土抗压强度、钢筋配筋率和结构壁厚等因素的影响。结果表明很难确定不同因素与破坏结果之间的直接关系。（作者按：分析中加载面积对撞击挠度有较大的影响，正说明非耦合方法会引起较大的分析误差，因为其难以针对不同的机型和撞击角度来确定加载面积，并且加载面积没有随时间变化。）

2017 年，朱秀云等[110]采用模拟软件 LS-DYNA 和 MAT_084 混凝土材料模型建立了简化的 RC 安全壳，并通过非耦合方法进行了飞机撞击安全壳的数值模拟分析，对不同撞击位置下结构的响应进行了讨论，确定了筒身的最不利撞击位置。2017 年，印度的 Sadique 等[111]同样基于 ABAQUS 软件和 CDP 混凝土材料模型对 F-4 飞机撞击安全壳基础附近的结构进行了非耦合分析，并考虑了不同的加载面积。结果表明：飞机撞击虽然会造成较为严重的局部破坏，但安全壳结构可以保持整体稳定。

2020 年，Wang 等[112]针对 AP1000 安全壳在 B737 MAX8 飞机撞击作用下的结构损伤与动态响应开展了数值模拟研究。基于缩比引擎撞击试验与 Riera 方程比较验证了模型参数，进一步开展了 25 个工况的撞击分析，对飞机撞击 AP1000 安全壳工况中的冲击荷载、残余速度、残余动能、混凝土损伤、轴向钢筋应力和穿孔尺寸等进行了分析和规律总结。讨论了模型各项参数在飞机撞击速度提升与作用位置变化下的变化规律。得出飞机撞击荷载的峰值约为第一阶段的 6 倍，飞机冲击荷载的峰值随着撞击速度的提升线性增加。飞机撞击作用下的结构加速度峰值范围在 $400 \sim 1000g$，结构最大位移为 2.5m；此外由于结构壁厚较薄，在飞机撞击速度大于 150m/s 时就会贯穿结构外壁，但混凝土失效的区域仅为冲击作用区，冲击区外的结构受影响较小，混凝土与钢筋的损伤，如图 1-44 所示。

（2）预应力 RC 安全壳　2008 年，王晓雯等[113]建立了简化的安全壳模型（混凝土、预应力钢束和钢衬），选用规范规定的小型飞机撞击荷载以及针对商用飞机的撞击荷载，垂直作用于穹顶中央有效撞击范围内，分别进行了非耦合分析。

2013 年，Lee 等[114]采用 LS-DYNA 和 AUTODYN 模拟软件以及 RHT 混凝土模型，建立了较为简化的质量为 420t 的 B747 商用飞机和壁厚为 1.22m 的预应力安全壳有限元模型，如图 1-45 所示。根据修正后的 Riera 函数确定了飞机材料的失效标准，并在此基础上对撞击速度、被撞击物形状（圆筒形/平面）、预应力大小、撞击位置和角度进行了参数影响分析。

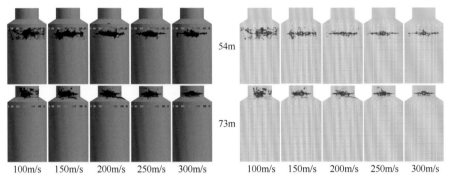

图 1-44　Wang 等模拟的 AP1000 在 B737 MAX8 不同速度下
撞击不同位置的结构失效

注：该图取自参考文献［112］。

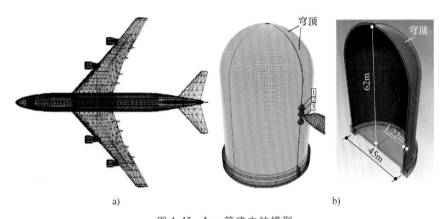

a)　　　　　　　　　　　　　　　　　b)

图 1-45　Lee 等建立的模型

a）B747 飞机模型　b）预应力安全壳模型（单位：m）

1、2、3—撞击点

注：该图取自参考文献［114］。

2014 年，曹健伟等[115,116]采用有限元分析软件 LS-DYNA 和 MAT_072R3 混凝土材料模型，建立了我国支线飞机新舟 MA600（图 1-46）和岭澳核电站预应力安全壳有限元模型。通过分别开展耦合与非耦合的数值模拟分析，结果表明非耦合方法不能反映安全壳真实的响应和损伤破坏。

2014 年到 2015 年，张涛等[117,118]基于 LS-DYNA 分析软件以及 MAT_072R3 和 MAT_159 混凝土材料模型，建立了较为精细的 A320 飞机（图 1-47a）和岭澳核电站预应力安全壳细节（图 1-47b）的有限元模型，飞机燃油采用 SPH 单元进行模拟，通过开展耦合方法分析了不同撞击位置和钢束预应力等因素对厂房结构损伤破坏和动态响应的影响。

2015 年，Andonov 等[119]采用 SOLVIA 软件建立了预应力 RC 安全壳，采用非耦合方法进行了 B737、B767 和 B747 飞机撞击壳体的仿真分析。基于撞击力峰值、撞击压力峰值和加载面积上的动量，采用易损性曲线反映了飞机撞击作用下壳体的脆弱程度，此外为壳体设计了一种抵御飞机撞击的桁架式防护结构，如图 1-48 所示。

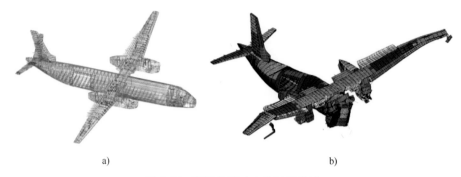

a)   b)

图 1-46   曹健伟等建立的飞机模型

a）MA600 飞机模型的梁单元   b）撞击后的变形破坏

注：该图取自参考文献［115，116］。

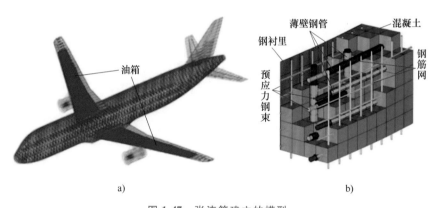

a)   b)

图 1-47   张涛等建立的模型

a）A320 飞机模型   b）安全壳局部细节

注：该图取自参考文献［117，118］。

此外，2000 年，Mohan 等[120] 对内层预应力安全壳顶部的孔洞进行了非线性模拟分析，并考虑了不同的加载条件和网格划分方式。

（3）SC 安全壳   2010 年，徐征宇[121]（模拟软件 LS-DYNA，混凝土材料模型 MAT_111）建立了简化的 B737 飞机和 AP1000 安全壳有限元模型，耦合分析的结果表明此撞击不会发生安全壳的贯穿破坏。

2014 年，周妙莹[122]（模拟软件 LS-DYNA，混凝土材料模型 MAT_111）建立了简化的 AP1000 安全壳以及非常简化的飞射物有限元模型，对冲击荷载作用下的安全壳失效模式、破坏机理和规律进行了分析。

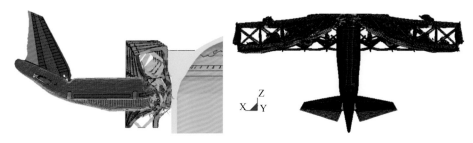

图 1-48 Andonov 等设计的安全壳抵御飞机撞击的防护结构

注：该图取自参考文献［119］。

2014 年和 2015 年，程书剑等[123,124]（模拟软件 LS-DYNA，混凝土材料模型 MAT_084）建立了简化的飞机有限元模型（质量 110t，速度 100m/s）和 AP1000 安全壳有限元模型，耦合撞击分析结果表明，安全壳的最大变形没有超过内外壳之间的距离，且不会有混凝土碎块撞击到内层钢制壳体。

2015 年，林丽等[125]（模拟软件 LS-DYNA，混凝土材料模型 MAT_072R3）建立了 3 种不同精细程度的 B767-200ER 飞机和两边包裹了 13mm 厚钢板的安全壳有限元模型（未提及钢筋和预应力钢束），讨论了不同飞机结构、被撞击物刚度和安全壳形状对撞击力和安全壳破坏的影响，进一步建议此类分析应采用更精细的飞机模型。

2015 年，朱秀云等[126]（模拟软件 LS-DYNA，混凝土材料模型 MAT_084）建立了简化的钢板混凝土安全壳（内外层钢板厚度均为 18mm）的有限元模型，非耦合分析结果表明，即使在安全壳筒身最不利撞击部位冲击作用下，像 B707-320 飞机对该安全壳的影响仍然是较小的，且增大钢板的厚度能够有效地减小冲击作用下结构的响应。

2016 年，吴婧姝等[127]（模拟软件 LS-DYNA，混凝土材料模型 MAT_111）建立了 CAP1400 安全壳及周围附属厂房的有限元模型，通过现场三维激光扫描技术创建了 A340-300 飞机的实体有限元模型，分析了在飞机不同撞击速度、不同撞击高度、不同撞击角度及混凝土不同弹性模量等 11 个参数的影响下安全壳的破坏情况。

2016 年，刘晶波等[128]（模拟软件 LS-DYNA，混凝土材料模型 MAT_072R3）建立了 B767 飞机和双钢板混凝土安全壳的有限元模型，耦合撞击分析结果表明，飞机轴向网格尺寸对撞击力影响较大，撞击速度对撞击作用时间影响较小而对结构位移影响很大。

此外，2013 年，Chung 等[129]（模拟软件 LS-DYNA，混凝土材料模型 MAT_159）对质量为 3.75t 的汽轮机碎片撞击 SC 结构的附属厂房进行了数值模拟分析。

（4）纤维增强混凝土 FRC（Fiber reinforced concrete）安全壳 2016 年，Jeon 和 Jin[130]（模拟软件 ABAQUS，混凝土材料模型 CDP）为了研究 FRC 对核电站安全壳抵御飞机撞击的加强作用，建立了简化的 B767 飞机和韩国的 OPR1000 安全壳有限元模型（混凝土材料为均质 FRC，没有钢筋），耦合分析结果表明钢纤维和聚酰胺纤维 FRC 明显优于素混凝土，壳体的损伤，如图 1-49 所示。

图 1-49　Jeon 和 Jin 模拟得出纤维对壳体损伤的影响

注：该图取自参考文献［130］。

5. 飞机撞击附属结构的数值模拟

（1）设备厂房 2007 年，Dundulis 等[131]（模拟软件 NEPTUNE）对 Ignalina 核电站中用于放置事故定位系统（Accident Localization System，ALS）的建筑（包含了 65% 的冷却系统管道等）在飞机撞击下的结构完整性进行了评估，机身撞击采用了非耦合撞击分析方法，引擎撞击的局部破坏采用了经验公式，结果表明该结构不会被贯穿且钢筋不会失效。

2014 年，Thai 等[132]（模拟软件 LS-DYNA，混凝土材料模型 MAT_159）对 B767-400 飞机撞击假定核电站的附属厂房进行了耦合分析，并参考 Riera 函数的计算结果简要对比了其模拟的飞机撞击力（趋势相似）。并基于 IRIS 项目试验对 RC 墙体的有限元模型进行了验证，进一步讨论了墙体配筋率对结构破坏的影响，如图 1-50 所示。

2015 年，黄涛和李忠诚[133]（模拟软件 LS-DYNA）建立了某核电站燃料厂房的有限元模型，将飞机撞击荷载曲线直接加载于结构的外墙进行了非耦合撞击分析。

2015 年，Thai 和 Kim[134]采用与文献［132］同样的飞机模型、材料模型和验证方法，对韩国标准核电站（Korea Standard Nuclear Power Plant，KSNP）的附属厂房进行了耦合撞击分析。从整体响应、局部破坏和振动效应 3 个方面对厂房结构安全性进行了评估，结果表明此类厂房的振动加速度值过大，设备安全无法保证，满足 NRC 规定的核电站停堆要求。

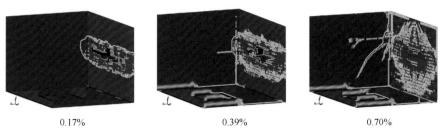

0.17%	0.39%	0.70%

图 1-50 不同配筋率下厂房的损伤破坏

注：该图取自参考文献 [132]。

2016 年，Shin 等[135]（模拟软件 LS-DYNA，混凝土材料模型 MAT_159）对商用飞机（未给出具体型号）撞击核电站附属厂房分别进行了耦合与非耦合撞击分析，飞机模型考虑了燃油，并采用附加质量以及 SPH（Smooth Particles Hydrodynamics）两种方法进行了模拟，耦合分析得到的撞击荷载用于非耦合模拟加载，该分析主要关注飞机撞击作用下结构的振动效应，对比建议飞机燃油采用 SPH 进行模拟。

2016 年，Lo Frano 和 Stefanini[136]采用非耦合方法将 B747 和 F-4 Phantom 飞机的撞击力直接加载于简化的储藏乏燃料的建筑物上，并采用 MSC. MARC 软件进行了温度分布的分析。

（2）乏燃料罐 2016 年，Lee 等[137]（模拟软件 LS-DYNA）对质量为 3578kg 的飞机引擎撞击乏燃料罐进行了数值模拟分析，并与 1：3 的缩比试验进行了对比，撞击过程中的加速度和应变吻合较好，模拟和试验的撞击现象如图 1-51所示。

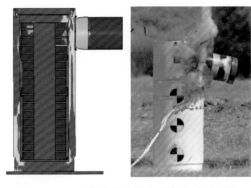

图 1-51 Lee 等模拟的撞击现象和试验对比

注：该图取自参考文献 [137]。

2016 年，Almomani 等[138]（模拟软件 LS-DYNA）对 B747 飞机的引擎（直径 2.7m，长度 4.3m，质量 4.4t）撞击储存罐（直径 2.1m，高度 5.4m，壁厚 0.201m，质量 97t）进行了数值模拟。引擎贯穿储存厂房后的残余速度采用经验公式进行计算得到，并对储存罐的结构响应和破坏进行了分析，如图 1-52 所示。

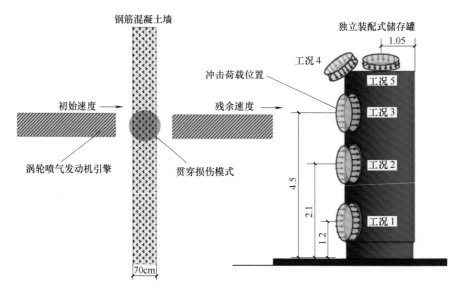

图 1-52 **Almomani 等的引擎贯穿厂房后撞击储存罐不同位置示意图**（单位：m）

注：该图取自参考文献 [138]。

2017 年，Almomani 等[139,140]采用与文献 [138] 相同的模型对引擎撞击储存罐开展了概率风险评价，并考虑了可能会造成不确定性的飞机撞击速度、混凝土抗压强度、飞射物形状和厂房结构壁厚等因素。结果表明：现有储存罐不会发生严重破坏也不会造成超过规定的放射性物质泄漏的后果。

（3）冷却塔 2014 年，Li 等[141]（模拟软件 LS-DYNA）对汽车撞击、B747-400 飞机撞击（耦合方法）和局部爆炸等荷载作用下的核电站超大冷却塔进行了数值模拟分析。结果表明飞机撞击会对冷却塔造成贯穿的局部破坏并且结构会在重力作用下倒塌，如图 1-53 所示。

6. 模型精细度的影响

2004 年，Itoh 等[142]（模拟软件 AUTODYN，混凝土材料模型 RHT）建立了简化的 B747 飞机模型并以 300km/h 的速度撞击 3m 厚的混凝土板，结果表明混凝土板没有遭到严重破坏。同时指出，若要进行更为精确的分析，需要建立精细化的飞机有限元模型。

2005 年，Itoh 等[36]（模拟软件 AUTODYN，混凝土材料模型 RHT）对 F-4 Phantom 飞机撞击试验进行了数值模拟，成功再现了试验观测到的飞机破坏和

RC 板被引擎侵入现象。同时指出，该类研究需要提高飞机模型的精细程度来增加模拟的准确性。

图 1-53　Li 等的飞机撞击冷却塔的破坏现象

注：该图取自参考文献［141］。

2015 年，Lu 等[143]（模拟软件 LS-DYNA，混凝土材料模型 MAT_072R3）对比了 3 种不同精细度的 B767 飞机模型撞击核电站安全壳结构。结果表明：为了更真实地反映撞击过程和破坏结果，应该采用更精细的飞机有限元模型。随着模型精细度的降低，壳体的损伤程度变小，如图 1-54 所示。

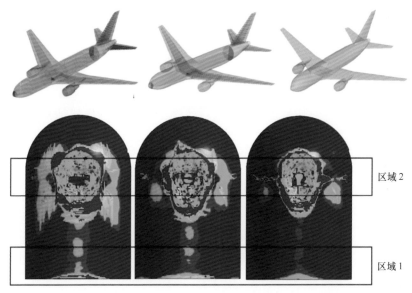

图 1-54　Lu 等的不同精细度的飞机模型和对应的壳体损伤

注：该图取自参考文献［143］。

1.2.4　其他相关研究

除了上述的理论分析、试验研究和数值模拟，还有一些不便分类的研究成果在此介绍。

1. 飞机撞击引起的火灾研究

2009 年，Luther 和 Müller[144] 采用 FDS（Fire Dynamic Simulator）软件对飞机撞击后核电站主要结构所遭受的火灾进行了模拟分析。结果表明：FDS 软件能够较好地模拟飞机撞击过程中伴随的火灾破坏效应。

2012 年，Jeon 等[145] 根据 B767-400 飞机撞击安全壳及其周围附属厂房后燃油的抛洒面积和区域，采用 ABAQUS 软件对结构在燃油火荷载作用下的温度响应进行了分析，结果表明：安全壳在飞机撞击造成的火灾中可以保持结构完整。

2017 年，Sikanen 和 Hostikka[146] 同样采用 FDS 分析软件对飞机撞击中燃油引起的火灾荷载进行了数值模拟。结果表明达到约 20% 的燃油会积累在结构表面，其造成的燃烧破坏不能被忽略，模拟的火焰和烟雾的传播过程，如图 1-55 所示。

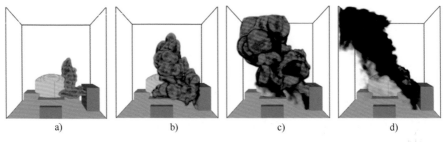

图 1-55　火焰和烟雾的传播过程

a）0.5s　b）2.0s　c）4.0s　d）10.0s

注：该图取自参考文献［146］。

2. 飞机撞击引起的结构振动

2010 年，Petrangeli[147] 基于 2D 的简化核电站结构（弹性和几何非线性），采用 SAP 2000 和 ANSYS 软件分析了飞机撞击荷载作用下结构的振动问题，结果表明隔振器可以较好地减轻振动强度。

2017 年，Lin 和 Tang[148]（模拟软件 LS-DYNA，混凝土材料模型 MAT_111 和 MAT_172）采用非耦合方法将 B767-400 和 B747-400 飞机的撞击荷载直接加载于安全壳结构，并考虑了结构与土体的相互作用（图 1-56）。分析了筒体 3 个不同高度的撞击工况下结构的振动响应。此外，研究结果表明由于混凝土是热的不良导体，在火灾作用下结构的安全性一般是可以得到保证的。

此外，文献［134，135］也对结构的振动问题进行了分析。

3. 飞机撞击的结构安全评估

2003 年，Siddiqui 等[149] 以允许裂缝宽度的极限状态为标准，基于 1996 年

Abbas 等[150]的分析对没有内覆钢衬里的简化安全壳进行了可靠性分析，并讨论了不同因素的影响，如机场位置、飞机质量、撞击速度、钢筋直径和布置间距等。

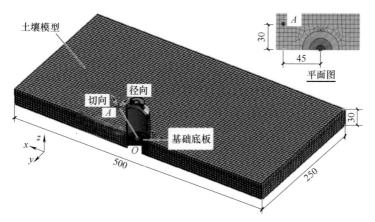

图 1-56 Lin 和 Tang 的考虑土体与结构相互作用的有限元模型（单位：m）

注：该图取自参考文献 [148]。

2014 年，Tennant 等[151]介绍了一款正在研发中的软件 RAAIT (Rapid Assessment Aircraft Impact Tool)，其可以用于快速评估飞机对不同建筑结构的撞击破坏作用（需要已有试验和其他相关分析提供数据库）。

2014 年，Kostov 等[152]（模拟软件 ABAQUS）对飞机撞击作用下 A92 核电站安全壳进行了安全评估，建立了纯 SHELL 单元和纯 SOLID 单元的两种安全壳模型，采用了耦合方法（B747 飞机模型）和非耦合方法（分别采用 Riera 函数和已有耦合分析中得到的撞击力加载），并考虑了不同的撞击位置，如图 1-57 所示。

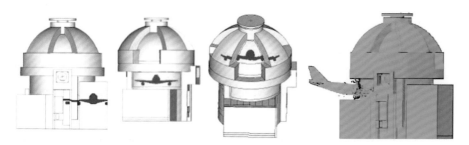

图 1-57 Kostov 等的非耦合方法的不同加载位置和耦合分析的撞击现象

注：该图取自参考文献 [152]。

归纳上述国内外的研究现状，可以看出：

在 2001 年 "9·11" 事件之前，关注的对象主要为飞机对平板的撞击荷载，采用的方法主要为理论推导以及全比例/缩比的飞机模型及其引擎模型的撞击试验，此外还有一些针对性不是很强的柔性飞射物（多为空心钢管）的撞击试验。而在 "9·11" 事件之后，人们认识到商用飞机撞击的巨大破坏力以及核电站会面临飞机撞击的安全威胁，因此飞机撞击的相关研究发生了以下变化：①飞机从以前的轻型飞机转变为质量更大且更可能被劫持的商用飞机；②被撞击结构从平板转变为核电站的厂房结构和圆筒形安全壳，其结构形式和混凝土材料也不尽相同；③研究重点从较为基础的撞击荷载偏向于对防护结构的非线性分析；④研究方法更依靠成熟的有限元数值模拟以及全比例或缩比撞击试验，虽然也基于模拟和试验结果提出了一些理论改进和预测公式，但新的纯理论研究成果较少。

1.3　主要内容

本书主要介绍近年来本团队在飞机撞击核电厂房方面的研究工作，主要内容如下。

1. 飞机撞击力的计算方法（第 2 章）

首先，对计算飞机撞击力的经典 Riera 函数进行了详细的分析，包括理论推导、编程计算以及参数分析等。其次，对于飞机撞击力的理论计算，目前广泛采用的是引入了折减系数 0.9 的 Riera 函数，该系数是在 1993 年通过一架原型 F-4 飞机撞击 RC 平板的试验而确定的；经过深入地探讨分析，本书指出了该试验的诸多方面，如试验设置、数据测量和结果分析等会导致撞击力的测量值偏小；采用物理规律进行检验，发现折减系数 0.9 的引入将会导致计算结果违背基本的动量定理；进一步通过简易的模拟分析和理论计算，结果表明该系数会随着飞机质量和撞击速度等因素改变而略有不同，但是不应该小于 1.0；此结论更符合事实并纠正了前人的认识，为提高结构设计的保守性以及飞机有限元模型的准确验证提供了重要依据。

2. 建立并验证了具有代表性的四种飞机和四种核电厂房的精细化有限元建模方法（第 3 章）

通过全比例试验来研究整架飞机对核电厂房的撞击破坏效应将面临非常巨大的困难，随着计算机性能的提高和仿真软件的日臻成熟，数值模拟成为一种效率更高、获取的数据更丰富且可以分析大量不同工况的研究途径；为了更真实地反映撞击过程和揭示破坏机理，本书建立了尽可能精细的飞机和核电厂房有限元模型；为了研究不同飞机对不同核电厂房的撞击破坏，建立了四种具有代表性的飞机（F-4 飞机、新舟 MA600 客机、空客 A320 客机和空客 A380 客机）和四种不同结构形式的核电站设施（预应力 RC 安全壳、普通 RC 屏蔽与附属厂房、SC 屏蔽与附属厂房和普通 RC 超高冷却塔）有限元模型；此外，为了保证模拟结果的合理性和准确性，根据相关的试验和理论分析结果对关键的有限元模型、材料本构及参数进行了校准和验证。

3. 对多种因素影响下飞机撞击核电厂房的动力响应进行了系统地仿真研究（第 4 章）

基于上述已经建立并通过验证的精细化有限元模型，开展了以下分析：①F-4 飞机撞击试验的数值模拟，复现并分析了试验结果。②模拟分析了 F-4、新舟 MA600 和空客 A320 对单层预应力 RC 安全壳的撞击效应；特别是对于空客 A320 飞机撞击工况，开展了系统的参数化分析（包括飞机撞击位置、速度、角度，以及安全壳的壁厚、钢筋配筋率、钢束预应力），对每种参数影响下的最大撞击挠度进行了数据拟合，提出了可以预测不同影响因素组合下安全壳最大撞击挠度的计算公式。③对空客 A380 飞机撞击普通 RC 安全壳的过程进行了数值模拟。在一般的参数化分析中，例如撞击速度和配筋率等因素都是需要考虑的，只是取值大小不同，而有些因素涉及是否进行考虑的问题。例如，周围附属厂房的约束、结构的重力作用、设备进出孔洞以及水箱储水等。由于计算效率较低、模型较复杂，在已有较多文献资料中都没有予以关注，本书对是否考虑上述因素进行了对比模拟分析。④对空客 A380 飞机撞击 SC 安全壳进行了数值模拟，商用客机撞击核电站除了造成厂房的整体失稳破坏和引擎的局部贯穿破坏外，撞击产生的振动可能造成内部一些仪器设备的失灵。本书除了分析飞机撞击对安全壳所造成的整体和局部破坏外，还进行了安全壳的振动分析。⑤对空客 A320 和 A380 撞击大型双曲线冷却塔进行了细致的评估分析，详细分析了整个撞击过程，包括冷却塔和飞机撞击过程中的损伤演化，并对其最终状态进行了评估；对 A320 和 A380 飞机开展了参数化分析（包括飞机撞击位置、速度、角度），对每种参数影响下的撞击力、混凝土损伤和飞机破坏情况进行了讨论分析。

4. 引擎撞击普通 RC 结构的试验及理论分析（第 5 章）

与飞机机身相比，引擎的刚度更大、质量更为集中，因此脱落后更可能对安全壳结构造成严重的局部破坏；为了研究引擎撞击 RC 结构造成的侵彻深度，采用空气炮装置开展了 1∶10 缩比的引擎撞击试验，主要关注和记录不同速度下的最大侵彻深度；为了能够采用显式的计算公式来预测该侵彻深度，本书对现有的经典刚性飞射物侵彻深度经验公式进行了梳理并依据其功能和适用范围等进行了初步筛选，然后结合本书的试验数据以及 Sugano 等的侵彻试验结果，通过对筛选出来的公式引入不同的修正系数，提出了更精确的预测公式。

5. 引擎撞击 UHP-SFRC 结构的试验、模拟及理论分析（第6章）

UHP-SFRC 的基体强度更高且掺入的大量钢纤维可以有效地抑制裂纹的产生和扩展，优异的力学性能使其在对开裂有严格要求的核电站结构中具有较大的应用前景；为了研究引擎撞击 UHP-SFRC 结构的力学行为，开展了两组 1∶10 缩比引擎撞击试验，分别关注贯穿后的残余速度和不同的破坏模式及最小贯穿速度；为了通过仿真分析获得更多的数据，提出了一种计算效率更高的 UHP-SFRC 细观模拟方法，并通过模拟相关试验进行了验证；对本书开展的两组试验进行了模拟，同时对比相同条件下宏观均质模拟方法的效果，进一步对该细观方法的准确性和适用性进行了确认；基于已有的刚性平头飞射物撞击普通混凝土结构的撞击速度计算公式，本书对撞击速度引入了折减系数来考虑引擎变形吸能对 UHP-SFRC 结构破坏能力的减弱作用，之后采用大量的参数化模拟数据对该系数进行了标定和验证，最终提出了可以预测引擎撞击 UHP-SFRC 结构残余速度和最小贯穿速度的计算公式。

6. 飞机撞击核电厂房模型试验及数值模拟（第7章）

设计了缩比飞机模型和核电厂房模型，开展了两发缩比飞机模型撞击核电厂房的试验，获得了核电厂房模型在飞机模型撞击作用下的损伤破坏及动力反应特性参数，分析了振动的传播规律。为飞机撞击核电厂房相关试验提供了参照，也为相关的数值模拟校核提供了依据。使用 LS-DYNA 对两次飞机模型撞击试验进行了数值模拟分析，对比了预测和试验得到的飞机撞击过程、核电厂房模型损伤破坏、飞机模型姿态与最终形态、核电厂房模型的动态响应等，验证了所使用的建模方法、材料本构模型与参数设置以及数值模拟算法等的正确性。进一步开展了 A380 飞机撞击核电厂房的数值仿真分析，提出了核电设备受飞机撞击振动影响的安全评估方法。

第2章 飞机撞击力的计算方法

2.1 撞击力 Riera 函数

2.1.1 推导过程

如 1.2.1 小节中 2 所述，Riera[15] 在 1968 年最先提出了飞机撞击力的一维理论计算方法，即经典的 Riera 函数，其将飞机撞击力分为压屈力和惯性力两部分，该方法由于简单易懂且得到了 F-4 飞机原型撞击试验（见 1.2.2 小节中 4）的验证而被广泛采用。Riera 直接给出了函数的最终形式而没有列出推导过程和迭代计算步骤，本小节给出其详细推导过程。模型进行了如下的简化和假设：①飞机模型是一维的，且飞机轴线方向和速度方向重合；②被撞击物是刚性平面且固定不动，即被撞击物不会发生变形和位移；③飞机材料为理想刚塑性，当作用力达到压屈值后结构不再承受压力；④仅在飞机与刚性平面接触宽度可忽略的区域内发生材料的压屈，飞机的后部结构保持完整且不变形；⑤被压屈的材料在撞击刚性平面后速度降为零（不考虑材料在接触面的堆积），而未被压屈的部分在结构压屈力的作用下做减速运动。Riera 撞击模型，如图 1-5 所示。

首先将飞机假定为质量为 M，撞击速度为 V 的飞射物，根据动量定理有 $Ft = MV$，其中 F 为撞击力，t 为作用时间。撞击过程具有一定的持续时间，任意时刻 t 的撞击力，等于飞机动量在该时刻很短时间 $\mathrm{d}t$ 内的改变量，用微分的形式表示（已假设被压屈的材料在撞击刚性平面后速度降为零），即

$$F(t) = \frac{\mathrm{d}}{\mathrm{d}t}[M(t)V(t)] \tag{2-1a}$$

$$F(t) = M(t)\frac{\mathrm{d}}{\mathrm{d}t}[V(t)] + V(t)\frac{\mathrm{d}}{\mathrm{d}t}[M(t)] \tag{2-1b}$$

式（2-1b）中等号右式第一项为使飞机未被压屈部分的质量 $M(t)$ 做减速运动的作用力，它的上限值就是飞机结构的压屈力；由于在撞击持续过程中飞机结构被不断地压屈，因此其值就等于飞机结构的最大压屈力；而在撞击即将结束的很短时间内，由于飞机动量已经很小而不足以再压屈结构，其值会小于最大压屈力；正是由于这种现象出现的时间与整个撞击过程相比很短，因此忽略其带来的差异，认为其量值一直等于飞机结构的最大压屈力，表示为 $P[x(t)]$。

式（2-1b）中等号右端第二项为被压屈部分材料的惯性力，由于不考虑材料的反弹，因此在 $\mathrm{d}t$ 时间内被压屈部分的材料速度从 $V(t)$ 降为零。若用飞机沿轴线方向的质量分布，即线密度 $\mu[x(t)]$，表示飞机质量随时间的变化，则其可变换为

$$\frac{\mathrm{d}}{\mathrm{d}t}[M(t)] = \mu[x(t)]V(t) \tag{2-2}$$

因此飞机撞击刚性平面的总撞击力可以分为压屈力和惯性力两部分，即

$$F(t) = M(t)\frac{\mathrm{d}}{\mathrm{d}t}[V(t)] + V(t)\mu[x(t)]V(t) = P[x(t)] + \mu[x(t)]V(t)^2 \tag{2-3}$$

式中，$F(t)$ 是 t 时刻的撞击力；$P[x(t)]$ 是 t 时刻在压屈面上对应的飞机结构沿轴线方向的屈曲力；$\mu[x(t)]$ 是 t 时刻在压屈面上对应的飞机质量沿轴线分布的线密度；$V(t)$ 是 t 时刻飞机未被压屈部分的速度；$x(t)$ 是从撞击开始到 t 时刻之间飞机自头部算起的飞机压屈总长度。

$P[x(t)]$ 和 $\mu[x(t)]$ 均为压屈长度 x 的函数（或者说是飞机轴向坐标的函数），需要通过实际测量或预先假定得到，而压屈长度又是时间 t 的函数，再加上设定的初始撞击速度 $V(t=0)$，就可以通过迭代得到总撞击力和时间之间的函数关系。

2.1.2　迭代步骤

式（2-3）中由于 $x(t)$ 和 $V(t)$ 没有显式表达式，无法直接计算，下面给出其迭代求解步骤。

设飞机的初始总质量为 M，初速度为 V_0。取计算时间步长为 Δt，从飞机和刚性平面刚接触开始计算，在第一个 Δt 的时间内，取接触面上的飞机速度为初始速度 V_0，那么飞机的初始压屈长度（即在第一个时间步内的压屈长度）$x(\Delta t)$ 约为

$$x(\Delta t) = \Delta t V_0 \tag{2-4}$$

此时飞机的剩余质量 $m_\mathrm{r}(\Delta t)$ 为

$$m_\mathrm{r}(\Delta t) = M - \int_0^{x(\Delta t)} \mu(x)\,\mathrm{d}x \tag{2-5}$$

此时接触面上飞机的屈曲力为 $P[x(\Delta t)]$，则飞机未被压屈部分的加速度 $a(\Delta t)$ 为

$$a(\Delta t) = \frac{P[x(\Delta t)]}{m_r(\Delta t)} \tag{2-6}$$

在一个时间步长 Δt 的时间内，飞机未被压屈部分的速度改变量 ΔV 为

$$\Delta V = \int_0^{\Delta t} a(\Delta t)\,\mathrm{d}t \tag{2-7}$$

因此在下一个时间步内，飞机未被压屈部分的速度 $V(2\Delta t)$ 为

$$V(2\Delta t) = V_0 - \int_0^{\Delta t} a(t)\,\mathrm{d}t \tag{2-8}$$

故在第二个时间步内，飞机的压屈长度 $x(2\Delta t)$ 为

$$x(2\Delta t) = \int_0^{\Delta t} V(2\Delta t)\,\mathrm{d}t \tag{2-9}$$

在第二个时间步内，飞机未被压屈部分的质量 $m_r(2\Delta t)$ 为

$$m_r(2\Delta t) = M - \int_0^{x(2\Delta t)} \mu(x)\,\mathrm{d}x \tag{2-10}$$

以此类推迭代就可得到压屈长度 x 以及飞机未被压屈部分的速度 V 关于时间的离散函数 $x(n\Delta t)$ 和 $V(n\Delta t)$，其中 n 为总的计算迭代步数，可由飞机速度降低为零或飞机被完全压屈的条件确定。此时，$P[x(t)]$ 和 $\mu[x(t)]$ 也可根据已经计算出的 $x(t)$ 得到，与 $V(t)$ 共同代入式（2-1）中即可得到飞机的总撞击力随时间的变化。此外，还可以得到撞击力峰值、峰值出现时刻、飞机压碎长度、撞击持续时间以及撞击冲量等数据，基于此开展了下节的参数分析。

2.1.3　参数分析

影响 Riera 函数的主要因素有飞机压屈力分布、线密度分布和撞击速度，因此本小节将基于不同影响因素对 Riera 函数进行参数化分析，讨论其对撞击过程（撞击力峰值、峰值出现时刻、飞机压碎长度、撞击时间以及撞击冲量）的影响，参数化分析的示意图，如图 2-1 所示。

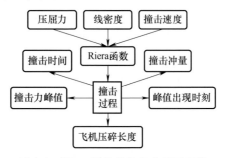

图 2-1　Riera 函数参数化分析示意图

1. 压屈力的影响

飞机材料压屈力的大小会直接影响飞机未变形部分的加速度，因此不同压屈力可能会对飞机撞击过程造成较大影响。文献［15］给出了 B707-320 飞机的压屈力分布，取所给数据的 0%、50%、100%、150% 和 200% 时，撞击力时程和冲量时程的变化分别如图 2-2 和图 2-3 所示。

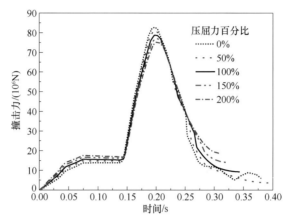

图 2-2 不同压屈力时撞击力时程曲线

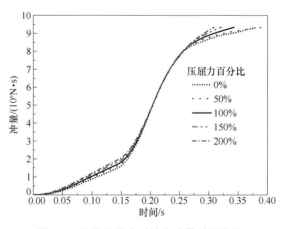

图 2-3 不同压屈力时撞击冲量时程曲线

从图 2-2 可以看出，不同压屈力大小时撞击力时程曲线形状和峰值相差不大，可见飞机压屈力对撞击力时程分布的影响很小，主要原因在于此 B707-320 飞机的压屈力（最大值约为 $9 \times 10^6 \text{N}$）占飞机总撞击力的比例较小（约为 1/10），其在 0%~200% 范围内的变化不会对撞击力产生明显的影响。特别地，当压屈力占比为 0% 时，撞击力大小与飞机线密度大小呈比例关系，因此撞击力曲线的形状与飞机的线密度分布曲线形状完全一致。从图 2-3 可以看出，撞击冲量的大小几乎未受影响，主要原因在于飞机的初始动量并没有改变。相关的具体数据见表 2-1。

表 2-1　不同压屈力时的撞击数据

压屈力百分比（％）	0	50	100	150	200
撞击力峰值/（10^6N）	82.759	80.696	78.774	77.040	75.300
峰值出现时刻/s	0.197	0.199	0.197	0.199	0.202
飞机压碎长度/m	39.552	32.770	28.700	26.773	25.507
撞击时间/s	0.384	0.398	0.343	0.320	0.308
撞击冲量/（10^6N·s）	9.329	9.346	9.340	9.334	9.325

为了更直观地分析压屈力对撞击过程的影响，对压屈力占比在 0%～200% 的变化范围内间隔 2% 取值进行计算，得到以下规律和结论：

1）撞击力峰值随压屈力的变化，如图 2-4 所示，可见随着压屈力的增加，撞击力峰值基本呈线性关系减小，但影响程度很小。当压屈力占比在 0%～200% 的范围内变化时，撞击力峰值的变化幅度均小于 5%。

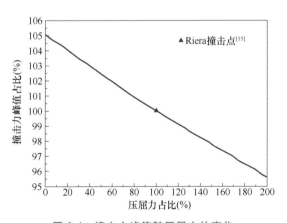

图 2-4　撞击力峰值随压屈力的变化

2）飞机压碎长度随压屈力的变化，如图 2-5 所示，可见随着压屈力占比的增大，飞机的减速作用越大，飞机的压碎长度必然越小。当压屈力为真实压屈力的 0%～20% 范围内时，飞机基本均被完全压碎；当压屈力增大到 200% 时，压碎长度减小约为真实压碎长度的 90%。

3）撞击力峰值的出现时刻随压屈力的变化如图 2-6 所示，可见随着压屈力的增加，撞击力峰值的出现时刻由于计算的离散性出现一定波动，但是变化幅度很小，与真实值相比均小于 2.5%。

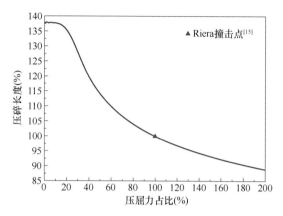

图 2-5　飞机压碎长度随压屈力的变化

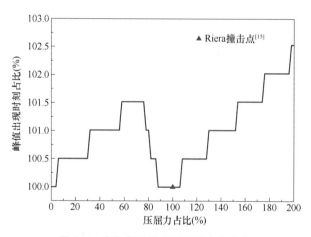

图 2-6　峰值出现时刻随压屈力的变化

4）撞击持续时间随压屈力的变化如图 2-7 所示，可见随着压屈力的增加，撞击时间呈现先增大后减小的规律。当压屈力占比约为 27% 时，撞击持续时间最长，约为 133%；当压屈力占比为 200%，撞击持续时间降低为约 90%。

5）撞击冲量随压屈力的变化如图 2-8 所示，可见由于计算的离散性导致撞击冲量也出现一定波动，但是最大变化幅度也低于 0.15%，因此可以认为撞击冲量不受压屈力的影响。此结论与飞机初始动量与压屈力无关是吻合的（理论上飞机初始动量与撞击冲量是相等的）。

2. 线密度的影响

飞机的线密度跟飞机的吨位有着密切关系，考虑不同线密度的变化，对于分析不同吨位的飞机撞击具有指导和预测作用。然而对于同样的材料，线密度越大则对应的飞机截面越大，因此压屈力也会越大。为了更接近实际并作简化处理，在线密度变化的同时，对压屈力也做同样比例的变化。文献［15］给出了 B707-320 飞机的轴向质量分布，取所给线密度数据的 50%、75%、100%、150% 和 175% 时（压屈力也进行同样比例的变化），相应的撞击力时程和冲量时程的变化分别如图 2-9 和图 2-10 所示。

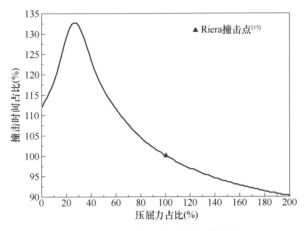

图 2-7　撞击时间随压屈力的变化

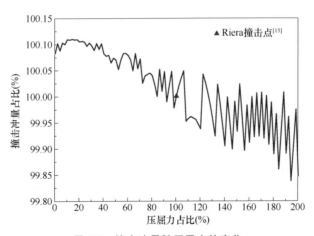

图 2-8　撞击冲量随压屈力的变化

假设变化比例为 K，则 Riera 函数变为

$$F(t)_{supposed} = K \cdot P[x(t)] + K \cdot \mu[x(t)]V^2(t)$$
$$= K \cdot \{P[x(t)] + \mu[x(t)]V^2(t)\}$$
$$= K \cdot F(t)_{real} \qquad (2\text{-}11)$$

分析式（2-11）可以得到以下结论：线密度与压屈力的同比例变化，只会导致整个撞击力时程曲线的同比例变化，因此除了撞击力峰值和撞击冲量

会同比例变化外，计算时间、撞击力峰值出现时刻、以及飞机压碎长度都不会改变。

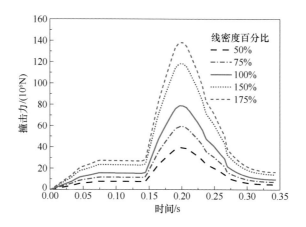

图 2-9 不同线密度时撞击力时程曲线

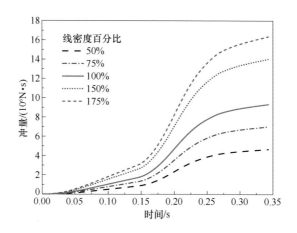

图 2-10 不同线密度时撞击冲量时程曲线

3. 撞击速度的影响

飞机撞击力的惯性力部分随撞击速度的二次方变化，因此撞击速度的变化将会对撞击过程有重要影响。取撞击速度为 103m/s[15]、120m/s、150m/s、215m/s[21]、250m/s 和 280m/s 时，撞击力时程和冲量时程的变化分别如图 2-11 和图 2-12 所示。

从图 2-11 和图 2-12 可以看出，不同撞击速度时撞击力峰值及其出现时刻、撞击持续时间以及撞击冲量均有明显变化。相关的具体数据见表 2-2。

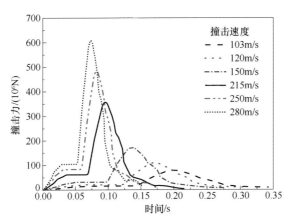

图 2-11　不同撞击速度时撞击力时程曲线

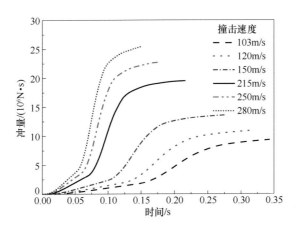

图 2-12　不同撞击速度时撞击冲量时程曲线

表 2-2　不同撞击速度的计算结果

速度/(m/s)	103	120	150	215	250	280
撞击力峰值/(10^6N)	78.774	108.247	171.427	356.715	483.265	607.826
峰值出现时刻/s	0.197	0.172	0.137	0.096	0.083	0.074
压碎长度/m	28.700	30.350	33.210	38.396	39.255	39.477
撞击时间/s	0.343	0.313	0.278	0.216	0.178	0.154
撞击冲量/(10^6N·s)	9.340	10.886	13.614	19.513	22.694	25.419

　　为了更直观地分析撞击速度对撞击过程的影响，对撞击速度在 0~300m/s 的范围内间隔 1.0m/s 取值进行计算，得到以下规律和结论：

1）撞击力峰值随撞击速度的变化如图 2-13 所示，可见撞击力峰值随撞击速度的增加变化较为剧烈，与撞击速度的二次方基本呈系数为 7730 的比例关系（国际单位制）。

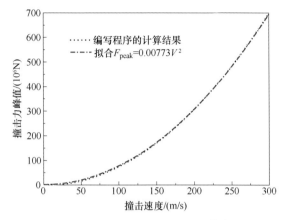

图 2-13　撞击力峰值随撞击速度的变化

2）飞机压碎长度随撞击速度的变化如图 2-14 所示，可见撞击速度越大，飞机压碎长度越大，并且当撞击速度大于约 250m/s 时，飞机均基本被完全压碎。

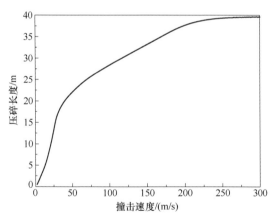

图 2-14　压碎长度随撞击速度的变化

3）撞击力峰值的出现时刻以及撞击持续时间随撞击速度的变化如图 2-15 所示。B707-320 飞机线密度的最大值在距离机头约 20m 处，因此只有当飞机压碎长度大于 20m 时，撞击力峰值出现时刻和撞击时间才能体现出较强的规律性。压碎长度 20m 对应的撞击速度约为 50m/s，当撞击速度大于 50m/s 时，峰值出现时刻和撞击持续时间随撞击速度的增大而减小，并且减小的速率不断降低。

4）撞击冲量随撞击速度的变化，如图 2-16 所示。由于在飞机质量不变时，飞机初始动量与撞击速度呈线性比例关系，因此随着撞击速度的升高，撞击冲量（与飞机初始动量相同）线性增加。

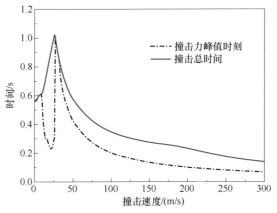

图 2-15　峰值出现时刻及撞击时间随撞击速度的变化

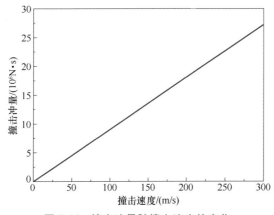

图 2-16　撞击冲量随撞击速度的变化

2.1.4　折减系数

相关文献［17-20］认为应该对 Riera 函数的惯性力部分引入小于 1 的折减系数，作者认为折减系数的引入值得进一步慎重的商榷。

虽然飞机碎片的产生和飞散会带走一定的质量和能量，甚至也有可能因为接触面上材料的堆积而降低撞击力的最大峰值（起到缓冲的作用），但是不管整个撞击过程如何复杂以及内部相互作用力如何传递，整体来看必须要遵守最基本的动量守恒定律。Riera 函数的建立依据就是动量定理，因此原始的 Riera 函数是完全遵守动量守恒定律的。而如果对 Riera 函数的惯性力部分引入小于 1 的折减系数，将会导致撞击力的时间积分（即冲量）小于飞机的初始动量。此外需要注意的是，在 Riera 撞击模型的假设中被撞击物是刚性固定的，同时不考虑被压屈材料的反弹，那么就不应该出现撞击冲量小于飞机初始动量的情况，事实上应该是撞击冲量大于飞机的初始动量，因为在实际撞击中必然会存在一定的材料反弹现象。

2.2　对 F-4 飞机撞击试验结果的讨论

Riera 函数的理论基础是基本的动量和冲量定理，因此在不考虑飞机材料的反弹时，刚性平面在撞击过程中所受的冲量应该等于飞机的初始动量。有关学者[17-20]通过引入小于 1 的折减系数（并没有确定具体值）对 Riera 函数进行了"改进"，作者认为这是违背基本物理规律的，因此任何"折减性的改进"在理论上都是不合理的。1993 年，文献［21］通过一架原型 F-4 飞机撞击 RC 板的试验，确定了该折减系数为 0.9。本节将对该试验进行系统的分析并指出其得到该结论的原因。

2.2.1　试验概况

1993 年发表的 F-4 Phantom 飞机撞击 RC 板试验[21]，是非常经典的原型飞机撞击试验，其主要的试验目的是测量飞机的撞击力。飞机总质量约为 19t，其尺寸为 17740mm×11770mm×5020mm（长×宽×高）；RC 板总质量约为 469t，尺寸为 7000mm×7000mm×3660mm，被放置在空气轴承上，摩擦力约为 8000N。加速度传感器被分别放置在了飞机（10 个）和 RC 板（5 个）上，RC 板上还放置了 4 个速度传感器和 4 个位移传感器，如图 2-17 所示，上述传感器的采样频率只有 500～2000 帧/s。

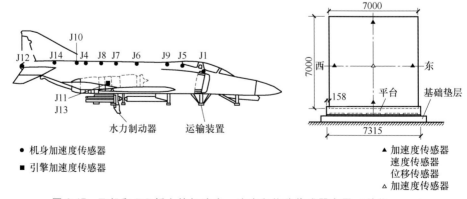

图 2-17　飞机和 RC 板上的加速度、速度和位移传感器布置（单位：mm）

注：该图取自参考文献［21］。

2.2.2　试验设置的问题

该试验中的相关设置必然导致测量得到的撞击力和冲量偏小，具体如下：

1）飞机翼展（11770mm）超过 RC 板宽度（7000mm）约 4770mm，必然会有机翼两侧的部分质量无法撞击到 RC 板，而在结果分析中仍然认为整架飞机的质量都撞击到了 RC 板上，这也将导致撞击力及冲量计算结果偏小。若假定未撞击上 RC 板的机翼质量为 200kg，断裂后的速度为 150m/s，那么冲量值少计算了约 30000N·s。

2）在 RC 板运动过程中，约 8000N 的摩擦力被忽略了，这将导致测量的 RC 板加速度、速度和冲量计算等比实际值偏小，考虑到撞击过程持续了约 0.08s，那么冲量值少计算了约 640N·s。

3）如此大体量的复杂的高速撞击试验，传感器测量数据必然夹杂着不规律的"噪声"和剧烈波动，因此在分析结果时也不可过分依赖试验数据来进行精细的计算，特别是加速度的测量数据。

4）RC 板厚度虽然很大，但毕竟不是刚体（结果分析中认为 RC 板是刚体），在撞击过程中必然会发生一定的变形，会导加速度测量值波动较大（从测量的结果看，数据波动非常严重，还存在明显的负值），即这些测点的数据难以表征整个 RC 板的真实加速度，文献［21］也指出了 RC 板确实会发生摇摆（rocking motion）。

5）对于 RC 板的速度，速度传感器可以测得，同时通过加速度数据的积分也可以得到，当两者存在差别时，应该以直接得到的未经"加工"的数据为准，即应该采用速度传感器直接测量的结果，对于加速度积分的方法，一方面是加速度相对更难测准，另一方面是积分的"加工"进一步降低了其准确性。同理，对于 RC 板的位移，应该以位移传感器测量的为准，速度积分的结果为辅。

6）在撞击面上，确实在一定程度上会存在材料堆积以及混凝土的局部破碎，这将导致撞击力峰值的降低，即撞击的猛烈程度会得到缓冲，但是根据动量和冲量定理，这并不会导致整个撞击冲量减小。

2.2.3　数据测量的问题

1. RC 板加速度和速度

RC 板上的加速度传感器的测量结果如图 2-18a~e 所示，可见这些数据的差别很大且"噪声"非常明显，规律性既不明显也不一致，作者认为其难以准确表征整个 RC 板的加速度（在 2.3.3 小节中将进一步基于数值模拟说明加速度传感器的测量问题）。按照文献［21］的原文"To exclude the rocking and other components from the raw acceleration data and obtain an estimate of the horizontal acceleration of rigid motion, these 5 records were averaged."，这 5 条曲线平均后的结

果，如图 2-18f 所示，一方面明显降低了峰值，另一方面波动仍较严重。

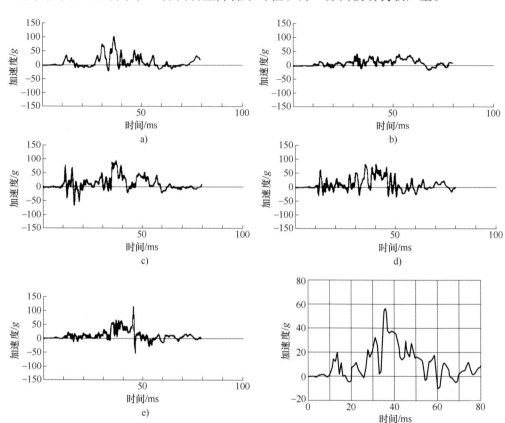

图 2-18　RC 板上的 5 条加速度记录曲线及其平均值

a）中心　b）顶部　c）底部　d）东部　e）西部　f）平均值

注：该图取自参考文献［21］。

文献［21］又对加速度数据进行了滤波和光滑处理，得到的结果，如图 2-19 所示，可见此曲线已经与原始数据有了较大的差别，加速度峰值从约 $100g$ 降到了平均曲线的约 $58g$，现在又降到了不足 $35g$，撞击持续时间也仅有约 $70ms$ 了。事实上，由于试验特点以及测量仪器的原因，的确难以得到准确的加速度曲线，采用滤波和光滑处理也只能在一定程度上反映 RC 板的动力响应。

通过速度传感器直接测量的曲线与加速度（图 2-18f）积分得到的曲线，如图 2-20a 所示，可见两者大致趋势较为相近，但是在 50ms 之后也一直存在约 $0.3m/s$ 的差值，准确性上应该是速度传感器的结果更高，同时说明加速度测量值在滤波和光滑处理前就已经偏低了。

图 2-20b 所示为文献［21］对 RC 板速度曲线进行光滑处理后的结果，可见

与图 2-20a 相比，速度的量值也被进行了削减，最大速度从约 8.1m/s 降到了约 7.8m/s，如此处理会直接影响后面对撞击力的计算。

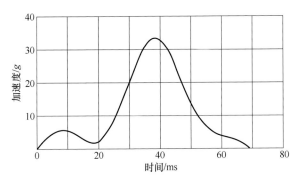

图 2-19　经过滤波和光滑处理的 RC 板加速度曲线

注：该图取自参考文献 [21]。

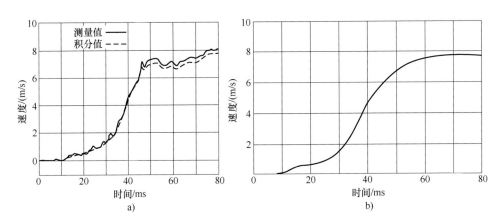

图 2-20　RC 板的速度时程曲线

a）速度传感器测量与加速度积分曲线　b）光滑处理过的 RC 板速度曲线

注：该图取自参考文献 [21]。

2. 飞机加速度和速度

虽然试验在机身上布置有 12 个加速度传感器，但是在撞击过程中会陆续地被压碎毁坏，只有位于飞机最尾部的传感器（J12）才能测得完整的曲线。此外，飞机上的加速度传感器测量值中包含更多的"噪声"和振荡，图 2-21 所示为比较有代表性的并且经过滤波的机身和引擎加速度时程曲线。通过加速度曲线积分和高速录像得到的飞机速度时程曲线，如图 2-22 所示，可见 J12 测量的结果与高速录像的结果也有明显的差别。

以上这些数据将会用于撞击力的评估，但是这些测量结果，特别是对于加速度传感器，可靠性不高且稳定性不足，同时又进行了较大程度的滤波和光滑处理，导致数据量值偏低。

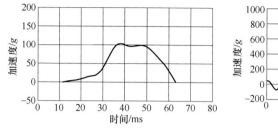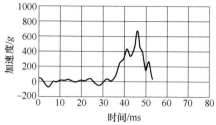

图 2-21　机身和引擎的加速度时程曲线

注：该图取自参考文献［21］。

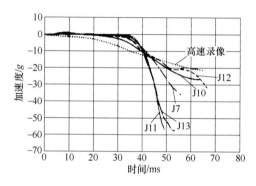

图 2-22　通过加速度曲线积分和高速录像得到的飞机速度时程曲线

注：该图取自参考文献［21］。

2.2.4　结果分析的问题

对于试验中撞击力的计算，文献［21］分别从 RC 板和飞机两个方面进行考虑，计算依据仍然为撞击力等于动量的改变率，即

$$F = \frac{\mathrm{d}}{\mathrm{d}t}[MV] \tag{2-12a}$$

$$F = M\frac{\mathrm{d}}{\mathrm{d}t}V + V\frac{\mathrm{d}}{\mathrm{d}t}M \tag{2-12b}$$

1. 从 RC 板计算撞击力

文献［21］认为 RC 板是刚体，所以假定很少的能量进入 RC 板引起变形，RC 板的质量也不会改变，并且摩擦力很小被忽略，即所有的能量都用于 RC 板的运动，那么式（2-12b）可表达为

$$F_t = M_t \frac{\mathrm{d}}{\mathrm{d}t} V_t = M_t a_t \qquad (2\text{-}13)$$

式中，M_t、a_t 分别是 RC 板的质量和加速度。

RC 板的质量为常数且已知约为 469t，其加速度时程曲线如图 2-19 所示，因此就可以得到飞机对 RC 板的撞击力。

2. 从飞机计算撞击力

此外，从飞机也可以计算撞击力，那么式（2-12b）可表达为

$$F_a = M_a \frac{\mathrm{d}}{\mathrm{d}t} V_a + \alpha \mu (V_a - V_t)^2 \qquad (2\text{-}14)$$

式中，M_a 和 V_a 分别是飞机的质量和速度；V_t 是 RC 板的速度；μ 是飞机的质量分布；α 是人为引入的飞机质量的系数。

由于飞机结构复杂且不是作为一个整体运动，因此需要得到飞机各个结构的速度、质量及其分布规律，以及对应时刻的 RC 板速度，计算相对烦琐。此外，试验中只在飞机上安装了 12 个加速度传感器，虽然有高速录像机的辅助，也很难得到飞机各部分的速度（图 2-22 也仅给出了几条较好的曲线），并且加速度曲线本身的可靠性也不高。

3. 试验确定的折减系数

文献［21］采用两种方法计算得到飞机对 RC 板的撞击力，如图 2-23a 所示，可见两种方法趋势相似，但是对于前 30ms（图 2-23b 更清晰）以及撞击力峰值部分，存在较大的差别。同时说明了此试验数据不适合进行精细的定量计算，本身测量存在误差，并且还有很多的忽略（如忽略了 RC 板的摩擦力和未撞上 RC 板的机翼质量）和假设（假设 RC 板无变形，作为刚体运动），那么系数 α 取 0.8 还是 0.9 的意义就非常有限了。

然而此时还无法确定所谓的折减系数取多少，文献［21］考虑到对比两者的撞击冲量并且以 RC 板的冲量为基准，如图 2-24 所示，从 RC 板计算的冲量约为 3.6MN·s，不考虑折减时从飞机计算的冲量约为 4.0MN·s。即便这么对比是可行的和有意义的，那么也存在一个较为严重的问题：从图 2-20 可知，经过滤波和光滑处理，RC 板的最大速度被从约 8.1m/s 降低到了约 7.8m/s，冲量少计算了约 140700N·s，加上被忽略的摩擦力和未撞击机翼的冲量，总计约有 0.17MN·s。若加上这些 RC 板上被少计算的冲量，那么 α 的取值达到约 0.9425 更合适，与文献［21］得到的 0.9 还是有一定的差别。

飞机的初始动量为 19000kg×215m/s＝4085000kg·m/s，减去未撞击的机翼动量，剩余 4055000kg·m/s。依据冲量和动量定理，在撞击时间内，RC 板受到的冲量应该是 4.055MN·s，试验得到的 RC 板冲量 3.6MN·s 明显小于该值（原因是，一方面是测量准确度不太可靠；另一方面是统计中摩擦力和未撞击机

翼的冲量的忽略，以及数据处理中的滤波等），相对而言试验得到的飞机冲量
4.0MN·s 则更接近理论值（其数据准确性也值得商榷）。

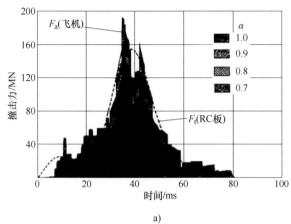

a)

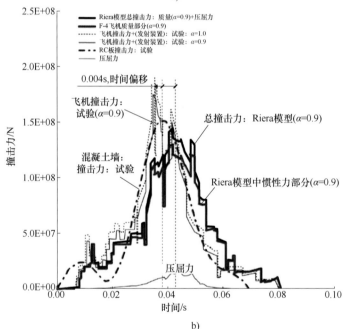

b)

图 2-23　从 RC 板和飞机方面得到的撞击力

a）文献［21］　b）文献［35］

注：该图取自参考文献［21，35］。

在 F-4 飞机撞击试验中，飞机的碎片几乎没有反弹，而主要是在垂直于撞击
方向的平面内飞散，那么 RC 板冲量和飞机动量也至少应该是相等的。而试验测
量的 RC 板冲量比理论计算的飞机动量明显较小，这是不合理的，主要原因是试

验体量太大和测量技术及方案存在不足。

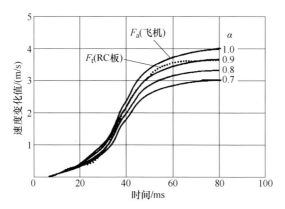

图 2-24　从 RC 板和飞机方面得到的撞击冲量

注：该图取自参考文献［21］。

　　此外，在文献［57］中记载了 IMPACT 试验中的撞击力和冲量数据：对于不包含水的两组"干式飞射物"，观察到飞射物的碎片基本无反弹，测量的 RC 板冲量与飞射物的初始动量比值为 1.00 和 1.02；对于包含水的四组"湿式飞射物"，由于水出现了明显的反弹，该比值上升为 1.16～1.25。可见，对于体量较小的试验，试验的稳定性较好、对测量仪器的振动干扰相对较小，试验结果也更加合理。

2.3　基于简化 F-4 飞机模型的撞击力分析

　　文献［36，114］分别建立了 F-4、A320 和 B747 飞机的有限元模型，进行了撞击刚性平面的数值模拟，得到了模拟的撞击力和冲量，并对比了基于修正后的 Riera 函数（$\alpha = 0.9$）计算的撞击力和冲量。基于最大冲量值的对比（撞击力是一个时程曲线而难以对比，但撞击冲量是随着时间单调增大的，因此只有最大冲量值可以作为对比的标准），通过调整飞机材料的失效参数或者接触刚度使冲量的模拟值与计算值吻合，最终确定了合适的失效值，同时也认为飞机模型得到了验证。虽然这是目前几乎唯一的一种验证飞机模型的方法，并且需要花费较大的精力和时间，因此已有大多数文献忽略了对所建立的飞机模型合理性的探讨。虽然很少的文献努力地开展了飞机模型的验证工作，但是作者认为这种验证方法是不合理的，甚至对于结构设计是偏于危险的，原因是折减系数 0.9 是从 F-4 飞机撞击试验结果中得到的，而该试验在得到此系数的过程中存在诸多问题。本节将基于大型商用有限元分析程序 LS-DYNA[153]，采用数值模拟方法对该试验进行仿真分析，同时结合理论计算，进一步阐明折减系数 0.9 的取值是不合理的。

2.3.1　F-4 撞击试验的有限元模型

1. 模型建立

（1）RC 板　RC 板有限元模型，如图 2-25 所示，包括了与试验中结构尺寸相同的 RC 板和基座。对于钢筋，没有相关文献对其进行介绍，但考虑到撞击后 RC 板没有明显的变形和破坏，因此根据试算的撞击效果逐步增加配筋率，最终取体积配筋率约 1.4% 来保证 RC 板的整体性。整个 RC 板系统的质量为 468.7t，单元大小为 250mm。

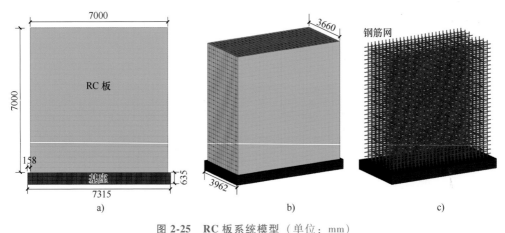

图 2-25　RC 板系统模型（单位：mm）

a）正面视图和尺寸　b）侧面视图和尺寸　c）钢筋网

（2）简化的 F-4 飞机模型　在试验中采用的是原型 F-4 飞机，但是为了方便建模以及采用 Riera 函数进行理论计算，本节建立了简化的 F-4 飞机模型；更为真实的复杂的飞机模型（见 3.1.1 小节），由于无法确定其压屈力而无法采用理论方法计算其撞击力，简化的规则的结构则可采用相关的公式［式（2-15）］计算其压屈力。

该简化模型为 4 层钢管结构，每层之间采用 4 个平面钢板连接，总长度 18m 与 F-4 飞机的 17.74m 相近。其最外直径为 3.6m，对应的投影面积为 10.2m²，与试验结果的撞击面积 10m² 基本一致（图 2-26）。建立的简化的 F-4 飞机有限元模型如图 2-27 所示，单元大小为约 100mm，模型总质量为 19.024t，与试验采用的 F-4 飞机（约 19t）基本一致，沿着模型轴线将其分成了 9 段，每段的横截面都一样，但是赋予不同的壁厚，壁厚的取值依据是 F-4 飞机的质量分布，如

图 2-28 所示，可见原型和简化模型计算结果吻合很好。

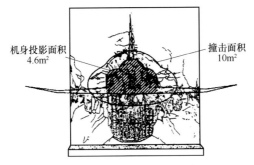

机身投影面积
4.6m²

撞击面积
10m²

图 2-26　原型 F-4 飞机试验中的撞击面积

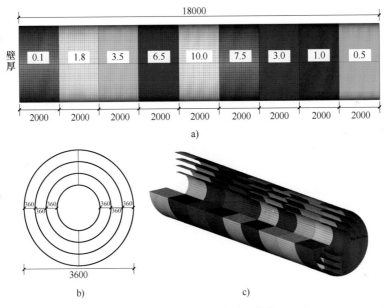

图 2-27　简化的飞机有限元模型（单位：mm）
a) 正面视图和尺寸　b) 截面视图和尺寸　c) 侧面视图

2. 材料模型

RC 板的混凝土采用的是 LS-DYNA 软件中的 MAT_159（MAT_CSCM_CON-CRETE）本构模型，此模型所需输入的参数很少，考虑了应变率效应。混凝土密度为 2300kg/m³，强度定为 50MPa（试验中未给出具体值，但是根据试验中 RC 板没有发生明显变形和破坏判断，取普通混凝土强度值就足够了，对结果影响并不大）。第 3 章将对此模型进行更为详细的介绍。

钢筋和飞机均采用的是 MAT_003（MAT_PLASTIC_KINEMATIC）本构模型，采用 Cowper Symonds 模型考虑应变率效应。对于钢筋的低碳钢材料，文献

[154] 给出的应变率参数为 $C=40.4$ 和 $P=5$，此外试验中钢筋没有失效，因此不考虑其删除应变；而飞机材料的应变率效应没有参考出处，在此模型中不考虑，在第 3 章中建立更为真实的飞机模型时会进行考虑，飞机材料的失效删除应变暂定为 0.5，在 2.3.3 小节中会进行失效应变的参数影响分析。相关参数取值见表 2-3，需要特别说明的是，飞机材料的弹性模量仅为 12GPa，这是因为本节建立的 F-4 飞机模型是完全垂直于 RC 板，与飞机的撞击过程有明显的差别（更多的飞机结构是与 RC 板法线有明显的夹角，导致结构更容易被压屈），而且所建立的 F-4 飞机模型的圆筒结构之间还采用了钢板连接和加强，从而导致所建立的 F-4 飞机模型的压屈荷载比真实 F-4 飞机明显增大。为了使其更接近真实的压屈荷载，通过理论计算并与 F-4 飞机的压屈荷载对比，最终试算确定取 12GPa 更为合适，具体的计算方法和过程在 2.3.2 小节进行介绍。

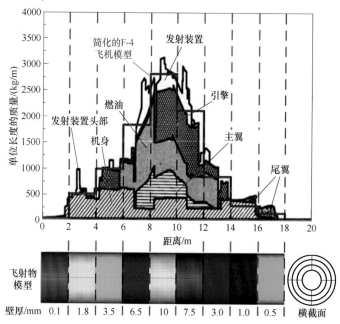

图 2-28　简化的 F-4 飞机模型的质量分布及与原型 F-4 飞机的对比

表 2-3　钢筋和飞机的材料参数

材料参数	密度/（kg/m³）	弹性模量/GPa	泊松比	屈服强度/MPa	切线模量/GPa	应变率参数 C	应变率参数 P	失效应变
钢筋	7800	210	0.3	500	0	40.4	5	0
飞机材料	7800	12	0.3	300	0	0	0	0.5

3. 计算方法

钢筋与混凝土采取共节点的方式相互作用，即认为黏结性很好而不发生钢筋的滑移。考虑到单元尺寸以及结构尺寸，RC 板与基座之间没有采取共节点的方式，而是采用接触算法 CONTACT_TIED_NODES_TO_SURFACE 进行"黏结"，RC 板底部的一层点作为 NODES，基础顶面作为 SURFACE。此外，根据试验中的边界设置并考虑到重力的效应（本模型中没有施加重力），在基础底面的法向方向上进行了约束，即限制了 RC 板的倾覆。飞机与 RC 板的接触设置为 CONTACT_AUTOMATIC_NODES_TO_SURFACE，其中飞机单元的点集 SET_NODE 作为从点，RC 板混凝土 PART 作为主面，摩擦系数设为 0.2。在下文进一步对比分析中，还会用到 CONTACT_CONSTRAINT_NODES_TO_SURFACE。飞机结构内部在压缩时也会发生接触，采用 CONTACT_AUTOMATIC_SINGLE_SURFACE 进行实现。

2.3.2 F-4 飞机模型撞击力的理论计算

在进行数值模拟分析之前，本节先对上述建立的简化的 F-4 飞机模型，采用 Riera 函数进行撞击力和冲量的理论计算，需要用的输入条件为撞击速度、飞机的质量分布和压屈力分布。撞击速度取试验中采用的 215m/s，飞机的质量分布可以从有限元模型中直接测量出来，或者对于这种规则的结构，根据其截面尺寸以及材料密度也可以计算出来，如图 2-28 所示，两者的分布基本一致。还需要确定其压屈力分布，但是无法从模型中测量出来，只能采用下面的理论计算方法。

在文献［21］对原型 F-4 飞机撞击试验的分析中，采用两种方法给出原型 F-4 飞机的压屈力分布，如图 2-29 所示，两种方法计算结果基本吻合：一种是通过飞机上的加速度传感器测量的数据并基于式（2-14）等号右侧的第一项进行计算得到（阴影部分），另一种方法是采用 Gerard[155] 提出的理论方法对飞机各部件进行分别计算后相加得到（虚线）。但是 Gerard[155] 提供的方法特别烦琐，难以理解和运用。韩鹏飞等[16] 对不同的计算方法进行了对比，结果表明：Bignon 和 Riera[156] 与 Gerard[155] 均可以较好地计算薄壁圆筒的压屈力且两者结果非常接近，但是 Bignon 和 Riera[156] 的方法就相对简单明了，其计算公式为

$$P = \left(\frac{\sqrt{3(1-\mu^2)}}{2\pi t^2 E} + \frac{1}{2\pi R t \sigma_y} \right)^{-1} \tag{2-15}$$

式中，t 是圆筒的壁厚；R 是圆筒的半径；E 是弹性模量；μ 是泊松比；σ_y 是材料的屈服强度，采用国际单位制进行计算。

需要说明的是，由于计算公式的限制，没有考虑各层圆筒之间平面连接钢板的加强作用，因此理论计算的结果会稍微比有限元模型偏低。正如 2.3.1 中 2

所述，此简化的 F-4 飞机模型完全垂直于 RC 板会导致压屈力比真实 F-4 飞机要高，若采用真实钢材的弹性模量 210GPa，那么计算的压屈力会明显偏高，为了使其与真实 F-4 飞机的压屈力基本一致，当调整弹性模量的值为 12GPa 时，其计算结果，如图 2-29 所示，可见吻合较好（在模拟中被完全压屈，与试验现象一致）。

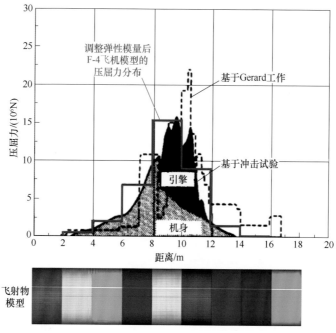

图 2-29　简化的 F-4 飞机模型与真实 F-4 飞机的压屈力对比

已知撞击速度、质量分布和压屈力分布，采用 MATLAB 编写的 Riera 函数计算程序得出的 F-4 飞机模型的撞击力和冲量时程曲线，如图 2-30 所示，冲量的最大值为 $4.0762 \times 10^6 \mathrm{N \cdot s}$，与其初始动量 $19024\mathrm{kg} \times 215\mathrm{m/s} = 4.0902 \times 10^6 \mathrm{kg \cdot m/s}$ 基本一致。同时与试验得到的结果进行了对比，可见两者大致吻合。由于质量分布和压屈力分布存在一定的差别，尤其对于撞击力时程。对于此简化的 F-4 飞机模型的理论计算结果更应该与其模拟的结果对比，在接下来的 2.3.3 小节将进行数值模拟分析。

2.3.3　影响因素分析

根据经验设置 CONTACT_AUTOMATIC_NODES_TO_SURFACE 中的 SOFT = 1（Soft constraint formulation）会使计算结果更可靠，其对于材料刚度和单元尺寸差别较大的接触物体有更好的处理效果，静摩擦系数为 0.2（摩擦系数对于几乎没有相对滑动的垂直撞击影响很小）。此外，CONTROL_CONTACT 的接触控制参数是默认的。

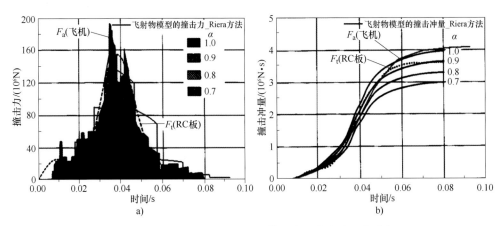

图 2-30　F-4 飞机模型的理论计算与真实试验结果的对比

a）撞击力　b）撞击冲量

1. 失效参数的影响

文献［35，114］均是通过调整飞机材料的失效参数或者接触刚度使冲量的模拟值与计算值吻合，最终确定了合适的失效值，同时也认为飞机模型得到了验证。设置 F-4 飞机模型材料的不同失效应变，模拟得到的撞击力（采用 LS-PrePost 中的 cos 方法进行 100Hz 滤波）和冲量时程曲线与采用原始 Riera 函数计算得到的结果对比，如图 2-31 所示。需要说明的是，设置不同失效应变的目的并不是为了基于修正的 Riera 函数（$\alpha = 0.9$）来“验证”此简化的 F-4 飞机模型，而仅仅是为了评估失效应变对结果带来的影响。可见，撞击力时程的变化规律大体一致，但是与理论计算结果相比波动非常严重；撞击冲量则随着失效应变的增大而逐渐增加，但是即使在失效应变 FS = 1.0 时模拟结果均明显小于 F-4 飞机模型的初始动量。图 2-32 所示为在 0.1s 时的撞击现象，同时也给出了模拟冲量偏小的原因：随着失效应变的减小，F-4 飞机模型破碎后“穿透”RC 板的情况越严重（注意：RC 板上并没有形成孔洞，这里的“穿透”是模拟软件对接触的处理不完善所造成的），即更多的质量不会将动能传递给 RC 板结构，那么撞击力和冲量必然会偏小。按照文献［36］的方法，总能通过调整失效参数来实现模拟冲量等于修正的 Riera 函数（$\alpha = 0.9$）计算的结果，但是这种“穿透”在实际中是不符合物理规律的，所以这种所谓的“验证”方法是不合理的。

此外，在 CONTROL_CONTACT 中有一个参数 ENMASS 非常重要但是经常被忽略，目前没有从已发表的文献中看到有学者提到它，其控制着材料发生失效时被删除单元节点的接触处理方式。默认选项（ENMASS = 0）是把这些节点直接从计算中移除，这样虽然可以使计算更稳定，但是却会导致质量的减少且其不再参与接触，这是明显不符合物理规律的；通过设置 ENMASS = 1（2），可以使 SOLID（SOLID 和 SHELL）单元的失效节点的质量保留下来并继续参与接触，这样处理才更符合实际。

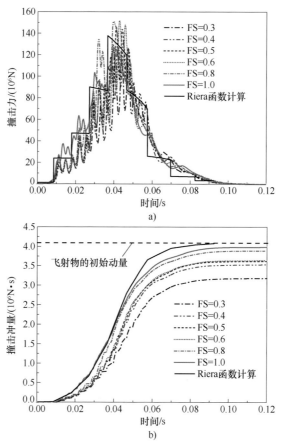

图 2-31 F-4 飞机模型的理论计算与模拟结果对比

a）撞击力 b）撞击冲量

调整失效参数就可以改变撞击冲量，一方面是由于部分 F-4 飞机模型单元"穿透"RC 板，另一方面是由于失效单元的节点没有继续与 RC 板接触（一部分穿过了 RC 板，一部分在 RC 板表面反弹了）。图 2-33 将 FS = 0.3 时失效单元的节点也显示了出来，可见撞击现象与 F-4 试验是完全不同的，除了单元"穿透"问题外，在原型试验中飞机碎片也几乎没有向后反弹，而是垂直于 RC 板法向方向飞散了。因此，前述文献中采用接触关键字 CONTACT_AUTOMATIC_NODES_TO_SURFACE 都不理想，且令人遗憾的是此时设置 ENMASS = 2，失效单元节点的接触几乎没有改进。

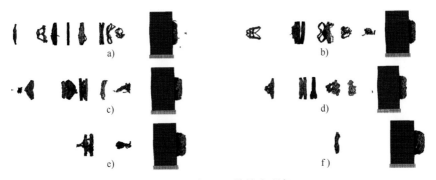

图 2-32　在 0.1s 的撞击现象

a）FS = 0.3　b）FS = 0.4　c）FS = 0.5　d）FS = 0.6　e）FS = 0.8　f）FS = 1.0

图 2-33　显示失效单元的节点（FS = 0.3）

2. 接触方式的影响

基于经验积累、资料查阅和大量试算，作者决定采用 CONTACT_CONSTR-AINT_NODES_TO_SURFACE 处理 F-4 飞机模型和 RC 体之间的接触，此时 ENMASS 也可以更好地体现其作用。对于 FS = 0.3 时，分别设置 ENMASS = 0 和 2 得到的撞击现象，如图 2-34 所示，可见在前者中失效单元的节点无法与 RC 板继续接触，而后者仍处于接触之中，更符合物理规律。因此，对于有单元删除的模拟计算，应该首先设置 ENMASS = 2。

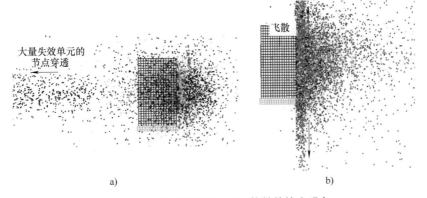

图 2-34　采用 CONSTRAINT 接触的撞击现象

a）ENMASS = 0　b）ENMASS = 2

基于 CONSTRAINT 接触和 ENMASS = 2，不同失效应变下的撞击力和冲量时程曲线如图 2-35 所示，可见失效参数所造成的影响很小，即撞击力和冲量对于材料的失效标准敏感性很低，这也符合实际。我们主要关注的是结构的动力响应，而飞机作为能量的来源，其作用是把能量传递给结构，其自身破碎与否对结果影响很小。基于金属材料的延伸率推荐 FS = 0.3~0.5。撞击现象均与图 2-34b 类似，不再赘述。对于此 F-4 飞机模型理论与模拟结果的对比，在 2.3.4 小节会给出详细的分析。

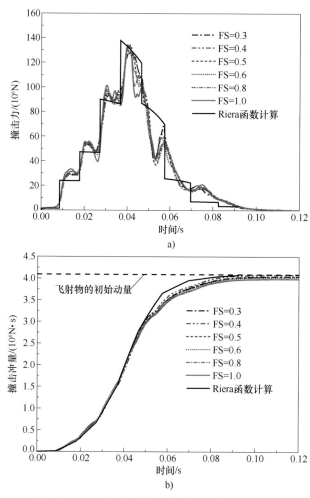

图 2-35　F-4 飞机模型的理论计算与模拟结果对比
a）撞击力　b）冲量

3. 数据提取和处理方法的影响

试验中测量加速度一般通过加速度传感器，而且只能针对某一点进行测量，会存在两个方面的问题：一方面是传感器的准确性如何，另一方面是该点的数据难以反映整个结构的加速度。而在数值模拟中就可以方便地提取某一点以及整个 PART 作为刚体运动的数据（注意：不是说 RC 板的材料是刚体，而是说提取到的数据反映的是 RC 板的整体运动特点，更具有代表性），包括各个方向上的加速度、速度和位移等。

F-4 飞机模型撞击试验中的传感器采样频率为 500～2000Hz，假定加速度传感器为最高的 2000Hz，在该模拟分析中设置同样的输出频率（即输出间隔为 1s/2000 = 0.0005s），对应于试验中 RC 板加速传感器布置的位置提取了 5 个点的加速度，以及整个 RC 板作为刚体运动的整体加速度，如图 2-36 所示（采用 LS-PrePost 中的 cos 方法分别进行 100Hz 和 20Hz 滤波）。可见在 100Hz 滤波时，测点的数据明显要高于整个 RC 板的加速度，且在约 0.02s 时出现了严重的不符；在 20Hz 滤波时，测点的峰值有了显著的降低，与整个 RC 板的加速度更吻合，但是同样在约 0.02s 时不符合预期。此外，由于中心点处于 RC 板变形的最大位置处，其加速度幅值更高且反应相对更快。

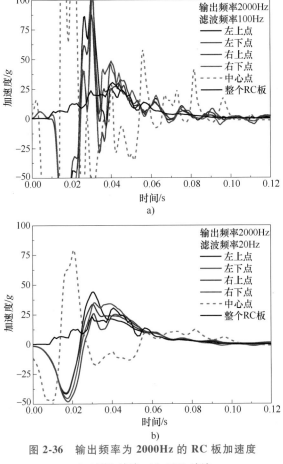

图 2-36　输出频率为 2000Hz 的 RC 板加速度

a）100Hz 滤波　b）20Hz 滤波

　　当在模拟中提高输出频率到 10000Hz（即输出间隔为 1s/10000 = 0.0001s）时，模拟得到的 RC 板加速度数据如图 2-37 所示（采用 LS-PrePost 中的 cos 方法分别进行 100Hz 和 20Hz 滤波），可见对于两种滤波频率，在模拟中四个角点处的加速度数据都与整体数据吻合较好，但是对于撞击中心处 RC 板背面的加速度波动很大，因此采用 5 条加速度曲线的平均值作为 RC 板的加速度是不合适的，容易造成较大的误差，反而没有四个角点的加速度平均值更具代表性。而在试验中，5 个点测量的加速度结果明显各不相同，难以代表整个 RC 板的加速度，缺乏可信度。同时也说明传感器的采样频率和滤波频率对于结果有着明显的影响，而 2000Hz 难以满足此冲击过程的测量要求，且采样频率越高时滤波频率的影响越小。

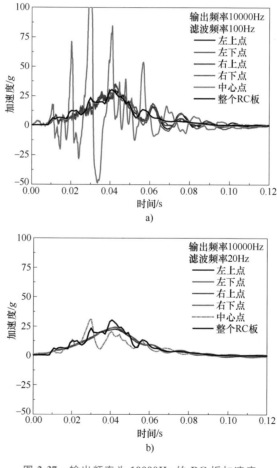

图 2-37　输出频率为 10000Hz 的 RC 板加速度

a）100Hz 滤波　　b）20Hz 滤波

　　因此，对于 F-4 飞机模型撞击 RC 板的模拟分析，如果要从 RC 板运动得到撞击力，那么应该提取整个 RC 板作为刚体运动时的总加速度，然后乘以其总质量。此种方法得到的撞击力与直接从接触面提取的结果对比，如图 2-38 所示，可见两者吻合很好（在意料之中），撞击冲量也吻合很好。然而在试验中，对于如此庞大的试验，难以直接提取撞击力，即使安装了撞击力传感器，对于这种情况极有可能伴随很大的误差，因此采用质量与加速度相乘的方法是相对更可行的，但是对于加速度传感器的要求很高，否则也很难捕捉到具有代表性的 RC 板加速度，得到的撞击力也就不准确，若再用其进行精细的对比计算也就缺乏可信性。

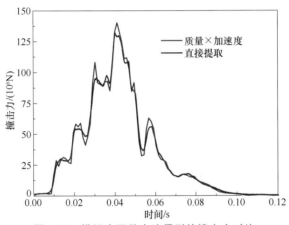

图 2-38　模拟中两种方法得到的撞击力对比

2.3.4　理论计算和模拟分析结果对比

　　选取失效应变 FS = 0.5 的工况作为例子（其他失效应变下的计算结果基本一致），其撞击力和冲量与采用 Riera 方法计算的结果对比，如图 2-39 所示，可见：

　　1）对于撞击力，理论计算和模拟的趋势及幅值吻合都很好，但是在约 0.05～0.06s 之间模拟值明显偏低，这是因为模拟更接近实际，体现了飞机材料在接触表面的堆积，这样后面的质量继续撞击时就会起到一种缓冲的作用。

　　2）对于撞击力，在约 0.06～0.10s 模拟值反而又明显偏高，这是因为虽然前面有缓冲作用，但是撞击力还是会传递给 RC 板，只不过是时间上得到了延缓以及峰值上得到了降低，并没有因为缓冲而消失。

　　3）对于理论计算的撞击力，并没有考虑材料的堆积和缓冲作用，因此其撞击力分布与质量分布形状更为接近，即无法体现飞机材料之间的相互作用，因此撞击力形状更"生硬"和"有棱有角"。

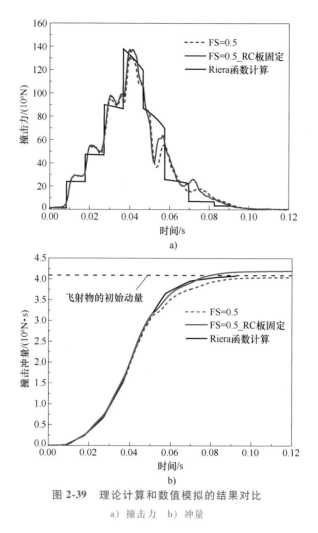

图 2-39　理论计算和数值模拟的结果对比

a）撞击力　b）冲量

4）对于撞击冲量，模拟值比理论计算值略微偏小了约1%，这是因为模拟中RC板是运动的，从式（2-14）可知，RC板的运动会导致冲量的降低，而在理论计算中假设RC板是固定的。

5）为了对比RC板自由运动和固定不动对结果的影响，将RC板固定进行了模拟，得到的撞击力和冲量，如图2-39中的红色实线所示。首先继续关注撞击冲量，可见RC板固定时其有了明显提高，而且略微高出了理论计算值，这是因为如图2-34b所示，飞机的质量出现了少量的反弹，而理论计算则完全忽略了反弹。

6）对于固定RC板的撞击力时程，相比自由运动的RC板在峰值上有了一定的提高，几乎与理论计算峰值相同，同样是因为RC板被固定后，没有RC板的后退缓冲，撞击的激烈程度更高。

2.4　本章小结

原型 F-4 飞机撞击试验对 Riera 函数的惯性力部分引入了 0.9 的折减系数，然而作者认为是不合理的，为进一步探讨分析而开展的工作及得到的以下结论。

1）由于本章要采用 Riera 函数进行计算，因此对其迭代计算过程进行了梳理，并采用 MATLAB 软件进行了编程及参数分析。

2）原型 F-4 飞机撞击试验的规模很大，在其传感器测量、试验设置及结果分析中存在很多可能影响结论的因素：

①传感器问题。加速度传感器的测量结果难以体现 RC 板的整体加速度，而且本章的模拟分析也指出，2000Hz 的采样频率难以满足精度要求，并且撞击中心点的加速度数据可能会引起较大误差；加速度的积分结果明显比速度传感器直接测量的结果偏小，进一步说明了采用加速度时程积分的方法是不可靠的；试验者还对加速度数据进行了进一步的光滑处理，使得峰值进一步减低。②试验设置问题。RC 板基座与轨道之间的摩擦力被忽略了（影响虽然很小，但是在结果分析时事实上是可以考虑的）；飞机翼展比 RC 板宽度大了约 4770mm，投影上多出来的机翼质量就完全没有撞击到 RC 板上，而试验者选择忽略了该问题。③结果分析问题。从飞机方面计算撞击力时，从给出的较好的实测加速度曲线看，飞机上的传感器测量结果的准确性和完整性值得商榷；从 RC 板方面计算撞击力时，本身就不可靠的加速度数据一再被平滑和滤波处理，而且其撞击力积分后得到的冲量被用来作为评价标准，反推得到折减系数 0.9。

3）根据 F-4 飞机的质量和压屈力分布建立了简化的 F-4 飞机有限元模型，通过数值模拟的方法进一步说明折减系数 0.9 的不合理性：①采用 Riera 函数对其进行了理论计算，表明冲量结果与其初始动量是一致的；②探讨了数值模拟中对结果有明显影响的因素，即失效参数、接触方式和数据的提取，确定了合理的控制参数，为以后的飞机撞击模拟提供了重要的参考；③通过对比理论计算、RC 板可移动的模拟（F-4 飞机试验中的设置方法）和 RC 板固定的模拟（实际中被撞结构都是固定在地面上的），结果更是表明，即使试验中传感器的结果完全准确可靠，由于 RC 板移动会降低测量的冲量值，且 Riera 函数的前提假设以及实际 RC 板都是固定的，因此用粗糙的测量结果来精细地修正 Riera 函数是不匹配和不准确的。

4）虽然 F-4 飞机撞击结果不适用于精细地修正 Riera 函数，但是其贡献也很明显：首先，证明了飞机撞击中几乎没有质量的反弹，这是理论无法推导出的，模拟校准也需基于这一重要试验现象；其次，撞击力的测量结果确实在大体上验证了 Riera 函数的合理性。

5）对于经典的 Riera 函数（RC 板固定），作者认为不可引入折减系数，一方面这不符合冲量和动量定理，另一方面对于结构设计是偏于危险的；相反地，若要考虑少量的质量反弹效果，甚至应该引入略大于 1 的增大系数。

6）模拟及试验的分析与理论计算相比，一个重要特点是模拟中飞机材料之间会发生相互作用以及在撞击表面发生堆积，其可以起到一定的缓冲作用，使得撞击力峰值比理论值略低，但是在峰值过后，模拟值总体上会比理论值偏高，即总的冲量在撞击方向不会减小。

第3章 飞机及核电厂房的精细化有限元建模方法

对于整架飞机撞击核电厂房的复杂过程，难以采用理论方法进行分析且开展全尺寸试验也面临着测试手段和成本等非常多的困难和限制。随着计算机性能的提高和仿真软件的日臻成熟，数值模拟方法已经成为一种效率更高、数据更丰富且可以分析大量不同工况的研究手段。为了更真实地反映飞机撞击过程和揭示破坏机理，需要尽可能地建立精细化的飞机与核电厂房有限元模型，并且为了保证结果的合理性和准确性，还需要根据相关试验结果或理论分析对关键的有限元模型和材料本构参数进行校准和验证。因此，为了使数值模拟分析结果更准确可靠，本章将建立精细化的飞机与核电厂房有限元模型，并根据撞击力对飞机模型的合理性进行评估，以及根据相关试验结果对核电厂房的混凝土模型进行验证。

3.1 四种飞机的精细化有限元建模

对核电厂房造成撞击威胁的飞机，总体上可以分为大型飞机和小型飞客机：大型飞机的特点是质量和尺寸相对较大，但是机身质量分布较为分散，刚度相对较小，在撞击过程中更容易被压屈压溃，同时引擎质量和刚度更大，有可能对结构造成整体或局部破坏；小型飞机的特点是质量和尺寸相对较小，但是质量分布较为集中，刚度相对较大，巡航速度较高，更容易对结构造成局部的破坏。在"9·11"事件之前，该领域主要关注的是小型飞机，而"9·11"事件使得相关机构和研究人员认识到了大型飞机撞击造成的巨大破坏作用。

对于大型飞机，为了满足不同航线的需求，飞机的种类也有明显的差别。为了使模拟分析的飞机对象具有代表性，本书从两个方面挑选飞机：一是飞机的吨位尺寸。以大型商用客机空客 A380 为例，最大起飞质量约 575t，翼展约 80m，而波音的 B747 相对较小，其最大起飞质量约 397t，翼展约 64m，本书选择 A380 作为分析对象。二是飞机的数量和使用频率。全球服役数量较多的机型是空客的 A320 和波音的 B737，并且两者的结构、吨位和尺寸非常接近，本书选择 A320 作为分析对象。对于小型飞机，本书选择具有代表性的 F-4 飞机和国产新舟 MA600 飞机作为研究对象，其中 F-4 飞机被迄今为止唯一的一次全尺寸飞机撞击 RC 板试验[21]所采用。

3.1.1　A380 客机

作为大型商用客机代表，空客 A380 对核电厂房的撞击最具代表性和研究价值，其最大起飞质量约为 575t，可载客约 550 人，一般用于国际航线等超远距离的飞行，本节将尽可能精细地建立其有限元模型来反映其质量和刚度分布。

1. 几何模型的获取

先需要得到 A380 飞机的几何模型作为有限元模型的建模基础。在 A380 飞机的主要几何参数[157]：长度 72.72m，翼展 79.75m，高度 24.09m，机身宽度 7.14m。仅知道上述简单的几何参数还无法构建完整的 A380 几何模型，经过多方查找，最终在找到了 A380 飞机的几何模型[158]。经过与 A380 飞机的主要几何参数以及 A380 飞机的真实照片仔细对比，可以确认该几何模型与真实 A380 飞机的外形和尺寸基本一致，经过简单调整即可用于下一步建立 A380 飞机的有限元模型，在此向此几何模型的发布者表示感谢。另外，需要说明的是，此几何模型仅仅包括了 A380 飞机的外部形状，并不包含飞机的任何内部结构。

采用 Altair 公司的 HyperMesh v14.0 软件进行有限元分析的前处理工作。将 A380 飞机几何模型导入 HyperMesh 软件的步骤如下：

1）用 SolidWorks 软件打开该 A380 飞机几何模型。

2）清理飞机上的文字等不需要的几何信息。

3）将几何模型另存为后缀名为“.igs”的格式。

4）打开 HyperMesh 软件，导入上一步得到的后缀名为“.igs”的文件。

5）保存此文件，其后缀名为 HyperMesh 软件的格式“.hm”。

最终得到的在 HyperMesh 软件中可以编辑的 A380 飞机几何模型与真实照片对比如图 3-1 所示。

在上述的飞机几何模型中，引擎也只有一个表层几何面，没有内部结构，为了建立精细化的引擎有限元模型，笔者尽可能地建立引擎的内部结构，先要得到引擎的几何模型。空客 A380 属于 4 引擎飞机，且引擎型号有两种可供选择[159]：①美国通用电气公司和惠普“发动机联盟”联合研制的 GP 7000；②罗尔斯罗伊斯（劳斯莱斯）研制的 Trent 900。本书选择了 Trent 900 为建模对象，找到了 Trent 900 引擎的几何模型[160]。

图 3-1　空客 A380 飞机几何模型与真实照片对比

a）几何模型　b）真实照片

按照上面同样的步骤，将 Trent 900 引擎几何模型导入 HyperMesh 软件，并进行适当的几何清理和简化，最终得到的 Trent 900 引擎几何模型与真实照片对比，如图 3-2 所示。

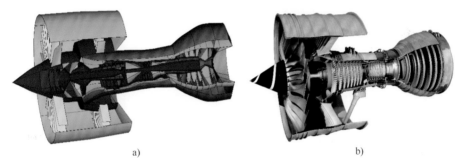

图 3-2　Trent 900 引擎几何模型与真实照片对比

a）几何模型　b）真实照片

2. 几何模型的完善

以下基于上述 A380 飞机和 Trent 900 引擎的几何模型，进行有限元模型的单元划分，所采用的前处理软件同样为 HyperMesh。首先对上述 A380 飞机几何模型进行切割，目的是通过切割线来定位飞机梁构件的位置，辅助梁单元的划分。此外，由于现有的几何模型仅仅是一层外表面，不包含 A380 飞机的两层地板以及机翼内部的肋板等，因此需要进行几何信息的补充。经过大量的切割和详细的补充后，A380 飞机几何模型，如图 3-3 所示，增加的切割线所对应的梁构件为：机身的横向隔框和纵向桁条、两层地板的纵梁和横梁、所有机翼的主梁和次梁，以及部件之间的连接梁等。

需要说明的是，由于 A380 飞机内部结构的严格保密性，尽管经过多方努力查询，仍无法获取较为准确的结构尺寸和间距，更无法得到内部的电子设备、传动机构和内部装饰等信息。但是，考虑到本书所关注的主要问题是飞机冲击过程中的撞击力，而不是飞机的气动力学或者飞行控制性能等，并且影响撞击力最主要的因素是飞机的质量、刚度和撞击速度。因此本书基于 A380 飞机的相关照片以及商用飞机的一般构造，在确定 A380 飞机的梁构件间距等信息时不可避免地带有一定主观性，这样的处理虽然不是完全精确，但是并不会对飞机的冲击动力问题造成较大偏差。相关的构件间距确定为：横向隔框间距约为500mm；纵向桁条间距约为250mm；地板纵向主梁间距约为550mm；地板横向主梁间距与隔框间距保持一致，约为500mm；机翼设置有两根横向主梁（非平行），间距约 1500~6000mm；机翼纵向次梁间距约 1000mm。

图 3-3　经过切割和补充完善后的 A380 飞机几何模型

3. 单元类型及划分

上面已经对几何模型进行了适当的处理，下面使用 HyperMesh 软件对飞机不同部位分别进行单元划分。此外，由于飞机结构的对称性，只需要划分一侧的单元，之后可以通过复制和对称操作即可得到整架飞机的单元。最后，再对处于对称面上的节点进行合并，保证整架飞机的完整性和连接性。

机身蒙皮、机翼蒙皮和地板面板均划分为 SHELL 单元，机身隔框和桁条、机翼主梁和次梁等以及地板的纵横梁均划分为 BEAM 单元，此外还有连接机翼与机身的结构部件也采用 BEAM 单元。引擎则在几何模型的基础上直接全部划分为 SHELL 单元，并且由于 4 台引擎都一样，所以只需要划分 1 台引擎的网格即可，其余 3 台通过复制即可得到。飞机燃油一般情况下都对称地配置在机翼内。由于飞机燃油属于流体，因此决定采用 SPH 单元来处理其大变形问题。

此外，飞机上还有一些附属荷载，如乘客、行李、座椅、电子设备和内部塑料装饰等。在撞击过程中，对于上述这些不承受纵向压屈荷载（或承受的纵向压屈荷载很小）的构件，本书没有建立其几何形态（其对纵向压屈荷载影响很小且模型过于复杂），而是通过 LS-DYNA 中的 ELEMENT_MASS 单元将其质量对应地均匀分布在飞机的结构上。

最终建立的 A380 飞机有限元模型如图 3-4 所示。A380 的最大起飞质量约为 575t，其中包含了燃油约 242t，考虑到飞机在飞行过程中会消耗大量的燃油，假定在燃油还剩约 70t 时发生撞击，则飞机总质量约为 400t。因此，建立的 A380 飞机有限元模型的质量约为 400t，共包含约 83 万个单元（约 52.5 万个 SHELL 单元，约 11.6 万个 BEAM 单元，约 8.9 万个 MASS 单元，约 10.0 万个 SPH 单元）。飞机不同部位相连接的地方是通过共节点的方式处理的，而不是真实的紧固件锚固或者焊接，这样简化对飞机整体撞击问题所造成的误差可以忽略不计。

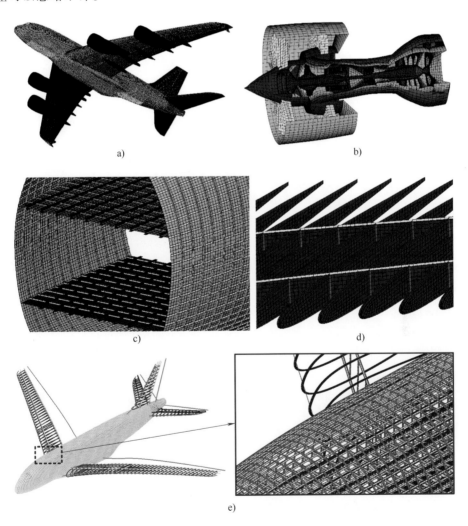

图 3-4　空客 A380 飞机有限元模型的网格划分

a) 整机模型　b) 引擎内部　c) 机身局部　d) 机翼局部　e) 飞机 BEAM 单元

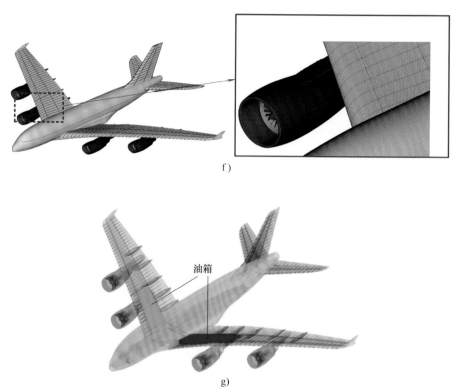

f)

油箱

g)

图 3-4　空客 A380 飞机有限元模型的网格划分（续）

f）飞机 SHELL 单元　g）飞机油箱

　　同样，由于 A380 飞机内部结构的保密性，较为准确的飞机结构尺寸是无法获取的。因此，梁的横截面形状和尺寸以及蒙皮厚度等相关参数，在参考客机的相关内部结构图片以及查阅到的零星信息基础上，进行了具有一定主观性的确定，梁构件的横截面形状多设置为工字钢和槽钢。此外，对于 A380 飞机使用的航空材料的详细参数，特别是一些复合材料，更是无法获取。对此，本书只能采取简化处理方式，认为飞机的材料和基本参数为一般的金属材质。建立的 A380 飞机有限元模型的质量分布，如图 3-5 所示，虽然没有真实数据可供对比，但是基本满足一般的客机质量分布规律。

3.1.2　A320 客机

　　空客 A320 与波音 B737 是目前全球服役量较大的商用客机，两者质量、尺寸和结构形式非常接近。空客 A320 为单层双引擎飞机，其翼展约 34m，机身长度约 38m，机身高度约 12m，最大起飞质量约为 78t，可载客约 150 人，主要用于国内等中远距离的飞行。

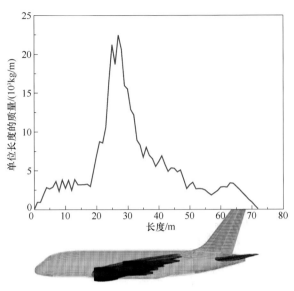

图 3-5 空客 A380 飞机模型的质量分布

　　采取与 A380 飞机类似的建模方法。A320 飞机包括地板梁、机翼主梁和起落架等主要受力结构，以及隔框、桁条和飞机蒙皮等次要受力构件，此外还有两台引擎和位于机翼内的航空燃油。在有限元模型中，主梁和隔框等梁式结构采用 BEAM 单元，蒙皮和引擎等为 SHELL 单元，燃油为 SPH 单元，座椅设备和人员行李等采用 ELEMENT_MASS 单元进行配重。A320 飞机模型总质量约为 72.2t，共约由 20 万个单元组成。真实 A320 飞机及有限元模型，如图 3-6~图 3-10 所示。本书建立的 A320 飞机有限元模型的质量分布，如图 3-11 所示，虽然没有真实数据可供对比，但是基本满足一般的客机质量分布规律。

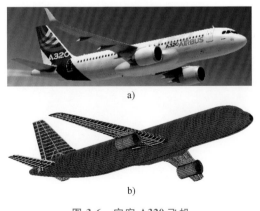

a)

b)

图 3-6 空客 A320 飞机

a）真实飞机　b）整机有限元模型

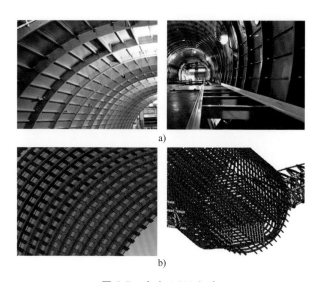

图 3-7　空客 A320 机身

a）真实机身　b）机身有限元模型

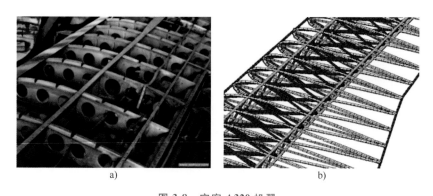

图 3-8　空客 A320 机翼

a）真实机翼　b）机翼有限元模型

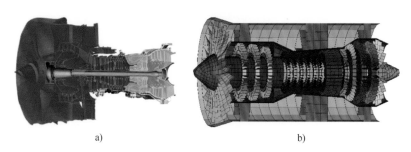

图 3-9　空客 A320 的 V2500 引擎

a）真实引擎　b）引擎有限元模型

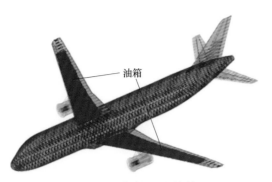

图 3-10　空客 A320 油箱

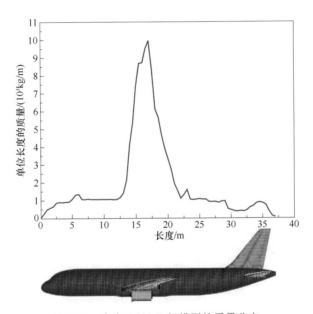

图 3-11　空客 A320 飞机模型的质量分布

3.1.3　F-4 飞机

对于 F-4 飞机撞击混凝土结构试验，建立其精细化有限元模型。F-4 飞机的主要尺寸为：长度 17.74m，翼展宽度 11.77m，高度 5.02m。在原型撞击试验中，卸除了飞机内部的航空电子设备以及座椅等，剩余质量约为 12.7t；为了分析燃油的撞击效应，将 4.8t 的水置于机身内代替燃油；此外还在机身底部安装了相关结构用于飞机在轨道上滑动，最终整架飞机的质量约为 19.0t。飞机的机身、引擎和油箱均采用 SHELL 单元进行模拟，4.8t 的水划分为 SPH 单元，此外为了调整飞机的质量分布，采用 ELEMENT_MASS 单元进行配重。建立的 F-4 飞机有限元模型，如图 3-12 和图 3-13 所示。飞机模型总质量为 19.0t，共约 9.6 万个 SHELL 单元，2.3 万个 SPH 单元和 3.2 万个 ELEMENT_MASS 单元。F-4 飞机有限元模型的质量分布与撞击试验的原始文献 [21] 提供的数据对比，如图 3-14 所示，可见两者吻合较好。

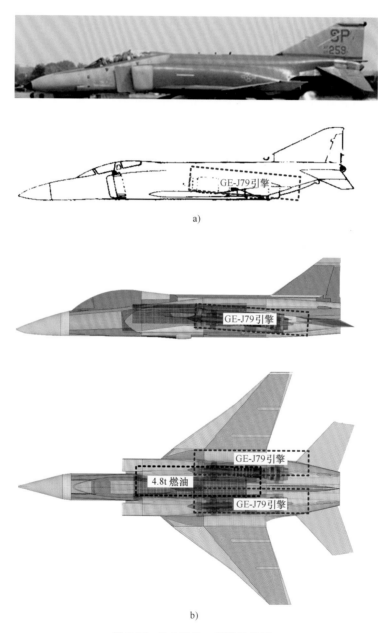

图 3-12　F-4 飞机、引擎及模型

a）真实飞机及引擎位置示意图　b）整机有限元模型

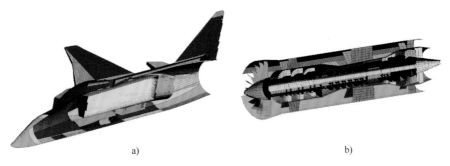

图 3-13 F-4 飞机和引擎剖面图

a) 飞机剖面图 b) GE-J79 引擎剖面图

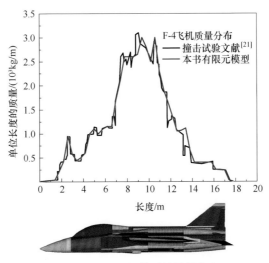

图 3-14 F-4 飞机模型的质量分布

3.1.4 MA600 客机

国产支线飞机新舟 MA600 客机，空重约为 14t，翼展约为 30m，主要用于国内中短途的飞行。在后文的模拟分析中也会对比 MA600 的撞击效应，在此进行简要介绍并对原模型进行了部分改进。考虑到 MA600 飞机的质量较小，因此将模型的质量由空重调整为其最大起飞质量（约 21t），共包括约 5.6 万个 BEAM 单元和 6.5 万个 SHELL 单元，没有建立燃油 SPH 单元，其有限元模型如图 3-15 和图 3-16 所示。MA600 飞机有限元模型的质量分布，如图 3-17 所示，虽然没有真实数据可供对比，但是基本满足一般的客机质量分布规律。

对于上述 4 种飞机有限元模型，飞机各个相邻部件之间采用共节点的方式进行连接（燃油除外）。为保证撞击过程中飞机自身各部件之间仍存在相互接触作用，对飞机 SHELL 单元之间设置了自动单面接触（CONTACT_AUTOMATIC_SINGLE_SURFACE）。飞机燃油与油箱等 SHELL 单元之间的接触为自动点面接触（CONTACT_AUTOMATIC_NODES_TO_SURFACE）。

a)　　　　　　　　　　　　　　　　b)

图 3-15　新舟 MA600 飞机及模型

a）真实飞机　b）有限元模型

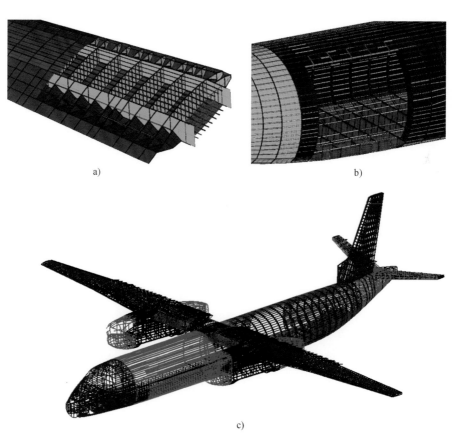

a)　　　　　　　　　　　　　　　　b)

c)

图 3-16　新舟 MA600 飞机模型

a）机翼　b）机舱　c）机身骨架

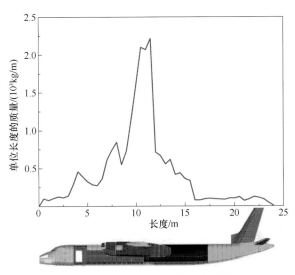

图 3-17　新舟 MA600 飞机模型的质量分布

飞机模型的合理性评估

上述建立了四种飞机的精细化有限元模型，在开展进一步的模拟分析之前，需要对其合理性进行评估。在第 2 章已经进行过探讨，相关文献基于所谓的修正的 Riera 函数（$\alpha = 0.9$），将建立的飞机模型撞击平面固定 RC 板，通过对比模拟冲量和计算冲量来调整材料的失效参数是不可取的和没有意义的，甚至是错误的，因为这违背了冲量和动量定理，并且这样对结构设计是偏于危险的。此外，在得到 $\alpha = 0.9$ 这个结论的试验中，RC 板是可以自由移动的，将飞机模型撞击固定 RC 板本身就是不合适的。因此，基于第 2 章的探讨结果，本节主要根据撞击力的变化趋势以及最终的冲量值是否略大于飞机的初始动量来评估飞机模型，这种方法更简便、合理与实用。本书总结的目前对飞机有限元模型合理性进行分析的三个阶段，如图 3-18 所示，并且认为飞机有限元模型不应该采用修正的 Riera 函数（$\alpha = 0.9$）进行验证，但应该进行合理性评估。

3.2.1　材料模型

首先需要设置飞机的材料模型和参数。由于真实的飞机包含很多的复合材料，如玻璃纤维和碳纤维等，较难获得其准确的参数，此外考虑到飞机的主要作用是把能量传递给核电厂房，因此材料本身的复杂特性在这种大体量的撞击分析中影响较小。在此，飞机的材料主要采用常用的航空钢材和铝材。

对飞机有限元模型合理性分析的三个阶段

> **第一阶段：不验证**
> 在飞机模型建立好后，直接进行撞击的模拟分析
> （大部分的相关文献都没有验证飞机模型）

> **第二阶段：验证**
> 方法：调整飞机有限元模型的失效参数，使得模拟撞击冲量等于理论计算冲量
> （很少的相关文献采用此方法对飞机模型进行了验证）

理论计算冲量

方法：采用Riera函数（$\alpha=0.9$）

Riera函数输入条件的限制
1) 三个条件：
撞击速度（任意指定）。
质量分布（可从有限元模型获得）。
压屈力分布（难以获得）。
2) 目前对于飞机压屈力的处理：
①在Riera的原始文献中，作者直接给出了B707-320飞机的压屈力分布曲线（折线形，较为粗糙）。
②在对飞机进行验证的其他文献中，没有看到作者展示飞机的压屈力曲线，而是直接给出了采用Riera函数计算的结果（不知作者是如何获取压屈力分布数据的）。
③作者团队的处理方式：通过观察Riera文献中B707-320飞机的压屈力分布与对应的质量分布，我们认为商用飞机的质量分布与压屈力分布大体上存在一定的比例关系，因此可以从飞机的质量分布，计算得到相应的压屈力分布（明确阐释了压屈力的获取方式，虽然较为粗糙但可接受，主要理由是：压屈力占总撞击力的比例一般小于10%，因此本处理方式对结果的影响很有限）。
3) 总结：
难以获得飞机的真实压屈力分布数据。

取$\alpha=0.9$存在的问题
1) α在理论上的取值范围：
Riera函数的出发点就是$Ft=MV$，对其引入$\alpha<1.0$的系数都是违背动量守恒定理的：如果撞击后飞机材料不反弹，α应该是1.0（原始的Riera函数没有考虑飞机材料的反弹，$\alpha=1.0$）；如果存在反弹，α应该大于1.0，具体值与飞机撞击速度、尺寸吨位、材料特性和结构刚度等有关。
2) $\alpha=0.9$的来源：
1993年之前有学者提出应该对Riera函数的惯性力部分引入$\alpha<1.0$；为了确定此数值，1993年美国和日本开展了原型F-4飞机撞击试验，通过对比冲量，发现取$\alpha=0.9$时吻合较好。
3) 疑问：
既然$\alpha<1.0$不遵守基本的物理规律，为什么F-4飞机撞击试验得到了$\alpha=0.9$?
4) 解释：
本文对F-4飞机撞击试验进行了系统分析，发现在试验设置、数据测量和结果分析中，都存在会导致测量的冲量偏小的明显因素。
5) 总结：
引入$\alpha=0.9$的Riera函数不符合基本物理规律。

模拟撞击冲量

1) 方法：
通过调整飞机材料的失效参数，使得模拟得到的冲量与Riera（$\alpha=0.9$）函数计算的冲量相等，进而说明飞机模型的合理性。
2) 疑问：
既然Riera（$\alpha=0.9$）是不符合物理规律的，那么为什么数值模拟的结果会与计算结果吻合？难道数值模拟也不遵守动量守恒定理吗？
3) 解释：
首先需要解释的是LS-DYNA软件中的一个模拟技术问题，当参数ENMASS=0时，失效单元的节点不再参与接触，即该节点携带一定的能量无阻碍的穿透结构；当ENMASS=1或2时，失效的节点继续与结构接触，不会发生穿透。
之所以数值模拟的结果会与计算结果吻合，是因为飞机的被删除单元的节点穿透了结构，没有将动能传递给RC板，所以会发生模拟得到的撞击冲量小于飞机初始动量的情况。换句话说就是，Riera($\alpha=0.9$)函数计算的结果与模拟(ENMASS=0)得到的结果都偏小。
显然ENMASS=0的模拟情况是不符合实际的，一旦设置ENMASS=1或2，不管失效应变取多少，都不会出现模拟冲量小于初始动量的情况。
4) 总结：
若要模拟得到的冲量与Riera($\alpha=0.9$)函数计算的冲量相等，必须"牺牲"模拟的真实性(ENMASS=0)，这样的话验证也就没有意义了。

图 3-18　飞机有限元模型验证的三个阶段

<table>
<tr><td colspan="2" align="center">第三阶段：不验证，但要评估
（本书提出的理念）</td></tr>
<tr>
<td>
不验证的理由：
1）验证时需要采用Riera函数进行计算，而飞机的压屈力分布数据难以获取。
2）验证的标准，即Riera（α=0.9）函数违背了基本的物理规律。
3）若要模拟得到的冲量与Riera（α=0.9）函数计算的冲量相等，必须"牺牲"模拟的真实性（ENMASS=0）。
4）即便通过了这种"验证"，其撞击冲量比实际情况偏小，会使得结构设计偏于危险。
</td>
<td>
评估的理由和方法：
1）飞机的撞击力时程曲线，必须要满足公认的一般的变化规律。
2）模拟的撞击冲量必须要大于等于飞机的初始动量，而且笔者认为最大不应该超过20%，因为F-4飞机撞击试验的高速录像显示，飞机在撞击过程中确实没有明显的反弹。
3）这样评估，一方面可以避开飞机纵向压屈力的获取问题，另一方面撞击冲量比飞机的初始动量大，更符合物理规律且也对结构设计偏于保守。
</td>
</tr>
</table>

图 3-18　飞机有限元模型验证的三个阶段（续）

飞机 BEAM 单元采用简化的 JC 模型（MAT_SIMPLIFIED_JOHNSON_COOK）。地板纵横梁等主要结构骨架为 4340 钢，桁条和隔框等次要受力结构等为 2024 铝，相关参数见表 3-1。

表 3-1　简化的 JC 材料模型参数 [161]

材料	密度/(kg/m^3)	泊松比	硬化常数 A	硬化常数 B	应变率参数	硬化指数
4340 钢	7830	0.29	792	510	0.014	0.26
2024 铝	2770	0.33	265	426	0.015	0.34

飞机蒙皮、地板、引擎和油箱等 SHELL 单元，采用塑性随动硬化模型（MAT_PLASTIC_KINEMATIC）模拟合金铝材料并考虑应变率效应，相关参数见表 3-2。

表 3-2　塑性随动硬化材料模型参数

材料	密度/(kg/m^3)	弹性模量/GPa	泊松比	屈服强度/MPa
合金铝	2700	73	0.33	500

飞机燃油采用 SPH 光滑粒子单元进行模拟，材料模型为 MAT_NULL，状态方程为 EOS_GRUNEISEN。由于燃油的状态方程参数难以获得，且用水的状态方程参数代替燃油的参数对于模拟撞击抛洒过程而言，造成的误差会很小。因此采用水的状态方程参数，但仍采用燃油的实际密度，相关参数分别见表 3-3 和表 3-4。

表 3-3　燃油材料模型参数 [162]

密度/(kg/m^3)	泊松比	弹性模量/GPa	截断压强/Pa	动态黏性系数	拉伸侵蚀相对体积	压缩侵蚀相对体积
750	0	0	−10	$1.01×10^{-3}$	0	0

表 3-4　燃油状态方程参数[162]

水中声速 /(m/s)	斜率系数 S_1	斜率系数 S_2	斜率系数 S_3	系数 GAMAO	体积修正系数	初始内能	初始相对体积
1480	1.979	0	0	0.11	3	0	1.0

3.2.2　模型评估

在对飞机模型的合理性进行评估之前，需要明确的如下：①核电厂房的结构响应是本书关注的重点，而飞机只是一种将能量传递给核电厂房的飞射物；②与专门研究飞机气动性的学者们不同，本书无须过于关注飞机结构的破坏，且其内部结构非常复杂难以完全在模型中体现；③此外，飞机的撞击力是一个持续的且伴随剧烈震荡的过程，用其对时间的积分值（即冲量）来判定一个过程量，这种做法本身就不太可靠。

对于最终的冲量，只要其略微大于飞机的初始动量即可：前提是平面固定 RC 板，因为类似圆弧形的安全壳筒身会分解飞机撞击力，移动的 RC 板也会降低冲量值；最终冲量要大于飞机的初始动量是因为会存在部分飞机质量的反弹；根据原型 F-4 飞机的撞击试验现象可见，飞机碎片主要沿着 RC 板表面飞散，反弹现象不明显，因此只能是最终的冲量值"略微"大于飞机的初始动量；冲量比理论值太大的话虽然对结构破坏更严重，使得结构设计更保守和安全，但是会与试验现象有一定的差别。

为了通过获取飞机撞击力时程曲线来评估其有限元模型的合理性，进行了 3 种客机撞击平面固定 RC 板的数值模拟（F-4 飞机有限元模型的合理性在 4.1 节进行说明），本书仿真得到的 3 种客机的撞击力、Riera 理论计算的 B707-320 的撞击力[15]以及 Sugano 等试验测量的 F-4 Phantom 的撞击力时程曲线[21]，如图 3-19a 所示。可见，由于飞机型号、尺寸、质量及撞击速度不同，导致了撞击持续时间、撞击力整体幅值、峰值荷载大小及其出现时刻存在明显差别，但是撞击力时程曲线的变化规律基本一样，即前段机身撞击导致相对平稳的撞击力，而机翼和引擎的撞击引起明显的荷载峰值，随着飞机动能消耗而引起的速度降低，在后段机身的撞击过程中撞击力逐渐减小。特别是 A320 飞机与 Riera 的 B707-320 飞机在质量和撞击速度方面都较相似，因此其撞击力时程曲线更为接近。可见，建立的 3 种精细化客机模型，虽然与真实飞机不完全一样，但是足以反映飞机撞击平面 RC 板过程中的荷载变化特点。

飞机对平面固定 RC 板的撞击冲量以及对应的飞机初始动量，如图 3-19b 所示：①对于 F-4 Phantom 撞击试验，其撞击冲量小于飞机初始动量并得到了 Riera 函数的折减系数 α＝0.9，具体情况已经在本书第 2 章进行了探讨，此外其 RC 板不是固定的；②对于 Riera 理论计算 B707-320 飞机的撞击力，可见撞击冲量与飞机动量几乎一致，满足无反弹情况下的动量和冲量定理；③对于质量最小的客机 MA600，其撞击冲量与飞机动量也基本一致，没有明显的飞机碎片反弹；④随着飞机质量的增大，A320 飞机的模拟撞击冲量已经大于飞机的初始动量约 12%，表明其碎片反弹效应也随之增强；⑤对于质量最大的 A380 飞机，量值上其模拟冲量明显大于飞机初始动量，在比例上也约为 12%。

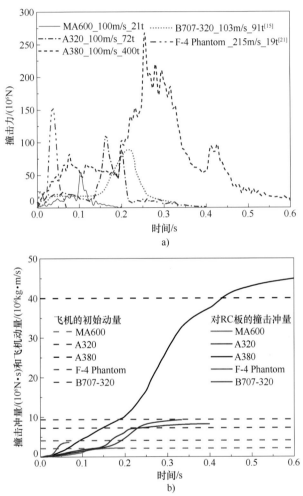

图 3-19　不同飞机对平面固定 RC 板的撞击力和冲量

a）撞击力　b）冲量

综上所述，本书所建立的 3 种客机有限元模型，其撞击力均满足一般的飞机撞击荷载变化规律，并且撞击冲量也满足冲量和动量定理。此外，当撞击速度为 100m/s 时，对于质量较大的飞机（A320 和 A380），其模拟冲量比飞机初始动量高出约 12%，反映了飞机质量的反弹效应，并且对于结构设计是偏于保守和安全的；而对于质量较小的飞机（MA600），飞机碎片的反弹效果并不明显，主要原因在于质量较小的飞机被压碎的程度较小。因此，本书建立的 3 种客机的有限元模型是合理的，F-4 飞机模型的合理性将在 4.1 节通过模拟原型试验进行说明。

3.3　四种核电厂房的精细化有限元模型

为了分析飞机撞击作用下结构的动力响应和损伤破坏，本节建立了 4 种核电厂房的精细化有限元模型，包括单层预应力 RC 安全壳、RC 安全壳与附属厂房、SC 安全壳与附属厂房以及 RC 超高冷却塔。

3.3.1　预应力 RC 安全壳

单层预应力 RC 安全壳，其除了混凝土和钢筋外，还包括预应力钢束和内覆钢板。相关的结构布置和尺寸在互联网上公开获取。在后文的模拟中会进行对比分析，在此进行简要介绍。建立的全尺寸安全壳模型的混凝土和钢衬里，如图 3-20 所示，包含了 60.3 万个混凝土 SOLID 单元和 14.7 万个钢衬里 SHELL 单元。

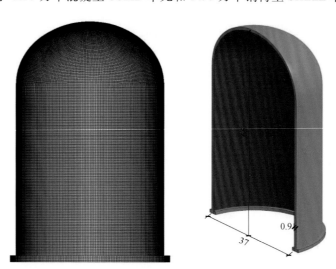

图 3-20　安全壳有限元模型（单位：m）

为了防止混凝土开裂，在壳壁内布置了环向、竖向以及穹顶预应力钢束，其中竖向和穹顶预应力钢束合二为一，并绕过穹顶呈倒 "U" 字形布置，如图 3-21所示，包含了约 25.8 万个钢束 BEAM 单元。环向钢束（19T16 型）共 223 束，每束由 19 根直径 15.7mm 的低松弛钢绞线组成，每束的张拉力为 4000kN；竖向钢束（36T16 型）共 144 束，每束由 36 根直径 15.7mm 的低松弛钢绞线组成，每束的张拉力为 8000kN[163]。由于钢束预应力的施加采用的是后张法，因此需要在 RC 施工的过程中提前埋设管壁厚度约为 3mm 的薄壁钢管（即预应力钢束的管道），等主体结构完工后再进行穿束和张拉。薄壁钢管在预应力系统中起孔道成孔的作用，并不作为主要结构受力构件，其布置形式与钢束一致，共建立了约 145.9 万个套管 SHELL 单元。此外，在壳壁内还布置了两层普通钢筋网，其布置形式和尺寸，如图 3-22 所示，包含了 47.3 万个 BEAM 单元。安全壳有限元模型的局部细节，如图 3-23 所示。

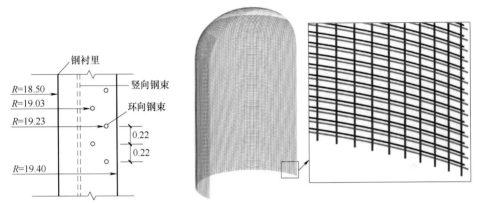

图 3-21　预应力钢束布置图（单位：m）

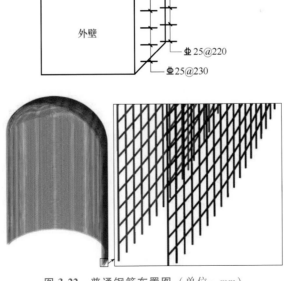

图 3-22　普通钢筋布置图（单位：mm）

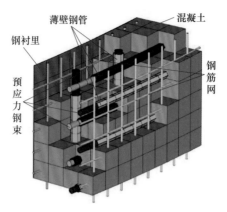

图 3-23   安全壳有限元模型的局部细节

由于钢衬里被牢固地锚定在安全壳内表面，因此在有限元模型中钢衬里和混凝土采用共节点的连接方式；普通钢筋和预应力钢束的套管采用耦合的方式（CONSTRAINED_LAGRANGE_IN_SOLID）与混凝土进行相互作用；而预应力钢束位于套管内，与套管壁采用考虑摩擦作用的自动点面接触（CONTACT_AUTOMATIC_NODES_TO_SURFACE），即钢束可以在套管内滑动；而钢束预应力的施加则是采用 LS_DYNA 中的动力释放方法（CONTROL_DYNAMIC_RELAXATION）。

3.3.2   RC 安全壳与附属厂房

某核电站安全壳为双层结构，内部为壁厚 1.2m 的预应力 RC 结构，外层为壁厚 1.5m 的 RC 结构，两层壳体间隔 1.8m。只分析飞机对外层安全壳的撞击作用，因此也只建立相应的外壳有限元模型，若安全壳的最大挠度小于内、外壳的间隔，则认为内壳不受撞击的直接影响。与下节的单层预应力 RC 安全壳不同，此外壳主要包含混凝土和钢筋，并没有预应力钢束和内衬钢板。为了保证所建立的有限元模型能够完全与实际尺寸一致，将安全壳的图纸 CAD 文件数据导入到 HyperMesh 软件中，可以得到用于建立安全壳模型的二维几何基础，如图 3-24a 所示。由于安全壳为轴对称结构，因此只需要围绕对称轴将 1/2 的二维几何数据旋转一周即可得到安全壳的三维几何形状，如图 3-24b 所示。需要进行说明的是，安全壳的水箱有两处"下沉式"的结构并不是轴对称的，因此需要另外进行几何建模，不能通过旋转二维线条得到，其中一处的水箱结构如图 3-24b 中的蓝色部分所示。

安全壳周围还建造有安全厂房和燃料厂房等，虽然本书关注的重点为飞机对安全壳结构的撞击响应，但是周围的厂房会对安全壳起到一定的约束作用，因此是需要考虑的边界条件。无法通过旋转的方式得到厂房的三维几何体，只能根据 CAD 剖面图逐一确定厂房的一些重要的空间坐标位置，然后根据这些坐标点，建立厂房的几何模型。需要说明的是，由于厂房不是分析的重点，此外仅根据这些剖面图也难以完全反映厂房的所有几何特征，因此仅考虑了厂房的墙和板的结构，且在下面的单元划分中采用壳单元进行模拟，以减少单元的数量。最终建立的安全厂房和燃料厂房的几何模型如图 3-25 所示。

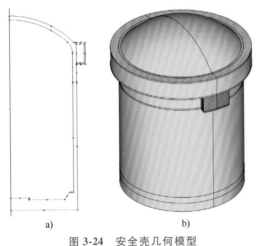

a)   b)

图 3-24 安全壳几何模型

a）二维几何线 b）三维几何面

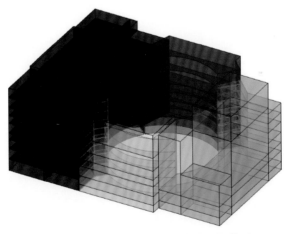

图 3-25 燃料厂房和安全厂房的几何模型

安全壳由混凝土和钢筋网组成，因此对应的有限元单元类型分别为 SOLID 单元和 BEAM 单元。对于混凝土的 SOLID 单元，首先进行不同区域的划分，然后通过 HyperMesh 软件的 3D 网格划分功能即可完成，单元的网格尺寸约为 250mm，在安全壳厚度方向共划分了 6 层（在验证混凝土材料模型时，也是采用同样的尺寸大小，以降低网格尺寸的影响）。钢筋的单元划分，可以通过其在安全壳内的位置信息进行定位，连接定位点即可完成划分钢筋 BEAM 单元。最终建立的安全壳、附属厂房及钢筋网的有限元模型，如图 3-26 所示，共包含 140 多万个 SOLID 单元，300 多万个 BEAM 单元，8 万多个 SHELL 单元。

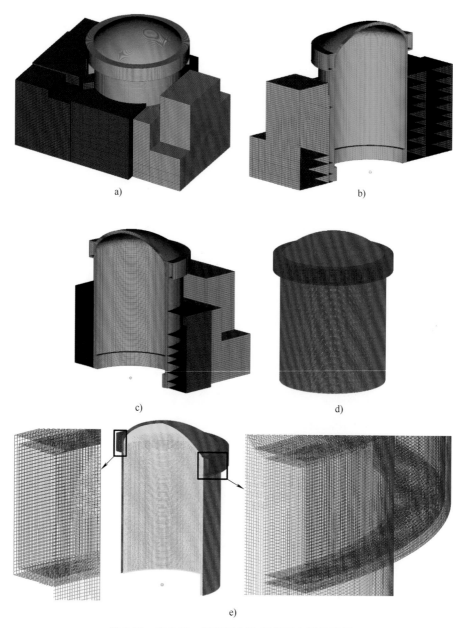

图 3-26　安全壳、附属厂房和钢筋网有限元模型

a）整体图　b）横向剖面图　c）纵向剖面图　d）钢筋网　e）钢筋网细节剖面图

图 3-26 中的安全壳有限元模型没有考虑设备进出口的影响，若在设备进出口对应的位置，将混凝土单元和钢筋单元删除，得到了近似考虑孔洞的安全壳有限元模型，如图 3-27 所示。

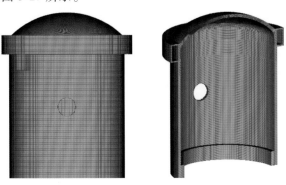

图 3-27　带有孔洞的安全壳有限元模型

3.3.3　钢板混凝土屏蔽与附属厂房

本小节主要关注 AP1000 核电站核反应堆和乏燃料池的防护问题，核反应堆位于安全壳内，乏燃料池位于辅助厂房内。依据 AP1000 资料，建立了 AP1000 安全壳和辅助厂房精细化有限元模型，尺寸及细部构造均参考图纸。其厂房筏基采用大体积混凝土一次性整体浇注技术，防护要求最高的安全壳和附属厂房乏燃料池外墙均采用钢板/混凝土组合结构。

安全壳主要由筒身、进气口、锥形屋面和 PCS 水箱构成。细部结构包含钢筋、牛腿、钢梁和加劲板。筒身处为双层钢板混凝土结构，内含拉筋连接两侧钢板，需要注意的是，安全壳与辅助厂房连接处为 RC。进气口主要位于筒身与锥形屋面连接处，结构含有很多圆形穿管，用于外部冷却空气进入，进气口也是双层钢板混凝土结构，含有对拉钢筋。锥形屋面为单侧钢板混凝土结构，背覆钢板，混凝土内配置钢筋网。PCS 水箱内含钢板，配置钢筋网。在进气口，锥形屋面底端含有加劲板，其中进气口处布置牛腿，用于支撑钢梁，钢梁布置于锥形屋面内侧，起到支撑作用。AP1000 安全壳有限元模型，如图 3-28 所示。

辅助厂房包含主要楼层和乏燃料池，与安全壳相连。根据施工图纸绘制出每一层楼层和乏燃料池的有限元模型，为了尽可能地接近实际建筑物，隔墙和门窗都按照实际尺寸绘制。并且对于重点关注的乏燃料池四周，在可能撞击的乏燃料池西墙和顶部配置了钢筋和钢板，且对于顶部墙体配置了钢梁。AP1000 辅助厂房模型如图 3-29 所示。

安全壳有限元模型和辅助厂房有限元模型构成了 AP1000 有限元模型，如图 3-30 所示。

图 3-28　安全壳有限元模型

a）钢梁　b）钢筋　c）拉筋　d）加劲板　e）主要结构　f）安全壳

3.3.4　RC 超高冷却塔

自然通风式双曲线冷却塔的主要作用是利用循环水释放核能发电产生的热量，从而降低核电设施的高温，同时避免邻近水体受到热污染。建立的 148m 高冷却塔的几何尺寸及精细化有限元模型，如图 3-31 所示。冷却塔底部直径为 108m，顶部直径为 69m。塔壁的厚度从底部到顶部连续变化为 1m 到 0.555m。喉部直径为

32.5m，厚度为 0.2m。塔身由 96 个倾斜的人字柱支撑，柱高为 10m。有限元模型包含约 81.8 万个混凝土 SOLID 单元和 342.8 万个钢筋 BEAM 单元。

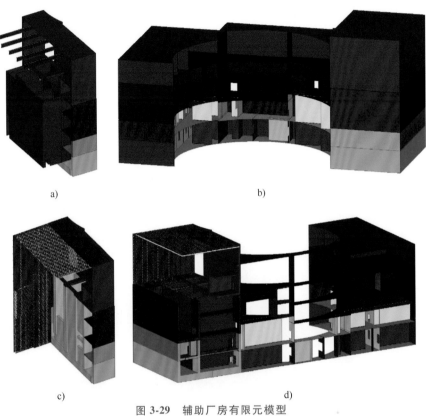

a)　　　　　　　　　　　　　　b)

c)　　　　　　　　　　　　　　d)

图 3-29　辅助厂房有限元模型

a）乏燃料池　b）主要楼层　c）钢筋　d）安全壳剖面图

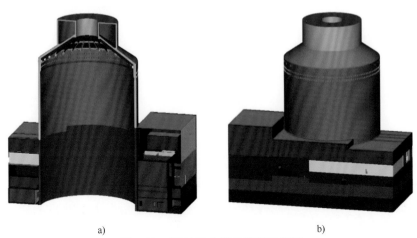

a)　　　　　　　　　　　　　　b)

图 3-30　AP1000 有限元模型示意图

a）剖面图　b）侧视图

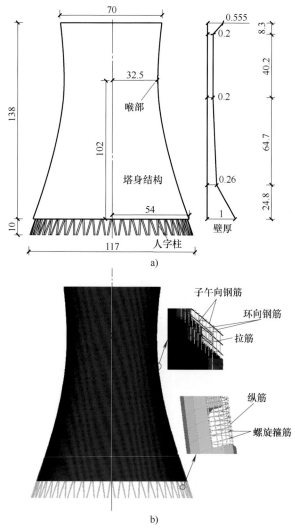

图 3-31　双曲线冷却塔（单位：m）

a）几何尺寸　b）有限元模型

　　冷却塔的塔身和人字柱均为 RC 结构。根据冷却塔的施工特点，塔身从底至顶分为 108 层，每层的塔壁厚度和钢筋参数（间距和直径）都不同。如图 3-32a 所示为塔身的径向剖面图，图中显示了环向钢筋、子午向钢筋和拉筋的布置方式。由于塔身顶部和底部直径大、喉部的直径小，为了增强结构稳定性，顶部和底部的环向和子午向钢筋直径被加大。如图 3-32b 所示为塔身的切向剖面图，绝大多数子午向钢筋跨度为塔身结构的 3 层，为了增强结构的横向稳定，相邻的子午向钢筋上下错开分布在不同的 3 层结构中。塔身结构中所有拉筋的直径为 8mm，间距为 600mm。

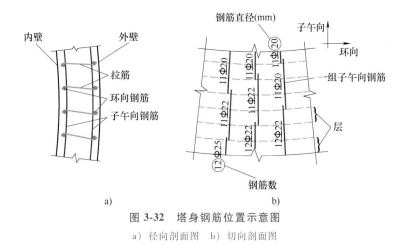

图 3-32　塔身钢筋位置示意图

a）径向剖面图　b）切向剖面图

图 3-33 所示为人字柱的空间布置图和配筋图，每根人字柱内布置 25 根纵筋和两种螺距的螺旋箍筋，柱的顶部和底部布置螺距为 80mm 的螺旋箍筋，而柱中布置螺距为 150mm 的螺旋箍筋，纵筋环向分布在箍筋内。

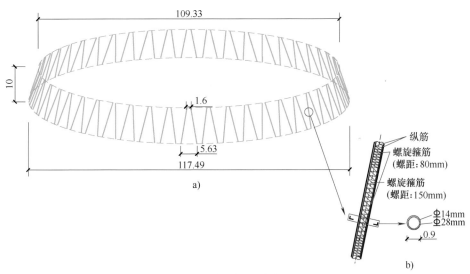

图 3-33　人字柱（单位：m）

a）空间布置图　b）配筋图

3.4　混凝土材料模型验证

要正确地反映撞击作用下核电厂房结构的动力响应，需要对其合理性进行验证，然而目前并没有相关的核电厂房撞击试验或理论计算可供参考，但是本书对其材料本构进行了验证并确定参数。核电厂房最主要的组成部分为大体量的混凝土和钢筋，因此本节主要对这两种材料模型（特别是混凝土模型）进行验证。

3.4.1 核电厂房的材料本构

核电厂房的钢筋、预应力钢束、钢衬里及钢束套管等采用塑性随动硬化模型（MAT_PLASTIC_KINEMATIC）并考虑应变率效应，相关参数见表3-5。

表 3-5 塑性随动硬化材料模型参数

部件	密度/（kg/m³）	弹性模量/GPa	泊松比	屈服强度/MPa
钢束	7850	190	0.29	1480
钢筋	7850	190	0.29	350
钢衬里	7850	210	0.29	300
钢束套管	7850	200	0.29	300

1. 混凝土材料模型 RC 结构

混凝土模型采用考虑应变率效应的连续盖帽模型 MAT_159/MAT_CSCM_CONCRETE[164,165]，其所需输入参数很少并且采用默认设置，混凝土强度等级采用我国的 C50 且密度为 2400kg/m³，选择此混凝土模型的理由在下一节进行具体介绍。该 CSCM 模型通过相乘的方式实现剪切破坏面与硬化压实面（帽盖）的连续、光滑衔接，其屈服函数采用 Schwer 和 Murray 等[166]给出的形式，即

$$Y(I_1, J_2, J_3) = J_2 - \Re(J_3)^2 F_f^2(I_1) F_c(I_1, \kappa) \tag{3-1}$$

式中，$F_f(I_1)$ 是剪切破坏面；$F_c(I_1, \kappa)$ 是帽盖函数（κ 为硬化参数）；$\Re(J_3)$ 是 Rubin 三参数缩减因子，其控制偏平面上的形状为不规则类六边形，每条边为二次抛物线。

剪切破坏面模拟拉伸段和较低围压段，其压缩子午线方程为

$$F_f(I_1) = \alpha - \lambda \exp^{\beta I_1} + \theta I_1 \tag{3-2}$$

材料参数 α、β、λ、θ 通过三轴压缩试验来确定。帽盖硬化面描述为

$$F_c(I_1, \kappa) = \begin{cases} 1 & , I_1 \leq L(\kappa) \\ 1 - \dfrac{[I_1 - L(\kappa)]^2}{[X(\kappa)n - L(\kappa)]^2} & , I_1 \geq L(\kappa) \end{cases} \tag{3-3}$$

$$L(\kappa) = \begin{cases} \kappa & , \kappa \geq \kappa_0 \\ \kappa_0 & , \kappa \leq \kappa_0 \end{cases} \tag{3-4}$$

$$X(\kappa) = L(\kappa) + RF_f(I_0) \tag{3-5}$$

式（3-3）描述椭圆形帽盖［当 $I_1 \geqslant L(\kappa)$］。剪切破坏面与帽盖在 $I_1 = L(\kappa)$ 时相交，κ_0 的值为剪切面与帽盖面初始相交（帽盖未扩展或收缩）时的 I_1 值。帽盖与静水压力轴 I_1 相交于 $I_1 = X(\kappa)$，交点依赖于帽盖的椭圆率 R。当塑性体积压缩发生时，帽盖膨胀［$X(\kappa)$ 和 κ 增大］；当塑性体积膨胀（剪胀）时，帽盖收缩［$X(\kappa)$ 和 κ 减小］，帽盖的这种行为由硬化法则定义为

$$\varepsilon_v^p = W\left[1 - \exp^{(-D_1(X-X_0) - D_2(X-X_0)^2)}\right] \tag{3-6}$$

式中，ε_v^p 是塑性体积应变；W 是最大塑性体积应变；X_0 是帽盖初始位置（$\kappa = \kappa_0$）。帽盖面的 5 个参数 X_0、R、W、D_1、D_2 由静水压缩和一维应变飞片撞击测试确定。

混凝土材料在拉伸以及压缩范围内存在软化现象，CSCM 本构模型中通过损伤参数 d 来反映，同时考虑了受压时的延性损伤和受拉时的脆性损伤。损伤参数 d 是个标量，其对应力的软化作用通过 $\sigma_{ij}^d = (1-d)\sigma_{ij}^{vp}$ 实现，其中 σ_{ij}^{vp} 是无损伤的粘塑性应力张量，σ_{ij}^d 是受损的应力张量。

当材料受压以及能量项 τ_c 超过损伤阈值 τ_{0c} 时延性损伤开始积累，并且 $\tau_c = \sqrt{0.5\sigma_{ij}\varepsilon_{ij}}$，其中 σ_{ij} 是在损伤和应变率作用之前的弹塑性应力，ε_{ij} 是总应变。

当材料受拉以及能量项 τ_t 超过损伤阈值 τ_{0t} 时脆性损伤开始积累，并且 $\tau_t = \sqrt{E\varepsilon_{max}^2}$，其中 E 是弹性模量，ε_{max} 是最大主应变。

随着损伤的积累，损伤参数 d 从 0 增加到最大值 1，所对应的计算公式为

脆性损伤：
$$d(\tau_t) = \frac{0.999}{D}\left[\frac{1+D}{1+D\exp^{-C(\tau_t - \tau_{0t})}} - 1\right] \tag{3-7}$$

延性损伤：
$$d(\tau_c) = \frac{d_{max}}{B}\left[\frac{1+B}{1+B\exp^{-A(\tau_c - \tau_{0c})}} - 1\right] \tag{3-8}$$

损伤参数 d 取同一时刻 $d(\tau_t)$ 和 $d(\tau_c)$ 的最大值，即 $d = \max\left[d(\tau_t), d(\tau_c)\right]$，其余参数是软化曲线的形状参数。

2. 混凝土材料模型 SC（钢板混凝土）**结构**

混凝土模型采用考虑应变率效应的 MAT_084/MAT_Winfrith 材料模型考虑了应变率效应，参数输入简单。混凝土动态强度通过混凝土初始强度乘以强度增长因子得到，其中抗拉强度（E_T）和抗压强度（E_C）增强因子计算公式为

$$\begin{cases} E_T = (\dot{\varepsilon}/\dot{\varepsilon}_{0T})^{1.016\delta}, E_C = (\dot{\varepsilon}/\dot{\varepsilon}_{0C})^{1.026\alpha'} & ,\dot{\varepsilon} \leqslant 30\mathrm{s}^{-1} \\ E_T = \eta\dot{\varepsilon}^{1/3}, E_C = \gamma\dot{\varepsilon}^{1/3} & ,\dot{\varepsilon} > 30\mathrm{s}^{-1} \end{cases} \tag{3-9}$$

式中，$\dot{\varepsilon}_{0T} = 3.0\times10^{-6}\mathrm{s}^{-1}$，$\dot{\varepsilon}_{0C} = 3.0\times10^{-6}\mathrm{s}^{-1}$，$\delta = 1/(10+0.5f_{cu})$，$\alpha' = 1/(5+0.75f_{cu})$，$\lg\eta = 6.933\delta - 0.492$，$\lg\gamma = 6.156\alpha' - 0.492$；$f_{cu}$ 是混凝土的立方体抗压强度。

弹性模量的增强因子 E_E 则取抗压强度和抗拉强度增强因子的平均值，即

$$E_\mathrm{E} = 0.5 \times \left[(\dot\varepsilon/\dot\varepsilon_\mathrm{0T})^{0.016} + (\dot\varepsilon/\dot\varepsilon_\mathrm{0C})^{0.026} \right] \qquad (3\text{-}10)$$

3.4.2 混凝土模型的验证

混凝土材料是由不同的物质混杂而成的多相材料，不像均质的金属，其力学性能比较复杂，而且还非常容易受到生产和浇筑过程的影响，往往带有较大的随机性，这都给分析研究带来了较大的困难。在 LS-DYNA 中有很多混凝土的材料本构模型，例如 MAT_072R3，MAT_084，MAT_096，MAT_111 以及 MAT_159 等，这些混凝土模型的编制背景、考虑的力学准则以及适用的工况等都有一定的差别，根据需要研究的问题来选择合适的混凝土本构模型。

1. RC 采用的 MAT_159

首先要明确本书关注的问题是核电厂房的整体动力响应，并且是在飞机这类结构相对较软而且速度不是很高的物体撞击下的响应，在经过对比分析其他混凝土模型以及结合以往积累的经验，选择 MAT_159 模拟钢筋混凝土是最为合适的，主要原因如下：MAT_159 是美国联邦高速公路管理局（The Federal Highway Administration，FHWA）开发的混凝土 Continuous Surface Cap Model 模型，其编制的背景和初衷是仿真在汽车撞击荷载下混凝土构件的动力响应，模型理论较为完备且经过了大量的试验验证[164,165]。因此，本书优先选用此材料本构模型。

为了验证 MAT_159 的合理性和适用性，下面对单个单元的计算结果进行分析，并且还用该材料模型模拟相关的引擎撞击试验，结果吻合较好。

（1）单个单元计算 对于单个 Solid 单元的计算，材料密度为 2400kg/m³，输入的抗压强度为 50MPa，骨料粒径为默认的 19mm，立方体单元边长为 150mm，得到的单轴压缩和单轴拉伸的应力应变曲线如图 3-34 和图 3-35 所示，以及该模型的 Mises 应力与体积应变的关系，如图 3-36 所示。

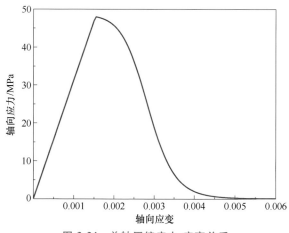

图 3-34 单轴压缩应力-应变关系

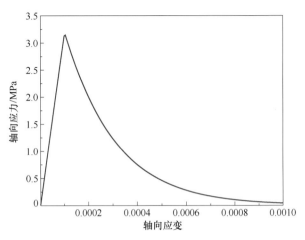

图 3-35　单轴拉伸应力-应变关系

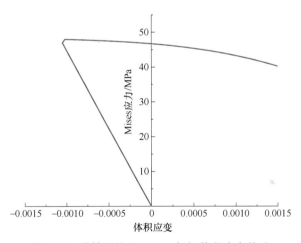

图 3-36　单轴压缩下 Mises 应力-体积应变关系

可以看出，CSCM 模型可预测混凝土的拉压软化行为，与普通混凝土试验观测现象较为一致，并且在 Mises 应力峰值附近开始出现体积膨胀现象，表明其可以预测混凝土的剪胀。此外 CSCM 模型还可以考虑应变率效应、骨料粒径（主要影响损伤算法中的软化脆性）等，适合低速碰撞或拉伸荷载分析。但是相关文献指出其不适用于高围压环境[167]，然而对于飞机撞击核电厂房分析中不存在高围压问题。

（2）模拟引擎撞击试验　在 1.2.2 中 5 介绍了 GE-J79 原型引擎及其缩比模型撞击 RC 板的试验[38, 39]，此试验是在研究飞机撞击的背景下开展的，虽然引擎相对于机身来讲刚度也较大，但是也具有较大的变形和吸能能力。选择原型引擎撞击试验中的第 4 组（编号 L4）进行模拟，只有这组数据结果比较完整，且其 RC 板主要发生的是整体响应。建立的精细化的引擎和 RC 体有限元模型，如图 3-37 和图 3-38 所示。

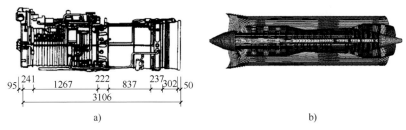

图 3-37　引擎撞击试验的 GE-J79 引擎（单位：mm）

a）原型引擎　b）引擎有限元模型

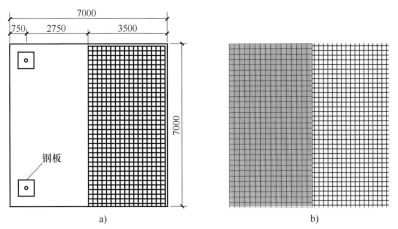

图 3-38　引擎撞击试验的 RC 板（单位：mm）

a）试验 RC 板　b）RC 板有限元模型

引擎模型的合理性是验证混凝土模型的前提和基础。因此，为了检验 GE-J79 引擎有限元模型的合理性，进行了静力压缩试验的数值模拟并与真实试验结果对比，其压缩过程，如图 3-39 所示，压屈力-压屈位移关系以及吸收能量-压屈位移关系曲线对比结果分别，如图 3-40 和图 3-41 所示。可见建立的引擎有限元模型能够较好地反映真实引擎吸收能量的性质，首先验证了引擎模型的合理性。在图 3-41 中可见，对于引擎的吸能能力，数值模拟的结果稍微略低于试验的结果，即引擎的有限元模型吸能能力相对比真实引擎弱，而在撞击过程中引擎的初始动能是一定的，引擎变形破坏所消耗的能量越少，则 RC 板需要负担更多的冲击能量，因此从这个角度看，此引擎的有限元模型对于结构设计是偏于保守的。

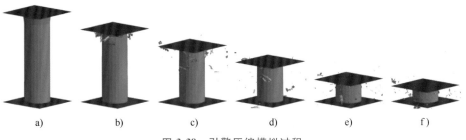

图 3-39　引擎压缩模拟过程

a) 0.0m　b) 0.5m　c) 1.0m　d) 1.5m　e) 2.0m　f) 2.2m

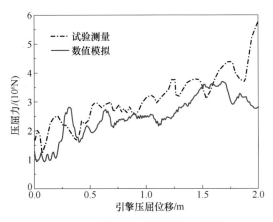

图 3-40　压屈力与压屈位移曲线图

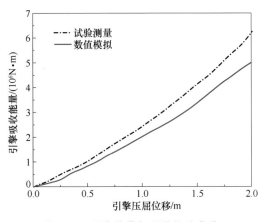

图 3-41　吸收能量与压屈位移曲线

撞击过程中引擎的速度、撞击力时程、撞击中心处钢筋的应变、撞击中心 RC 板的位移分别如图 3-42~图 3-45 所示。由结果对比可见，CSCM 混凝土以及钢筋本构模型的选择以及参数的确定都能较好地模拟试验现象和结果，可以验证混凝土及钢筋模型的合理性。

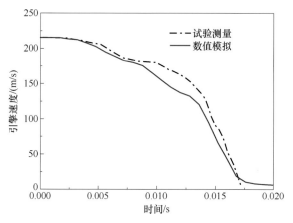

图 3-42　引擎速度时程曲线

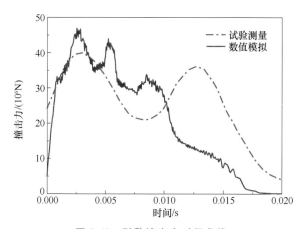

图 3-43　引擎撞击力时程曲线

2. SC 采用的 MAT_084

AP1000 中运用了大量的 SC 结构，SC 结构与 RC 有所区别，且针对变形体撞击 SC 结构的相关试验及数值模拟资料较少，为了选择最合适的混凝土材料模型，本书主要比较 MAT_072R3（K&C）、MAT_084（MAT_Winfrith）和 MAT_159（MAT_CSCM）3 种混凝土本构模型，挑选出一组最能够反应 SC 结构的特点的混凝土本构模型。

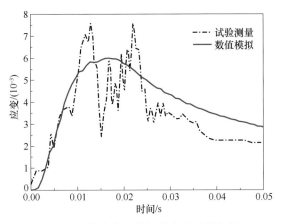

图 3-44　撞击中心处钢筋应变时程曲线

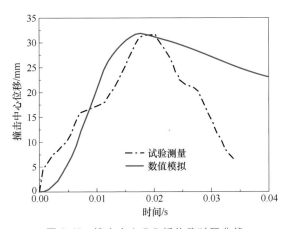

图 3-45　撞击中心 RC 板位移时程曲线

（1）撞击试验　由于 AP1000 核电站安全壳采用的是 SC 结构，需要选择相关试验。2005 年，日本 Kobori 研究中心的 Mizuno 等[48]针对 SC 结构进行了简化缩尺飞机模型的撞击试验。该试验得到了较丰富的试验数据，而被较多学者引用并作为数值模型和算法的校验依据。本节主要基于此试验进行混凝土模型验证。Mizuno 等[48]开展的 1：7.5 飞机模型撞击试验，主要包括两种类型 SC 板：一种为全钢板混凝土（FSC），即混凝土两侧均采用钢板包裹，不配筋；另一种为半钢板混凝土（HSC），即混凝土一侧被钢板包裹，另一侧配置钢筋。钢板的厚度大致为混凝土厚度的 1/100 至 1/70。试验中，飞机模型以约 150m/s 的速度撞向 SC 板中心。试验中混凝土强度和飞机模型撞击速度等参数见表 3-6，其中 SC 板编号 HSC-60 表示混凝土厚度为 60mm 的 HSC 板。

表 3-6　试验参数

SC 板编号	混凝土厚度/mm	混凝土强度/MPa	钢板厚度/mm	撞击速度/(m/s)
HSC-60	60	36.4	0.8	149
FSC-60	60	37.7	0.8	152
HSC-80	80	38.1	1.2	149
FSC-80	80	39.6	1.2	146
HSC-120	120	40.9	1.6	146

飞机模型由大口径空气炮发射，如图 3-46 所示。简化的飞机模型，如图 3-47 所示。图 3-48 给出了 HSC-80 板的钢筋和栓钉布置。

图 3-46　发射装置

注：该图取自参考文献 [48]。

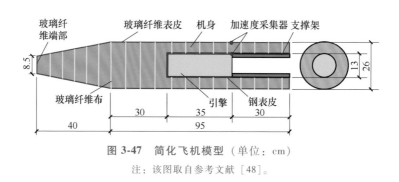

图 3-47　简化飞机模型（单位：cm）

注：该图取自参考文献 [48]。

为提升计算精度，基于网格收敛性分析，确定 SC 板单元尺寸为 5mm×5mm×5mm，考虑到飞机模型和 SC 板均为轴对称，采用 1/4 模型提高计算效率。SC 板四周由螺栓固定，图 3-49 所示为 FSC 和 HSC 板的有限元模型。飞机有限元模型，如图 3-50 所示。

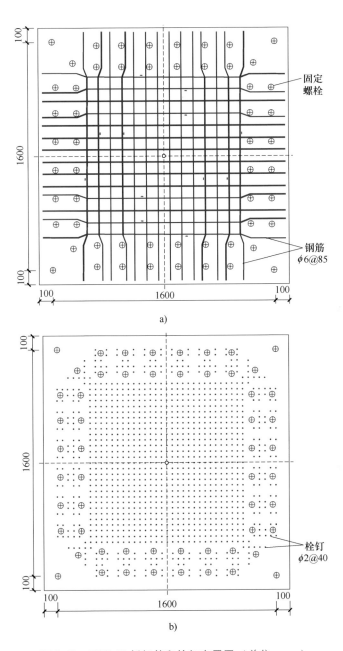

图 3-48　HSC-80 板钢筋和栓钉布置图（单位：mm）

a）正面　b）背面

注：该图取自参考文献［48］。

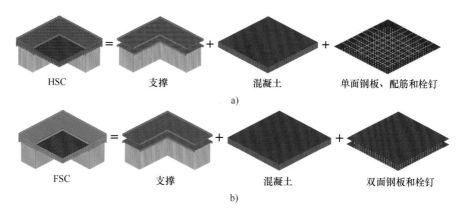

图 3-49 SC 板有限元模型

a）HSC b）FSC

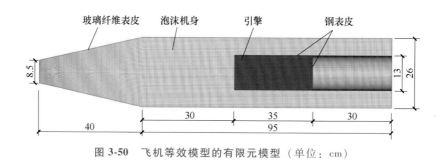

图 3-50 飞机等效模型的有限元模型（单位：cm）

（2）模拟结果与分析 下面分别从撞击过程、SC 板损伤破坏、飞机模型速度变化时程与 SC 板挠度四个方面进行 3 种混凝土本构模型的对比如下。

1）撞击过程。以 FSC-60 板为例，图 3-51 所示为缩尺飞机模型撞击 SC 板不同时刻的试验与数值模拟对比图。可以看出：在 2ms 时，SC 板背面开始出现可分辨的微小翘曲；在 6ms 时，SC 板背面微微隆起，此时内部的引擎已经碰撞到 SC 板，表明局部破坏主要由引擎的硬撞击造成；在 10ms 时，试验中 SC 板已经被贯穿，此时只有 CSCM 模型 SC 板发生了贯穿且有部分混凝土碎片飞出，而 Winfrith 和 K&C 模型 SC 板则处于即将贯穿阶段，SC 板后覆钢板已经开裂；在 20ms 时，SC 板已经完全被贯穿并伴有混凝土碎片飞出，其中 Winfrith 和 K&C 模型 SC 板发生冲切破坏，有大块混凝土飞出。Winfrith 模型 SC 板的后覆钢板开裂最严重，与试验现象吻合最好，K&C 模型 SC 板其次，而 CSCM 模型 SC 板后覆钢板开裂最不明显。贯穿后飞机模型的机身部分几乎完全破碎，引擎发生了一定的压缩变形。

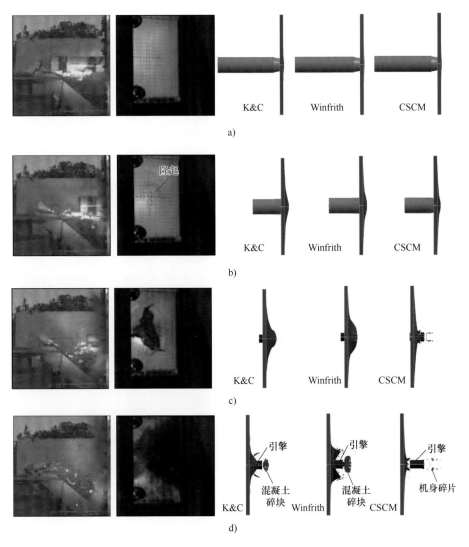

图 3-51　飞机模型撞击 **FSC-60** 板不同时刻的试验与数值模拟结果对比

a）2ms　b）6ms　c）10ms　d）20ms

2）SC 板损伤。图 3-52~图 3-55 分别给出了试验中 FSC-60、FSC-80、HSC-80、HSC-120 板的破坏形态与三种混凝土模型数值模拟结果对比。由于 FSC-80和 HSC-120 板背面在试验和模拟中均未出现贯穿现象且挠度很小，所以未给出其背面图片。对比图 3-52a 和 b，可以看出，SC 板正面损伤小于背面损伤，K&C和 Winfrith 模型 SC 板冲切现象较为明显。如图 3-54b 所示，K&C 模型 SC 板背面挠曲最明显，Winfrith 模型其次，CSCM 模型最不明显。对比图 3-54 和图 3-55，可以看出，HSC-120 板损伤明显小于 HSC-80 板，说明增加混凝土厚度能够有效地减少损伤，提升结构安全性。

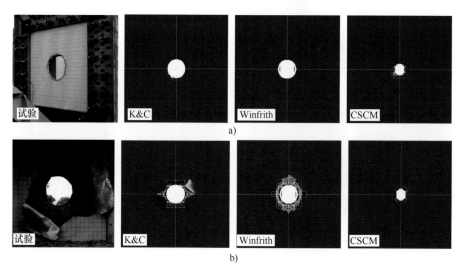

图 3-52　FSC-60 板试验破坏与数值模拟结果对比

a）正面　b）背面

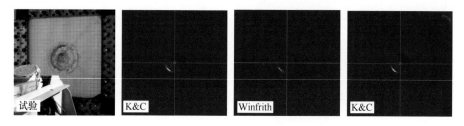

图 3-53　FSC-80 板试验破坏与数值模拟结果对比

3）SC 板挠度。在 3 种类型的 SC 板撞击试验中，背部钢板最大挠度曲线的试验与数值模拟结果如图 3-56 所示，图中横坐标表示测量点距 SC 板中心的距离，两条试验曲线分别为两个高速摄像机记录的结果，图 3-56b 还包括一组位移计测量的试验结果。可以看出：撞击区域的挠度最大，且距离撞击中心越远挠度越小；K&C 模型在表征 FSC 结构的挠度特性方面与试验结果吻合较好，然而对于 HSC-80 贯穿的预测结果偏大；CSCM 模型 SC 板的挠度比试验结果小，且其挠度曲线存在明显的拐点，即在撞击区域与非撞击区域存在明显的转折点，表明在此工况模拟中 CSCM 模型存在不足。综合比较，Winfrith 模型预测的 SC 板挠度曲线与试验结果吻合最好。

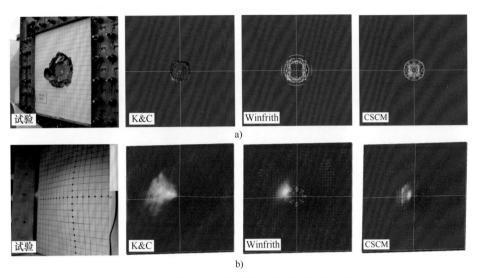

图 3-54　HSC-80 板试验破坏与数值模拟结果对比

a）正面　b）背面

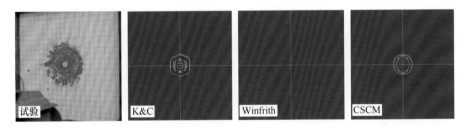

图 3-55　HSC-120 板试验破坏与数值模拟结果对比

4）残余速度。图 3-57 所示为在 3 种类型的 SC 板撞击试验中，飞机模型的机身和引擎速度时程的试验数据和数值模拟计算结果（对于 HSC-120 板试验没有给出相关速度数据，在此不进行对比）。如图 3-47 所示，试验中速度传感器分别放置于引擎尾部和同一截面的机身中，因此在数值模拟中选取引擎尾部单元的速度均值。此外，由于机身材料强度小，在撞击过程中几乎完全破坏，因此选取整个机身作为一个部件提取其速度。

由图 3-57a 可以看出，对于 FSC-60 板：在 0~5.5ms，机身与 FSC-60 板发生碰撞，由于机身材料强度较低，飞机速度的衰减较为缓慢；5.5ms 时，引擎与 FSC-60 板开始发生碰撞，导致其速度快速下降，由于飞机模型中机身与引擎通过导线相连，引擎与机身强度相差较大，所以引擎速度下降速率高于机身；7.5ms 时，引擎贯穿 FSC-60 板，以较平稳的速度继续飞行，其中 CSCM 模型

127

FSC-60 板预测的引擎残余速度偏大，而 K&C 和 Winfrith 模型预测结果与试验吻合较好。

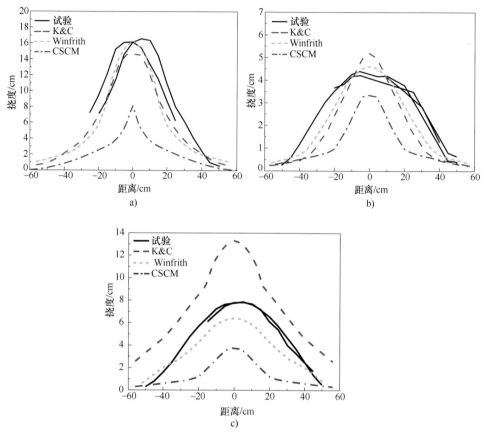

图 3-56　不同类型 SC 板背面挠度试验与数值模拟结果对比

a）FSC-60　b）FSC-80　c）HSC-80

　　由图 3-57b 和 3-57c 可以看出：引擎在 7ms 后速度已经降为零，表明 SC 板没有被贯穿；引擎的速度时程曲线与试验吻合较好，由于数值模拟中机身数据测量与试验中不一致，所以二者有一定误差；对于机身完全破坏前的速度，模拟结果与试验吻合较好。由于试验采集的数据有限，得到的引擎速度时程曲线不完整，但是试验结果和模拟曲线的总体趋势比较接近。此外，对于 K&C 和 Winfrith 模型 SC 板，在 7ms 时引擎速度曲线发生转折，其原因在于此时 SC 板撞击区域混凝土发生冲切破坏，钢板未被贯穿。

　　综上所述，Winfrith 模型在模拟飞机模型软撞击 SC 结构时，总体上要优于 K&C 和 CSCM 模型，且与试验结果吻合很好。这说明在模拟 SC 结构时，Winfrith 模型在表现混凝土的特性方面是比较优良的。

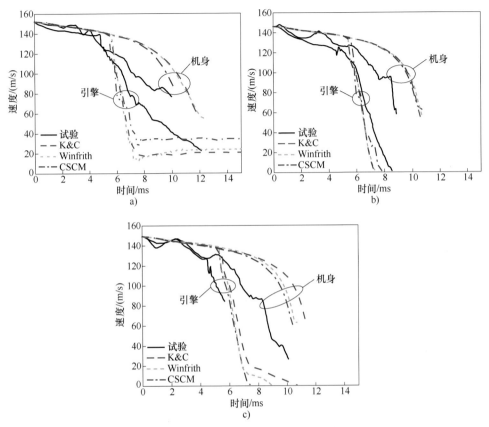

图 3-57　飞机模型速度时程的试验数据和模拟结果对比

a) FSC-60　b) FSC-80　c) HSC-80

3.5　本章小结

为采取数值模拟方法分析飞机对核电厂房的撞击破坏作用，本章首先建立了精细化的飞机与核电厂房有限元模型，并进行了模型及参数合理性的验证，为下一章的撞击模拟分析做准备。

1）为了增强分析的全面性，考虑了两种大型飞机和两种小型飞机，分别为用于国际航线飞行的质量最大的空客 A380、用于中远程航线且数量相对最多的空客 A320、开展原型飞机撞击混凝土结构试验的 F-4 飞机以及用于国内中短途支线的新舟 MA600，建立了对应的精细化有限元模型。

2）为了提高分析结果的准确性，对飞机有限元模型的合理性进行了评估，但是并没有采用相关文献中的基于修正的 Riera 函数和撞击冲量来调整材料失效参数，而是根据第 2 章的探讨结果，采取了更简便、合理与实用的评估方法，即飞机撞击平面固定 SC 板的荷载变化规律以及飞机撞击冲量与初始动量的对比，结果表明本书的 3 种商用客机模型是合理可靠的，F-4 飞机模型的合理性将在 4.1 节通过模拟原型试验进行说明。

3）为分析不同结构的动力响应和损伤破坏，建立了 4 种具有代表性的核电厂房的精细化有限元模型，单层预应力 RC 安全壳、RC 安全壳与附属厂房、SC 混凝土安全壳与附属厂房以及 RC 超高冷却塔。

4）混凝土和钢筋是核电厂房的主要构成材料，特别是大体量的混凝土，直接影响飞机撞击作用下核电厂房的动力响应，为了验证混凝土材料模型和参数的合理性，针对 RC 和 SC 结构，分别基于适当的试验开展了模拟验证工作，为提高模拟结果的准确性奠定了基础。

第 4 章　飞机撞击核电厂房的数值模拟分析

基于第 3 章建立并验证的 4 种飞机与 4 种核电厂房的精细化有限元模型，本章采用 LS-DYNA 软件进行不同撞击工况的数值模拟分析，主要包括 F-4 飞机撞击试验、F-4 撞击预应力 RC 安全壳、空客 A320 撞击预应力 RC 安全壳、空客 A380 撞击 RC 安全壳、3 种商用飞机撞击预应力 RC 安全壳的对比分析、空客 A380 撞击 SC 安全壳与附属厂房以及空客 A320 和 A380 撞击 RC 冷却塔。

4.1　F-4 飞机撞击试验的数值模拟

针对 1993 年报道的美国 Sandia 国家试验室和日本 Kobori 研究所共同开展的 F-4 Phantom 原型飞机撞击 RC 板的试验[21]，本节进行模拟分析，相关的试验设置见文献 [21] 或本书 1.2.2 和 2.2.1 小节中相关内容。建立的精细化 F-4 飞机有限元模型见 3.1.1 小节所示，RC 板模型如图 2-25 所示。

4.1.1　撞击现象

试验记录的 F-4 飞机撞击 RC 板的现象如图 4-1a 所示，数值模拟得到的对应结果，如图 4-1b 所示，可见两者基本吻合较好。在 F-4 飞机与 RC 板接触后，随着撞击过程的推进，自机头开始被逐渐压屈破碎和飞散（飞散方向主要垂直于 RC 板前表面法线，没有发生明显的反弹），暂未撞击到 RC 板的机身后部结构基本保持完整（飞机相对于 RC 板刚度很小，机身结构被依次压屈破坏），虽然 RC 板在撞击方向上可自由移动（空气轴承使底部摩擦力很小），但是由于 RC 板质量约为飞机总质量的约 25 倍，因此 RC 板没有发生较大的移动。

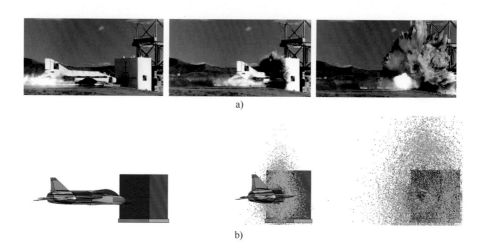

图 4-1 F-4 飞机撞击 RC 板的现象

a）试验记录 b）模拟结果

4.1.2 撞击力

试验测量与数值模拟得到的 F-4 飞机的撞击力及撞击冲量的时程曲线如图 4-2所示，可见试验数据与模拟结果的变化规律基本相同，需要说明的是：①图 4-2中试验撞击力的获得方法为 RC 板质量与 RC 板加速度的乘积（间接方法），虽然可认为 RC 板质量不变，但是 RC 板加速度数据的确定经过了平均及滤波光滑处理，一方面峰值被削减，另一方面是撞击持续时间也被缩短，最终导致其撞击冲量降低；②F-4 飞机的初始动量为 $4.085 \times 10^6 \mathrm{kg \cdot m/s}$，试验得到的撞击冲量只有 $3.641 \times 10^6 \mathrm{N \cdot s}$，根据冲量的对比，文献［21］为原始的 Riera 函数引入了折减系数 $\alpha = 0.9$，相关讨论分析见本书第 2 章；③数值模拟中撞击力的获取方法为从飞机与 RC 板的接触面提取（直接方法），撞击冲量为 $3.988 \times 10^6 \mathrm{N \cdot s}$，比 F-4 飞机的初始动量小了约 2.4%，这是由于外侧部分机翼没有撞击到 RC 板（断裂后携带动量继续飞行）等原因造成的；④模拟得到的撞击力时程曲线更真实，对比 F-4 飞机的真实质量分布图 2-28 可知，试验撞击力在 0~0.01s 的撞击力与其质量分布相悖，而模拟撞击力与其质量分布吻合较好。

4.1.3 RC 板速度和位移

试验测量与数值模拟得到的 RC 板速度和位移时程曲线，如图 4-3 所示，可见试验数据与模拟结果的变化规律基本相同。需要说明的是：①试验中 RC 板的速度是采用固定在其上的速度传感器测量，代表的是传感器安装处的速度，由于 RC 板并非刚体而无法完全代表整个板的平均速度，因此曲线有一定的振荡；模拟中 RC 板的速度为整个 RC 板的平均速度，因此变化更为光滑；②相对于变化较为剧烈的加速度和速度而言，RC 板的位移变化更为稳定（受外界因素的影响更小，抗干扰性更强），在测量结束时（0.08s）其试验值与模拟值基本完全相同，说明了该模拟的合理性与可靠性。

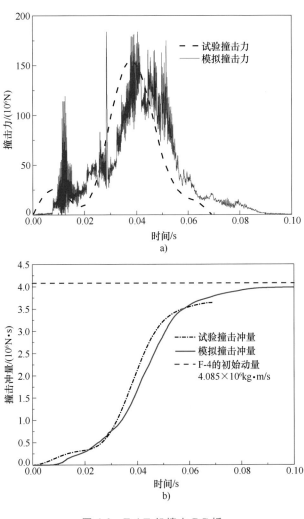

图 4-2　F-4 飞机撞击 RC 板

a）撞击力　b）撞击冲量

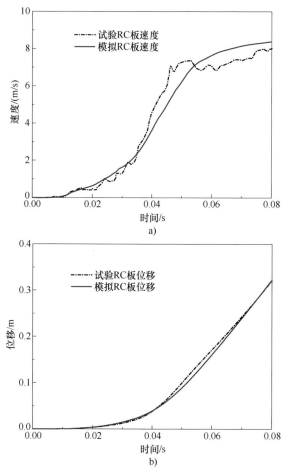

图 4-3　F-4 撞击试验中 RC 板的速度和位移时程曲线

a）速度　b）位移

F-4 撞击预应力 RC 安全壳

　　基于第 3 章建立的精细化 F-4 飞机和单层预应力 RC 安全壳有限元模型，采用耦合方法对撞击全过程进行了数值模拟分析。设置典型的撞击工况为：撞击高度在筒身高度的约 2/3 处（30m），此处为筒身最危险的位置[118]；撞击速度为 215m/s，与 F-4 撞击试验中的速度一致；考虑最严重的撞击效果，设置水平撞击且速度指向壳体的轴线；安全壳的壳体壁厚为 900mm，配筋率为实际的 0.32%，钢束预应力为环向 $4×10^6$N/竖向 $8×10^6$N。

4.2.1　撞击现象

F-4 飞机的长度约为 18m，根据撞击速度 215m/s，设置撞击计算时间为 0.1s，4 个不同时刻的撞击现象如图 4-4 所示。由图 4-4 可见，在 0.025s 时，F-4 的头部已经被压碎，但油箱还没有撞击到结构；在 0.05s 时，油箱破裂导致燃油泄露，而机翼还没有完全撞击到结构；0.075s 时机翼以及油箱基本完全被压碎，飞机损毁严重，燃油大面积抛洒；在 0.10s 时，F-4 飞机已经完全破碎，碎片四处飞散。

图 4-4　F-4 撞击安全壳的现象

4.2.2　撞击力

图 4-5 所示为 F-4 飞机对 4.1 节中 RC 板以及本节中圆筒形预应力 RC 安全壳的撞击力以及撞击冲量时程曲线，可见不同的结构形式对于撞击力有较为明显的影响：①在 0~0.03s，主要是横截面积较小的机头部位撞击结构，结构形状对撞击力的影响还不明显；②在 0.03~0.06s，F-4 对安全壳的撞击力相对其撞击平面 RC 板时较低，这是由于圆筒形安全壳对飞机的碎片（特别是燃油）具有一定的分解作用，即飞机的能量没有全部被结构吸收而是其中一部分能量被分散到结构两侧；③在 0.06~0.09s，F-4 对安全壳的撞击力略低于其撞击平面 RC 板的值，这是由于安全壳是圆筒形的，外侧机翼撞击到安全壳需要更长的时间；④由于圆筒形安全壳的分解作用，F-4 对其撞击冲量约为撞击平面 RC 板冲量的约 78.7%。

4.2.3　安全壳结构响应

本小节从混凝土损伤、钢衬里应变和撞击中心位移 3 个方面简要分析在 F-4 飞机撞击下预应力 RC 安全壳的结构响应。

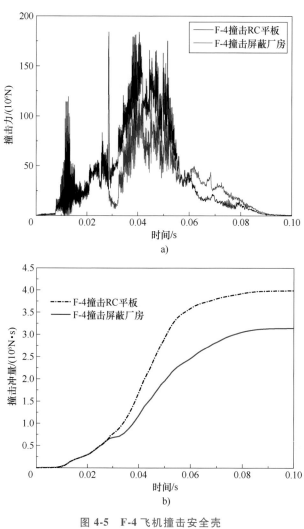

图 4-5　F-4 飞机撞击安全壳

a) 撞击力　b) 撞击冲量

1. 混凝土损伤

不同时刻安全壳混凝土的损伤，如图 4-6 所示，可见：①在 0.025s 时，由于仅 F-4 飞机的头部撞击到结构，撞击力相对较小，因此混凝土的损伤仅集中在撞击中心；②随着机翼、燃油和油箱撞击到结构，混凝土的损伤区域进一步扩大；③在 0.075s 以后，由于撞击力已经明显降低，混凝土的损伤区域和程度也没有再明显增大。

2. 钢衬里应变

内覆钢衬里的等效塑性应变云图，如图 4-7 所示，可见在 0.025s 时钢衬里还处于弹性阶段，随着撞击过程的推进其等效塑性应变值逐渐增大且不可恢复，在 0.1s 时最大值为 2.696e-02；此外，由于 F-4 飞机的尺寸及总撞击能量较小，因此钢衬里的塑性区面积相对较小，仅集中在撞击中心处。

图 4-6　安全壳混凝土的损伤

图 4-7　安全壳钢衬里的等效塑性应变

3. 撞击中心位移

撞击中心处安全壳的位移时程曲线，如图 4-8 所示，可见：①由于在撞击开始之前对钢束施加了预应力，因此在零时刻安全壳已经出现了约 10mm 的收缩变形；②随着撞击力的迅速增加，挠度变形也随之快速增大，在约 0.07s 时达到最大值约 420mm；③随后，由于撞击力的减小、预应力钢束的拉紧作用以及材料本身的弹性，变形出现了少量的恢复。

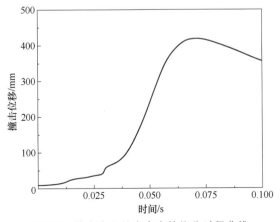

图 4-8　撞击中心处安全壳的位移时程曲线

4.3 空客 A320 撞击预应力 RC 安全壳

在飞机撞击作用下，安全壳结构整体响应最具有代表性的指标是挠度变形。数值模拟分析虽然几乎可以模拟各种工况，考虑不同的影响因素。例如，飞机撞击速度、角度，以及安全壳的壁厚、钢筋配筋率和钢束预应力等，但是每一个算例仍需要消耗数十个小时，并且在有限元模型上也需要进行一定的改动，因此相对比较烦琐。为了更快地估算飞机撞击作用下壳体的挠度变形，本节将基于大量的数值模拟分析结果，并采用数据拟合与组合的方式，尝试建立一个可以考虑不同撞击因素的最大挠度计算公式。

基于第 3 章建立的精细化空客 A320 飞机和单层预应力 RC 安全壳有限元模型，采用耦合方法与非耦合方法对撞击全过程进行了数值模拟分析，典型的撞击工况及安全壳结构与 4.2 节中一致。

4.3.1 撞击现象

撞击计算时间为 0.2s，4 个不同时刻的撞击现象，如图 4-9 所示。由图 4-9 可见：在 0.05s 时，飞机的头部已经被压碎；在 0.10s 时，飞机油箱已经撞击到安全壳，油箱破裂导致燃油开始喷出；0.15s 时机翼以及油箱基本完全被压碎，飞机损毁严重，燃油大面积抛洒；在 0.20s 时，撞击过程基本结束，飞机已经完全破碎，碎片四处飞散。

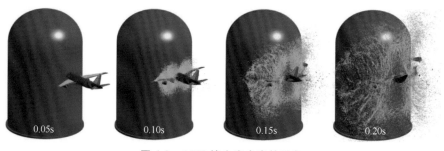

图 4-9　A320 撞击安全壳的现象

4.3.2 撞击力

空客 A320 飞机的不同结构（将整架飞机分为：机身、两台引擎和主机翼）对安全壳的撞击力，如图 4-10 所示，结果表明：①机身的撞击力幅值相对较小，但是持续整个撞击过程，并且有 4 个明显的撞击峰值分别对应着机头处（点 A）、机翼与机身的连接结构处（点 B）、起落架处（点 C）和飞机的尾部（点 D）；②引擎的撞击持续时间最短，仅为约为 0.03s，其峰值约为 $60×10^6$N，与主机翼的峰值出现时刻基本一致；③主机翼的持续时间段为 0.05 ~ 0.15s，在约 0.06s 时由于主机翼以及内部的燃油和油箱撞击，撞击力快速地达到了峰值约 $165×10^6$N；此外，在约 0.125s 时出现了一个相对较小的峰值（$54×10^6$N），这是由于断裂机翼的外部才撞击到圆筒形的安全壳所致，如图 4-11a 所示。而对于平面固定板，板形状使得整个机翼几乎同时撞击到板迎撞面，如图 4-11b 所示，不会出现机翼断裂后陆续撞击的现象，因此也会导致其撞击力峰值更大。

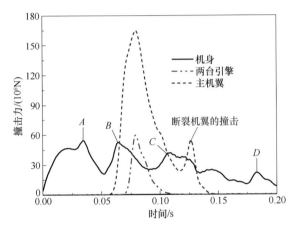

图 4-10　空客 A320 飞机不同结构的撞击力时程曲线

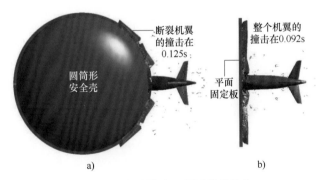

图 4-11　机翼撞击不同形状的结构
a）圆筒形安全壳　b）平面固定板

4.3.3　安全壳结构响应

前述已经得到 A320 飞机 3 个不同部件撞击安全壳的荷载时程，此外可以通过投影确定飞机在安全壳上的撞击区域，因此也可以用荷载时程分析法进行非耦合分析。本小节将采用耦合与非耦合的方法分析安全壳的结构响应。

安全壳混凝土的损伤，如图 4-12 所示，可见随着撞击过程的推进，混凝土的损伤程度越来越大，且采用非耦合方法预测的损伤程度明显偏小。

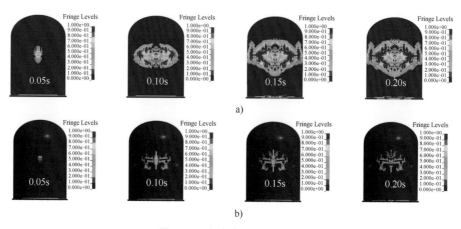

图 4-12　安全壳混凝土损伤

a）耦合方法　b）非耦合方法

内覆钢衬里的等效塑性应变，如图 4-13 所示，对于耦合方法和非耦合方法，最大塑性应变分别积累到约 0.1s 和 0.02s，存在显著的差别。此外，最后的损伤形状和区域也有明显的差别，耦合方法计算的结果以横向为主且更接近椭圆形，而非耦合方法计算的结果主要集中在撞击处的竖向区域。

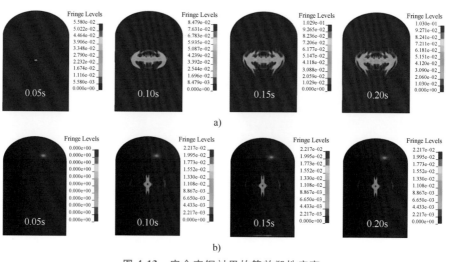

图 4-13　安全壳钢衬里的等效塑性应变

a）耦合方法　b）非耦合方法

图 4-14 所示为外层钢筋网的等效塑性应变，其损伤形状和区域与钢衬里类似，且非耦合方法计算的结果明显偏小。

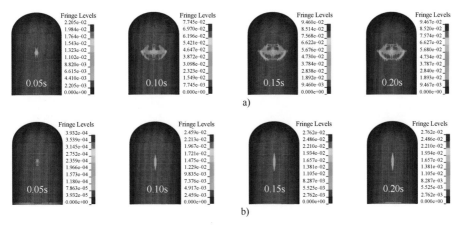

图 4-14　安全壳外层钢筋网的等效塑性应变
a) 耦合方法　b) 非耦合方法

预应力钢束的长度变化示意图，如图 4-15 所示，由于钢束是预埋在混凝土中的，因此钢束也会随之移位。由于钢束在套管内可以滑动，因此环向的钢束会变得相对松弛，而竖向钢束会被拉得更紧。因此，环向钢束的轴力会减小（图 4-16），而竖向钢束的轴力会增加（图 4-17），且耦合方法计算的结果变化相对更大。

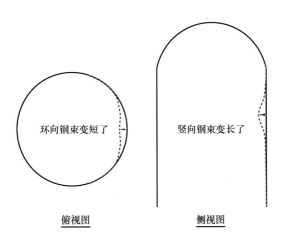

图 4-15　预应力钢束的长度变化示意图

撞击中心处的安全壳挠度位移曲线，如图 4-18 所示，可见：①由于在撞击开始前就对钢束施加了预应力，因此出现了约 10mm 的初始挠度；②约 0.07s 之后，随着撞击力的迅速增加，挠度变形也随之快速增大；③耦合方法计算的最大挠度约为 860mm，而非耦合方法的计算结果仅约为 160mm，明显偏小；④随后，由于撞击力的减小、预应力钢束的拉紧作用以及材料本身的弹性，变形出现了少量的恢复。

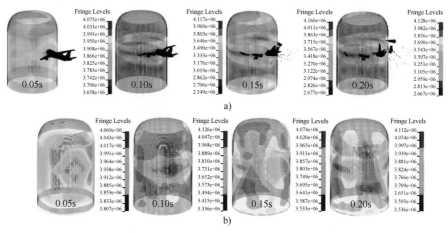

图 4-16　环向钢束的轴力变化（单位：N）

a）耦合方法　b）非耦合方法

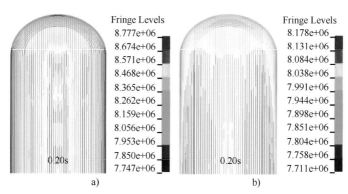

图 4-17　竖向钢束的轴力（单位：N）

a）耦合方法　b）非耦合方法

4.3.4　最大撞击挠度预测

基于大量的参数化分析，关注各种工况下的安全壳最大挠度变形，本小节提出了可以预测最大挠度的计算公式。

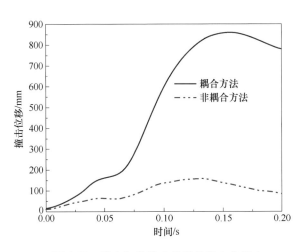

图 4-18　耦合与非耦合分析的撞击位移

1. 主要影响因素的参数化分析

在参数化分析中考虑的因素有撞击位置（图 4-19a）、角度（图 4-19b）、速度（图 4-19c）、安全壳壁厚、配筋率、钢束预应力。基准工况是撞击高度 30m、角度 0°、速度 215m/s、壁厚 0.9m、平均配筋率 0.32% 和钢束预应力环向 $4 \times 10^6 N$/竖向 $8 \times 10^6 N$。

图 4-20 所示为不同因素单一影响下的安全壳挠度时程曲线。对于撞击位置，如图 4-20a 所示：①P_1 位置距离基础较近，因此受到的约束也较强，其最大挠度小于 680mm；②随着撞击高度的增加，P_2 位置受到的约束减弱，其最大挠度约为 795mm；③P_3 位置位于筒体高度的约 2/3 处，受到基础和穹顶的约束均较小，最大挠度约为 860mm；④P_4 位置虽然距离基础更远，但是穹顶的横向刚度较大，对于附近结构的约束较强，因此 P_4 的最大挠度比 P_3 小，约为 780mm；⑤P_5 位置正好位于穹顶和筒体的交接处，穹顶的横向约束作用更强，因此其最大挠度更小，约为 480mm；⑥P_6 位置则距离穹顶和筒体交接处更远一些，因此其比 P_5 的最大挠度更大，约为 550mm；⑦对于位置 P_7，虽然其最大挠度达到了约 885mm，是这些位置中最大的，但是这种撞击工况在实际中几乎是不可能的。同时，可见随着撞击位置的变化，安全壳的最大挠度变化规律并不明显。

对于其他 5 种因素的撞击工况，如图 4-20b~f 所示，体现了更明显的变化规律：随着撞击角度、壁厚、配筋率和预应力的增加，最大撞击挠度随之减小，而撞击速度越大则会导致更大的挠度变形。

143

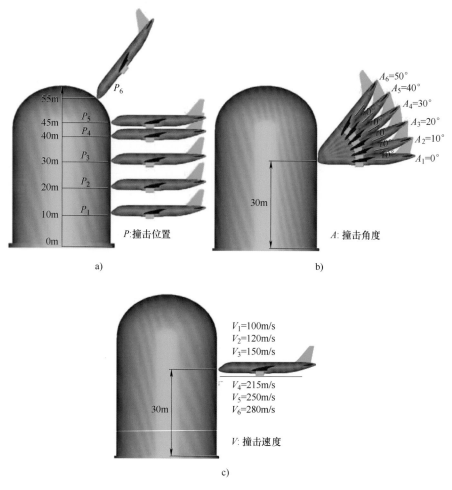

图 4-19　来自飞机方面的影响因素

a）撞击位置　b）角度　c）速度

2. 提出的最大挠度预测公式

对于上述多种因素，除了变化规律不明显的撞击位置，作者对最大撞击挠度的参数化模拟结果进行了拟合，如图 4-21 所示，横坐标为输入值与基准工况取值的比值，纵坐标为计算的最大挠度与基准工况下的最大挠度 860mm 的比值。对应的拟合公式见式（4-1）。

角度

$$C(\alpha)=\frac{9.806\times10^{-4}\alpha^3-0.1159\alpha^2-2.238\alpha+425}{\alpha+425},0°\leqslant\alpha\leqslant50° \qquad (4\text{-}1a)$$

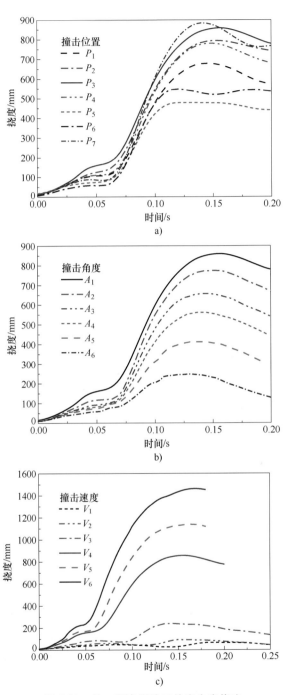

图 4-20　单一因素影响下的安全壳挠度

a）撞击位置　b）撞击角度　c）撞击速度

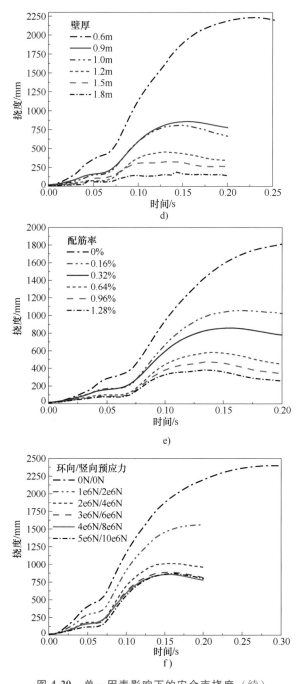

图 4-20 单一因素影响下的安全壳挠度（续）

d）壳体壁厚 e）钢筋配筋率 f）钢束预应力

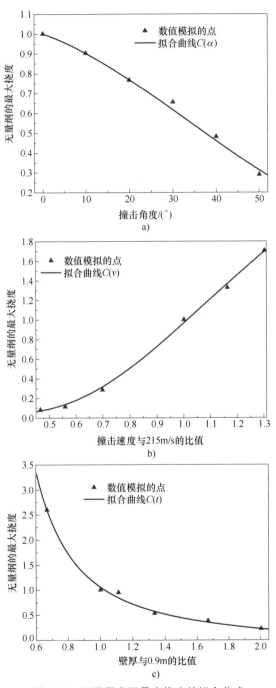

图 4-21　不同因素下最大挠度的拟合公式

a）撞击角度　b）撞击速度　c）壳体壁厚

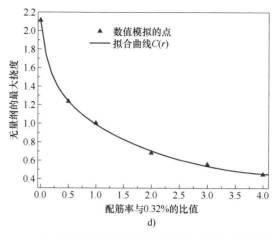

d)

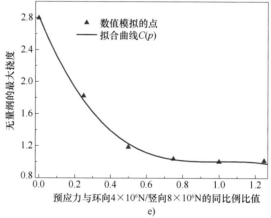

e)

图 4-21 不同因素下最大挠度的拟合公式（续）

d）钢筋配筋率   e）钢束预应力

速度

$$C(v) = \frac{1.378v^3 - 0.964v^2 + 0.2297v}{v^2 - 1.173v + 0.8374}, 0.45 \leq v \leq 1.3 \qquad (4\text{-}1\text{b})$$

壁厚

$$C(t) = \frac{-0.1638t^3 + 0.858t^2 - 1.802t + 1.86}{t - 0.2845}, 1 \leq t \leq 2 \qquad (4\text{-}1\text{c})$$

配筋率

$$C(r) = \frac{3.637 \times 10^{-2}r^3 - 0.3163r^2 + 1.056r + 0.3961}{r + 0.1878}, 0 \leq r \leq 4 \qquad (4\text{-}1\text{d})$$

预应力

$$C(p) = \frac{-3918p^3 + 11810p^2 - 11820p + 6100}{p + 2170}, 0 \leq p \leq 1.2 \qquad (4\text{-}1\text{e})$$

当基于基准工况变化某一因素时，上述公式可以较好地预测结果，但是在实际工程的设计时适用性不高，因为其会涉及更多因素的组合问题。在此，我们先假设上述的 5 种因素之间是相互独立的，可以得到式（4-1a）~式（4-1e）简单相乘的式子为

$$D(\alpha, v, t, r, p) = C(\alpha) \cdot C(v) \cdot C(t) \cdot C(r) \cdot C(p) \cdot 860\text{mm} \qquad (4\text{-}2)$$

为了检验这种假设是否合理，作者随机构成 10 种计算工况，一方面采用数值模拟的方法进行耦合分析，另一方面采用式（4-2）进行计算，对比两者的最大撞击挠度结果，见表 4-1。可见，偏差的范围在 −11.4% ~ 17.3%，表明两者预测的结果吻合较好。同时也表明上述影响因素之间的相关性不大，较为独立。因此，提出的式（4-2）可以较好地预测同时考虑上述 5 种因素变化的计算工况。此外，从工程设计的保守性和安全性考虑，建议对式（4-2）的计算结果引入增大系数，例如 1.2。

表 4-1　数值模拟与计算公式预测的最大撞击挠度

编号	角度 /(°)	速度 /(m/s)	壁厚 /m	配筋率 (%)	预应力/(10^6N)		最大挠度/mm		偏差 (%)
					环向	竖向	式（4-2）	模拟	
1	0	140	0.9	0.96	4.4	8.8	118	115	2.3
2	0	180	0.9	0.224	2.8	5.6	618	589	4.9
3	0	250	0.9	0.48	2.4	4.8	1134	1062	6.8
4	10	120	1.2	0.32	1.6	3.2	82	70	17.3
5	15	200	1.5	0.48	2.0	4.0	202	224	−9.8
6	20	260	1.8	0.8	4.0	8.0	130	114	14.4
7	25	100	0.9	0.32	3.2	6.4	45	45	1.1
8	30	180	1.5	0.64	1.0	2.0	133	129	3.2
9	35	220	1.8	1.28	0	0	132	149	−11.4
10	50	240	1.2	0	3.6	7.2	397	432	−8.2

4.4　三种商用飞机撞击预应力 RC 安全壳的对比分析

本节主要关注不同商用飞机的撞击后果，即新舟 MA600、空客 A320 和 A380，其撞击示意图，如图 4-22 所示，具体工况条件设置如下：①撞击中心为距离安全壳基础 30m 高处比较薄弱的位置；②考虑在飞机起降阶段出现事故并撞击安全壳的概率更大，因此设置飞机的撞击速度为起降时的约 100m/s；③飞机以水平方向飞行而正撞击于安全壳筒体，以体现其最大的撞击力并且符合保

守分析的要求。

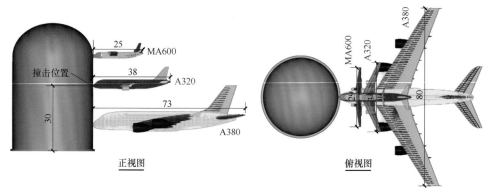

图 4-22　3 种飞机撞击安全壳的示意图（单位：m）

4.4.1　撞击现象

　　根据飞机的长度以及试算，设置了新舟 MA600、空客 A320 和空客 A380 飞机的撞击时间分别为 0.2s、0.4s 和 0.6s，此时撞击力已经趋于零，表明飞机的撞击过程已经基本结束。3 种飞机在不同时刻撞击安全壳的现象，如图 4-23 所示，并且规律基本相似：①在飞机前部机身逐渐被压屈的过程中，由于飞机结构相对较软并且空间分布范围较大，因此飞机后面的结构没有受到较大影响和发生明显变形；②机翼和引擎几乎同时撞击到安全壳，并导致油箱破裂而燃油抛洒；③随着飞机动能的降低，在撞击结束时机身尾部仍基本保持完整。

　　另外需要注意的是，安全壳筒体为圆柱形，其与刚性平板的结构形状存在明显的差别，导致飞机在撞击安全壳的过程中，机翼的撞击力会被筒体分解并"引导"机翼向其两侧运动，而不像在撞击刚性平板时会基本垂直于结构。这一特点随着翼展宽度与安全壳直径比值的增大而更加明显。例如，对于 A380 飞机，虽然其机翼和油箱的质量很大，但是大部分被安全壳分解到两侧而继续飞行，没有将其动能传递给安全壳；而对于 MA600，虽然其质量较小翼展较短，但是安全壳筒体的弧度对其影响更小，撞击过程更类似于撞击刚性平板，因此其更多的动能会传递给安全壳结构。综上所述，由于安全壳固定的尺寸及形状特点，其损伤破坏并不会随着飞机尺寸和质量的增大而同样比例地增加，而是增加的幅度会越来越小。

4.4.2　撞击力

　　3 种飞机对安全壳的撞击力时程曲线，如图 4-24 所示，可见其变化规律相似，均是机翼和引擎的撞击导致了最大的荷载峰值，但是由于其尺寸和质量的不同导致撞击持续时间和峰值大小均有明显差别。此外，其与撞击刚性平板的撞击力时程曲线（图 3-19a）之间有着较大的区别，主要体现在其撞击力幅值（特别是荷载峰值的幅值）明显降低了，并且随着飞机尺寸和质量的增加，降低的幅度也越大。主要原因如描述撞击现象时所述，是圆柱形的安全壳筒体对撞击力具有一定的分解作用，并且飞机越大分解作用越明显。考虑更为极限的情况，当仅机身的宽度都大于安全壳的直径时，再大的机翼也不会正面撞击到安全壳。因此，在保证内部设备正常运行的情况下，尺寸较小的安全壳一方面可以节省建设资金和周期，另一方面在大飞机撞击过程中也具有一定的自我保护作用。

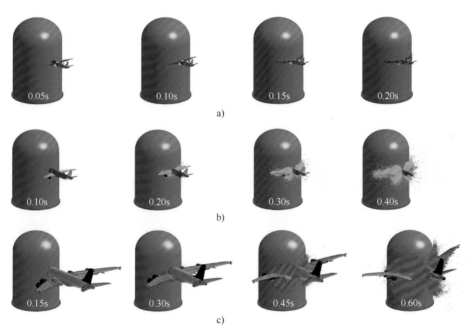

图 4-23　3 种飞机在不同时刻撞击安全壳的现象

a）新舟 MA600　b）空客 A320　c）空客 A380

4.4.3　安全壳结构响应

从撞击位移、混凝土损伤、钢筋应变和钢束轴力 4 个方面分析 3 种飞机对预应力 RC 安全壳撞击造成的结构响应。

1. 撞击位移

图 4-25 所示为在 3 种飞机撞击下，撞击中心处安全壳内侧的位移时程曲线。可以看出：①由于在撞击开始之前对钢束施加了预应力，因此在零时刻安全壳已经出现了约 10mm 的收缩变形；②安全壳的挠度随着飞机质量的增加而变大，

MA600、A320 和 A380 飞机对安全壳所造成的最大位移分别约为 34mm、85mm 和 299mm；③撞击力直接导致安全壳的位移变形，因此两者的时程曲线在峰值之前比较相似，而由于安全壳的动力响应需要一定的时间，因此位移变化要比撞击力的变化略为 "滞后"；④在撞击力峰值之后，由于飞机动能逐渐降低以及安全壳本身的弹性恢复能力，因此安全壳的变形开始恢复并出现振荡。

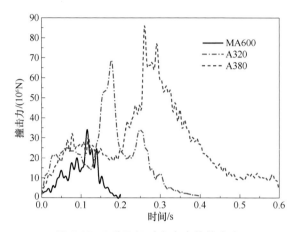

图 4-24　3 种飞机对安全壳的撞击力

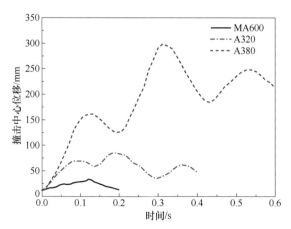

图 4-25　撞击中心安全壳内侧的位移时程

2. 混凝土损伤

3 种飞机撞击下安全壳混凝土最后的损伤，如图 4-26 所示，可以看出：①其损伤程度和区域均随飞机质量和尺寸的增加而显著增大，特别是 A380 撞击下的损伤表明在实际事故中将会伴随着大量裂纹的产生；②除了直接撞击区域，基础部分的混凝土损伤也体现出基础受到的拉力随着撞击力的增加而变大，即安全壳的整体响应更为明显和强烈。

　　需要说明的是，在实际的撞击事故中必然伴随着安全壳外表面混凝土的破碎和剥落，以及裂纹的产生和扩散，甚至是钢衬里与混凝土锚固连接的失效，但是要模拟上述细部的破坏现象需要建立在足够小的单元尺寸之上，而由于安全壳和飞机的体量很大以及所用工作站的计算能力还不足以承受这么大的计算量，同时要兼顾计算效率问题，因此这些细节在本书中并没有体现。图 4-26 所示为对混凝土的损伤，可以在一定程度上间接地反映混凝土的破坏程度和范围。

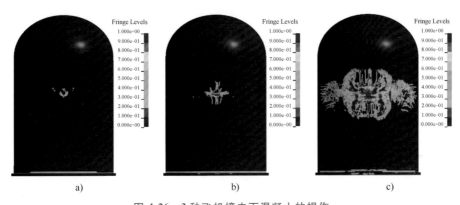

图 4-26　3 种飞机撞击下混凝土的损伤

a）新舟 MA600　b）空客 A320　c）空客 A380

3. 钢筋应变

　　图 4-27 所示为安全壳外层钢筋网的塑性应变，由图可见：①与混凝土损伤区域相比，达到塑性变形的钢筋数量很少；②MA600、A320 和 A380 飞机撞击下对应的最大塑性应变值分别约为 3.51e-3、9.17e-2 和 0.195，其变化规律与安全壳挠度变形吻合。需要注意的是，在 A380 飞机撞击下钢筋的最大塑性应变 0.195 表明，钢筋已经临近断裂状态，安全壳受到的破坏较为严重。

4. 钢束轴力

　　在施加的预应力稳定后，钢束轴力的大小与其长短（松紧）有直接关系，当安全壳变形导致其路径变长时（更为紧绷）轴力增加，反之轴力减小。对外层环向钢束施加的初始轴力为 4×10^6 N，在计算结束时其轴力变化，如图 4-28 所示，可以看出：①由于 MA600 飞机造成的安全壳变形较小，因此钢束轴力的变化幅度并不大（$3.92 \times 10^6 \sim 4.09 \times 10^6$ N）；②在 A320 飞机撞击下安全壳变形增加，钢束轴力的跨度范围略微增大（$3.83 \times 10^6 \sim 4.04 \times 10^6$ N），但仍在 4×10^6 N 附近；③A380 飞机的撞击引起安全壳发生了明显的凹陷变形，同时导致环向钢束的路径变短（更为松弛），因此撞击处钢束的轴力明显降低，轴力的变化范围更大（$2.99 \times 10^6 \sim 4.21 \times 10^6$ N），并主要体现为撞击区域钢束轴力的降低。

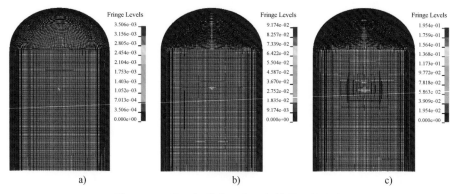

图 4-27　3 种飞机撞击下外层钢筋的塑性应变

a）新舟 MA600　b）空客 A320　c）空客 A380

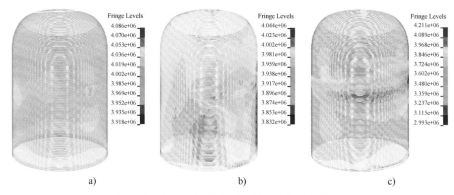

图 4-28　3 种飞机撞击下外层环向钢束的轴力

a）新舟 MA600　b）空客 A320　c）空客 A380

4.5　空客 A380 撞击普通 RC 安全壳

　　本节主要关注双层安全壳的外层 RC 结构，其没有预应力钢束和钢衬里，仅有混凝土和钢筋，并考虑了设备进出孔洞和周围的辅助厂房，且附属厂房与安全壳相连接的地方采用关键字 CONTACT_TIEBREAK_NODES_TO_SURFACE 进行处理。壳体壁厚较大，达到了 1.5m，因此采用质量最大的空客 A380 飞机进行撞击分析。撞击位置设置为筒身高度约 2/3 处（筒身高约 65m），即撞击中心点的高度为 45m。为了更保守地评估安全壳的响应，飞机的纵向轴线垂直于安全壳的竖向轴线，即飞机撞击的倾角和攻角均为零，飞机撞击速度设置为 100m/s，计算时间设置为 0.6s，模型如图 4-29 所示。

4.5.1　撞击现象

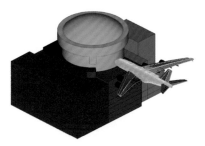

空客 A380 飞机撞击 RC 安全壳的现象，如图 4-30 所示，分别给出了 0.1s、0.2s、0.3s、0.4s、0.5s 和 0.6s 时刻的撞击现象：①在 0.1s 时，飞机的机头部分撞击到安全壳且被压屈破坏，但是机头后面的主要机身和机翼并没有发生明显的变形；②在 0.2s 时，飞机前部结构被进一步压屈；③在0.3s 时，靠近机身的主机翼部分已经

图 4-29　空客 A380 飞机撞击 RC 安全壳的整体模型

撞击到安全壳，并且机翼里的油箱破裂导致燃油喷出；④在 0.4s 时，飞机的破坏程度进一步加大，燃油大面积抛洒，机翼上的引擎开始撞击到安全壳；⑤在 0.5s 时，与机身连接的主机翼部分断裂，燃油向上飞溅时受到安全壳水箱部分的阻挡，向下飞溅时受到安全厂房的阻挡，但是并没有被完全阻挡，因为在撞击作用下安全壳与安全厂房之间出现了拉伸缝隙，燃油会沿着缝隙继续向下流动；⑥在 0.6s 时，断裂的机翼并没有被安全壳阻挡而停止运动，而是继续向安全壳两侧飞行，这是因为安全壳筒体圆弧形的结构会起到分解撞击的作用，而不像刚性平板可以基本完全阻止飞机的纵向速度。

4.5.2　撞击力

将整架飞机的撞击力分为 3 部分分别进行计算和输出，分别为机身（包含中央油箱、燃油和尾翼）、主机翼（包含机翼里的油箱和燃油）以及引擎，三者相加即为飞机的总撞击力，如图 4-31 所示，并且为了便于观察和分析还进行了100Hz 低通滤波处理作为对比。

由图 4-31 可见：①机身的撞击力持续整个撞击过程，并且由于撞击速度的降低撞击力总体呈现逐步下降的趋势，但是在 0.20~0.25s 之间又出现波动性增加，这是由于机身与机翼之间很多的连接构件撞击到安全壳；②机翼在 0.2s 时开始撞击安全壳，并且由于机翼与安全壳的接触面积迅速在横向上达到最大值（对于近似圆形截面的机身而言，其结构主要为纵向分布，其与安全壳的纵向接触面积基本保持不变；而对于横向分布的主机翼，其与安全壳的撞击力会迅速达到最大），质量较大的主机翼结构、油箱和燃油会几乎同时撞击到安全壳导致撞击力的骤增，之后随着撞击速度的降低而减小；此外，在 0.4~0.46s，机翼的撞击力又出现一个较小的峰值，这是因为 A380 的机翼宽度较大，其右侧机翼撞击到了周围的附属厂房（左侧机翼处无附属厂房遮挡），如图 4-32 所示；③由于引擎安装在机翼的中部，其撞击到安全壳的时间要晚于机翼与机身的连接处，因此约在 0.225s 引擎才撞击到安全壳。此外，在约 0.325s 时，撞击力已经基本减小到零的引擎撞击力曲线又出现一个小峰值，这是由飞机外侧的 2 台引擎撞击安全壳所致，并且由于撞击时刻晚于内侧的引擎，其飞行速度在撞击时进一步减小，所以撞击力峰值相对更小（A380 飞机有 4 台引擎，外侧的 2 台在飞机纵向分布上更靠后）。

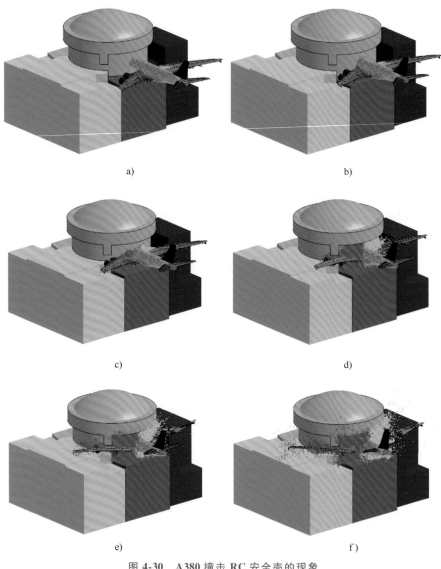

图 4-30　A380 撞击 RC 安全壳的现象

a）0.1s　b）0.2s　c）0.3s　d）0.4s　e）0.5s　f）0.6s

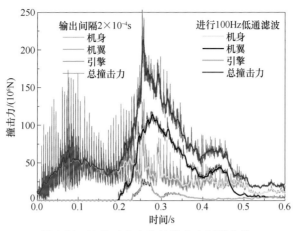

图 4-31　飞机对安全壳的撞击力时程曲线

4.5.3　安全壳结构响应

以下分别从混凝土损伤、钢筋应力应变和撞击中心的位移 3 个方面分析 A380 飞机撞击 RC 安全壳造成的结构响应。

1. 混凝土损伤

在不同时刻安全壳混凝土的损伤云图，如图 4-33 所示，可见：①在 0.1s 和 0.2s 时，飞机头部及前部机身撞击安全

图 4-32　A380 的右侧机翼撞击到附属厂房（0.43s）

壳，对直接撞击区域的混凝土造成了损伤，并且由于应力波的传播和安全壳的变形，在水箱与筒体交接处以及安全壳的基础固定部分附近也出现了一定的损伤；②在 0.3s 时，随着飞机主机翼与机身连接部位撞击安全壳，混凝土损伤区域进一步扩大；③在约 0.4s 时，安全壳变形基本达到最大值，此时混凝土损伤基本达到最大，即使在 0.5s 和 0.6s，由于撞击力的减小混凝土的损伤区域和程度也没有再明显增大。

2. 钢筋应力应变

不同时刻钢筋的 Von-Mises 应力云图，如图 4-34 所示。结合上述混凝土的损伤分布，可见钢筋应力的主要分布区域与其基本一致，但是需要注意的是混凝土的损伤是不可逆的，即其损伤是单调增加的，而钢筋应力是可以随着安全壳的动力响应增大或减小的。特别是对于 0.4s 以后，混凝土的损伤区域达到最大值，而钢筋应力的主要分布区域却由于撞击力的降低以及安全壳变形的恢复而减小。

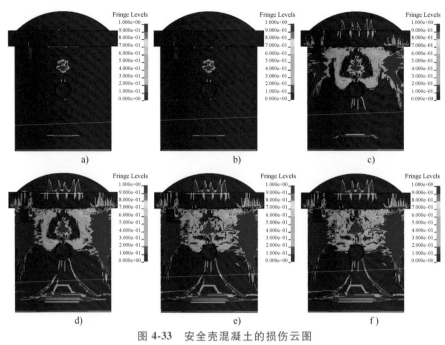

图 4-33　安全壳混凝土的损伤云图

a) 0.1s　b) 0.2s　c) 0.3s　d) 0.4s　e) 0.5s　f) 0.6s

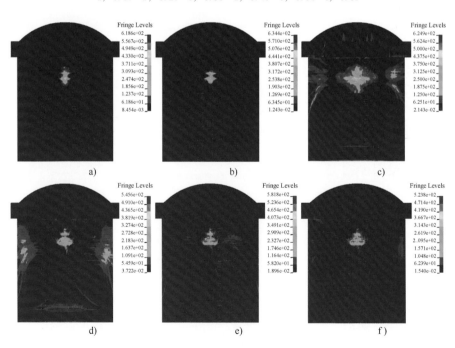

图 4-34　钢筋的 Von-Mises 应力云图

a) 0.1s　b) 0.2s　c) 0.3s　d) 0.4s　e) 0.5s　f) 0.6s

安全壳模型内层钢筋的塑性应变云图，如图 4-35 所示，塑性应变也是单调累积不可恢复的，在计算结束时达到约 8.282e-4。

3. 撞击中心位移

图 4-36 所示为安全壳在飞机撞击方向上的位移云图，并且为了具有统一的标准而便于比较，图 4-36 中每幅图右侧的 Fringe Levels 的取值范围定为 -100～0mm，可见：①在 0.1s 和 0.2s 时，对应的飞机撞击部位为飞机头部和机身前部，撞击中心安全壳的最大撞击位移不超过 100mm，并且位移的主要分布区域较小，撞击中心外部的安全壳还没有明显变形；②当在 0.3s 时机翼与机身连接的区域已经撞击到安全壳，撞击力迅速上升，导致安全壳撞击位移的大小和产生位移的区域明显增加；③在约 0.4s 时，飞机

图 4-35　安全壳内层钢筋的塑性应变云图（0.6s）

主机翼、引擎、油箱以及燃油几乎同时撞击到安全壳，撞击力的增加也导致安全壳的位移明显增大，且主要的位移区域呈现竖向的椭圆形；④当达到 0.5s 和 0.6s 时，由于撞击力的减小，撞击位移的主要区域开始减小。

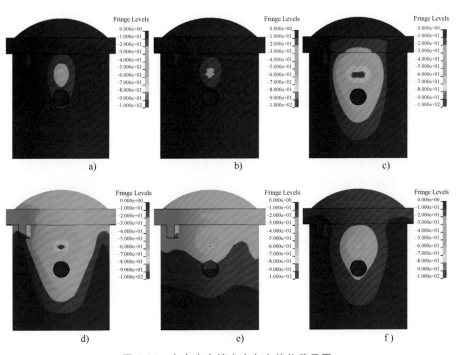

图 4-36　安全壳在撞击方向上的位移云图

a）0.1s　b）0.2s　c）0.3s　d）0.4s　e）0.5s　f）0.6s

撞击位移云图给出了撞击位移的主要影响区域，为了更明确地描述撞击位移的变化过程，图 4-37 所示为撞击中心处的位移时程曲线（最大值约为 171mm），可以看出撞击位移的变化规律和撞击力有着密切的关系，撞击力的增大直接导致撞击位移的增加，但是由于惯性效应，安全壳产生动力响应需要一定的时间，因此撞击位移峰值比相应的撞击力峰值较为"滞后"。

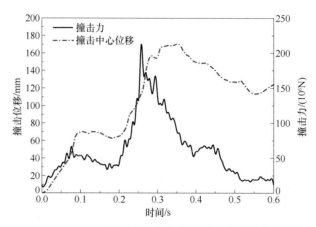

图 4-37　安全壳撞击点的位移及撞击力时程曲线

4.5.4　影响因素分析

虽然前面涉及一些参数化分析，如飞机的撞击位置、角度、速度，以及安全壳的壁厚、配筋率、预应力等，这些因素一般都是需要考虑的，只是取值多少的问题；而有些因素涉及是否进行考虑的问题，如周围的附属厂房、结构的重力作用、安全壳的设备进出孔洞以及水箱的储水等。虽然这些因素在实际中都存在，但是由于计算效率较低、模型较复杂以及有些学者预估这些因素影响较小等原因，绝大部分的已有文献资料中约束予以关注。本小节将基于 A380 飞机和 RC 安全壳有限元模型对是否考虑上述因素进行对比模拟分析。

1. 附属厂房

核能发电是一个复杂的系统工程，因此在安全壳的周围还必须建造附属厂房用于放置各种配套的设施设备。由于主要关注的是安全壳的结构响应，因此在绝大部分的已有文献资料中都没有考虑周围附属厂房的影响，在模拟分析中也就没有建立附属厂房的有限元模型，然而在实际中附属厂房对于安全壳的变形具有一定约束作用，但是较难确定约束作用的大小。因此，本小节将对比有、无附属厂房对撞击结果的影响，同时可以预测的是，安全壳的变形越严重，厂房对其约束作用力大。附属厂房的有限元模型在 3.3.1 小节进行了建立和介绍，考虑到分析重点和计算效率，其均采用 SHELL 单元建立并赋予实际的墙体或楼板的厚度。由于在 4.3 节已经进行了有附属厂房约束作用下的撞击模拟分析，本小节将开展无附属厂房的撞击模拟，有限元模型如图 4-38 所示，可见周围的附属厂房结构已经被移除，撞击位置仍为筒体高度的约 2/3 处，撞击速度为 100m/s，计算时间设置为 0.6s。

图 4-38　A380 飞机撞击 RC 安全壳的整体模型（无附属厂房）

有、无附属厂房对飞机结构的压屈过程影响较小，但是会改变飞机碎片的飞散路径，如图 4-39 所示，可以看出：在 0.6s 时，两种工况下飞机的破坏形态基本一致，而在无附属厂房时飞机燃油可以自由地向下飞溅，这虽然对于结构的动力响应影响较小，但是会导致燃油的抛洒区域预测不准确，从而对后期燃油抛洒引起火灾的后果分析带来较大误差。

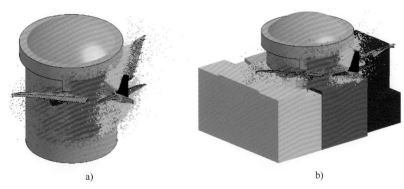

a)　　　　　　　　　　　　　　　　b)

图 4-39　A380 飞机对 RC 安全壳的撞击现象

a）无附属厂房　b）有附属厂房

有、无附属厂房两种撞击工况下飞机对安全壳的总撞击力和撞击中心处的结构位移如图 4-40 所示。可以看出：①两者的撞击力变化趋势及幅值基本一致，但是在 0.4~0.46s，有附属厂房时撞击力会升高，这是因为 A380 的右侧机翼撞击到了附属厂房；②在约 0.3s 之前，撞击中心的位移变化也基本一致，而之后由于去除了厂房的约束作用，结构的最大挠度会更大，约为 182mm。

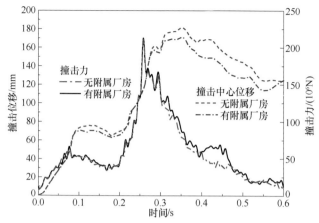

图 4-40   有、无附属厂房撞击工况下飞机的撞击力及结构中心的位移时程

有、无附属厂房两种撞击工况下安全壳混凝土的损伤云图如图 4-41 所示，由于在 0.4s 以后混凝土的损伤程度基本不再增加，在此仅选择 4 个时刻进行对比。由上述相似的撞击力以及相差仅 11mm 的最大位移可以预测，混凝土的损伤区域和程度也不会出现较大的差别。由图 4-41 可见，对于没有附属厂房的约束工况下：①在 0.1s 和 0.2s 时，撞击中心两侧会增加一定的损伤区域；②在 0.3s 和 0.4s 时，设备进出孔洞下面的混凝土损伤略微严重一些。

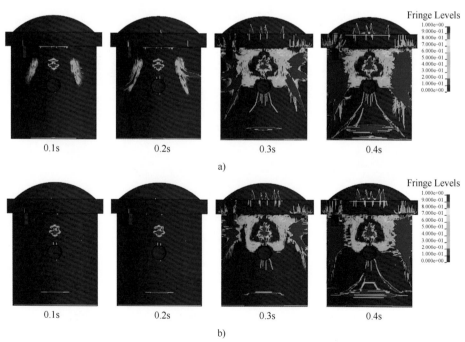

图 4-41   有、无附属厂房撞击工况下安全壳混凝土的损伤云图

a）无厂房   b）有厂房

综上所述：①周围附属厂房确实会对安全壳的结构响应产生一定的约束作用，降低其挠度变形和混凝土损伤，并更真实地反映飞机碎片的抛撒区域，但是影响程度很小；②不考虑附属厂房时模拟的结果略偏于严重，对于结构设计是偏于保守和安全的，因此不考虑附属厂房也可以接受；③为了使模拟分析结果更接近实际，建议建立附属厂房的有限元模型，但是对模型精度要求无须太高，只要能体现其约束作用即可。

2. 结构重力作用

在目前已查阅的关于飞机撞击安全壳模拟分析的文献资料中，没有学者分析安全壳等结构的重力对计算结果的影响，主要出于以下两方面的考虑：①撞击持续时间一般较短，重力虽然对于结构后期的振动分析有较大的影响，但是对于所关注结构的最大挠度变形以及混凝土和钢筋的最大损伤等，重力的影响会较为有限；②若需施加重力，需要在撞击开始前对重力造成的应力分布进行初始化，这需要花费更多的计算时间，且可能出现不收敛的问题。为了对比有/无重力的影响，本小节对安全壳和附属厂房施加了重力，其他设置与 4.3 节相同，在撞击开始前结构的 Von-Mises 应力分布，如图 4-42 所示。重力对短暂的撞击现象几乎没有影响，因此不再进行展示。

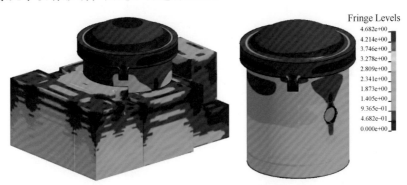

Fringe Levels
4.682e+00
4.214e+00
3.746e+00
3.278e+00
2.809e+00
2.341e+00
1.873e+00
1.405e+00
9.365e-01
4.682e-01
0.000e+00

图 4-42 安全壳和厂房结构重力初始化的 Von-Mises 应力分布云图

有、无重力两种撞击工况下飞机对安全壳的总撞击力和撞击中心处的结构位移如图 4-43 所示。可以看出：①两者的撞击力变化趋势及幅值几乎完全一致；②重力作用导致撞击中心处的位移整体上明显偏小，最大值约为 141mm，比无重力工况下小了约 30mm。

有、无重力两种撞击工况下安全壳混凝土的损伤云图，如图 4-44 所示，由于在 0.4s 以后混凝土的损伤程度基本不再增加，在此仅选择 4 个时刻进行对比。可以看出：①在 0.1s 和 0.2s 时，对于没有考虑重力的工况下，基础底部以上约 8m 处出现了轻微损伤，而施加了重力后则没有出现；②在 0.3s 和 0.4s 时，施加了重力后，设备进出孔洞下面以及撞击中心周围的混凝土损伤程度相对较轻。

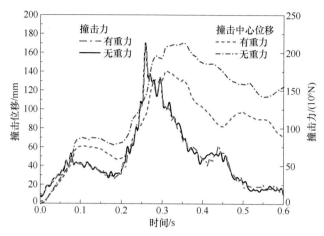

图 4-43　有、无重力撞击工况下飞机的撞击力及结构中心的位移时程

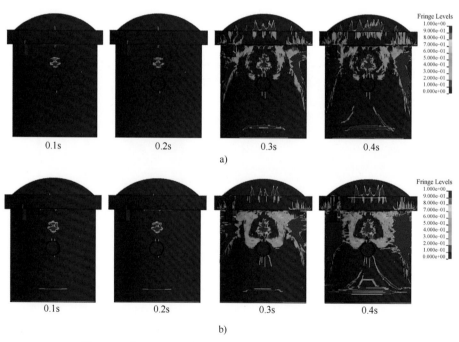

图 4-44　有、无重力撞击工况下安全壳混凝土的损伤云图

a）有重力　b）无重力

　　综上所述：①重力作用使得结构在被撞击之前形成稳定的应力分布，在撞击过程中也会保持重力的施加，因此结构对横向冲击荷载的抵抗力也有所增强，使得最大撞击挠度比不考虑重力时减小约 30mm；②不考虑重力时模拟的结果略

偏于严重，对于结构设计是偏于保守和安全的，可以接受且计算效率更高；③为了使模拟分析结果更准确，建议在撞击前进行重力初始化，但是需要耗费更多的计算资源。

3. 设备进出孔洞

在已有的关于飞机撞击安全壳的模拟分析中，大部分文献没有考虑设备进出孔洞的影响，可能是出于以下两方面的考虑：①在实际工程中，虽然预留了设备进出孔洞，但是会安装专业的防护门与结构形成牢固的连接，在一定程度上起到维持结构整体性的作用；②在安全壳圆柱形筒体上再划分圆形孔洞，在建模时其周边的单元划分存在一定的困难。之前的分析均考虑了设备进出孔洞，本小节将分析无孔洞的完整安全壳，为了减少计算时间而没有施加重力，其他设置与 4.3 节相同。设备进出孔洞对撞击现象几乎没有影响，因此不再进行展示。

有、无设备进出孔洞两种撞击工况下飞机对安全壳的总撞击力和撞击中心处的结构位移，如图 4-45 所示，可见：①两者的撞击力变化趋势及幅值几乎完全一致；②无孔洞时，结构的整体性更强，其撞击中心处的最大位移约为 147mm，比有孔洞工况下减小约 24mm。

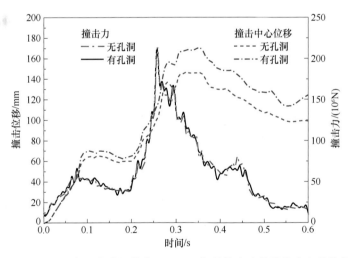

图 4-45　有、无设备进出孔洞撞击工况下飞机的撞击力及结构中心的位移时程

有、无设备进出孔洞两种撞击工况下安全壳混凝土的损伤云图，如图 4-46 所示。由于在 0.4s 以后混凝土的损伤程度基本不再增加，在此仅选择 4 个时刻进行对比，可见对于无进出孔洞工况：①在 0.2s 时，更好的结构完整性导致基础底部以上约 8m 附近出现更明显的损伤；②在 0.3s 和 0.4s 时，同样由于结构整体受力，没有孔洞"隔断"应力的传播，特别是对于进出孔洞下面的区域，

混凝土的损伤更严重。

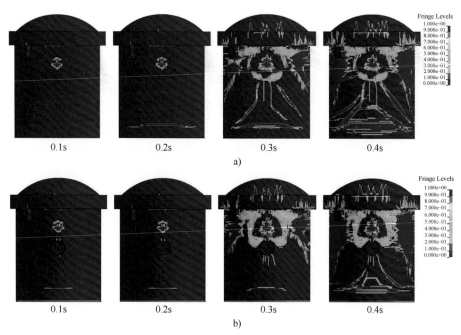

图 4-46　有、无设备进出孔洞撞击工况下安全壳混凝土的损伤云图

a）无进出孔洞　b）有进出孔洞

综上所述：①不考虑设备进出孔洞使得安全壳结构的整体性更好，对于冲击荷载的抵抗能力更强，因此结构变形会相对更小，同时也会导致损伤区域的增加；②不考虑进出孔洞，对于结构设计偏于危险，因此有必要在模拟分析时预留出较大的进出孔洞。

4. 水箱储水

在安全壳筒体与穹顶的交接处有一圈水箱结构（用于紧急情况下的内部结构降温），最大充水量可以达到 4000t。然而，在查阅的关于飞机撞击安全壳的文献资料中，几乎没有学者考虑水箱里面的储水对结构动力响应的影响。

为了明确储水的影响大小，本小节将进行完全充水来进行对比分析，水体采用 SPH 单元进行模拟，考虑到结果文件的大小和计算效率，设置粒子间隔为 500mm（混凝土单元尺寸约为 250mm）。填充水体的有限元模型，如图 4-47 所示，对水体施加了

图 4-47　填充水体 SPH 单元的有限元模型

重力并进行了初始化（考虑到计算效率和收敛的稳定性，没有对混凝土结构施加重力），其他设置与 4.3 节相同，此外撞击现象几乎无变化，在此不再进行展示。

水箱满水和无水两种撞击工况下飞机对安全壳的总撞击力和撞击中心处的结构位移，如图 4-48 所示，在 0.4s 时撞击方向上的位移云图对比，如图 4-49 所示，可见：①两者的撞击力变化趋势及幅值几乎完全一致，说明水箱里是否储水对撞击力影响非常小；②水箱充满水时，安全壳上部的质量明显增大，在同样的撞击力作用下，发生的位移变形相对会更小，其撞击中心处的最大位移约为 155mm，比水箱里无水工况下小了约 16mm；③从图 4-49 的位移云图也可以看出，在同一时刻，水箱满水工况下产生的位移比无水工况下略小。

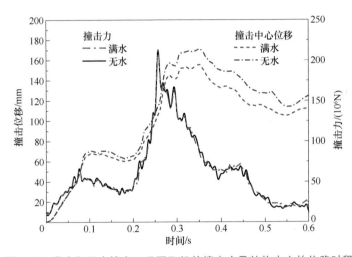

图 4-48　满水和无水撞击工况下飞机的撞击力及结构中心的位移时程

水箱满水和无水两种撞击工况下安全壳混凝土的损伤云图如图 4-50 所示，由于在 0.4s 以后混凝土的损伤程度基本不再增加，在此仅选择 4 个时刻进行对比。可以看出：①由于水的重力作用导致筒体结构中产生了压应力，因此在基础上部约 8m 处产生的拉伸损伤较小；②满水工况下水箱结构产生的损伤更严重，这是由于水体重力对水箱产生了附加荷载。

综上所述：①在水箱充满水时，其重力荷载会对筒体结构产生压应力，因此筒体基础附近的拉损伤相对略小，但是也对水箱结构产生了附加不利荷载，造成水箱损伤更严重；②在满水工况下的结构撞击位移相对较小，因此考虑到设计保守性以及计算效率，可以在模拟分析中不设置储水工况。在飞机撞击的较短时间内，水体的晃动效应还没有体现出来，然而对于结构的振动分析以及地震荷载的较长时间作用，应该考虑水箱储水的影响。

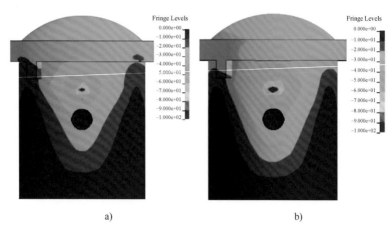

a)   b)

图 4-49　满水和无水撞击工况下撞击方向上 0.4s 时的位移云图

a）满水　b）无水

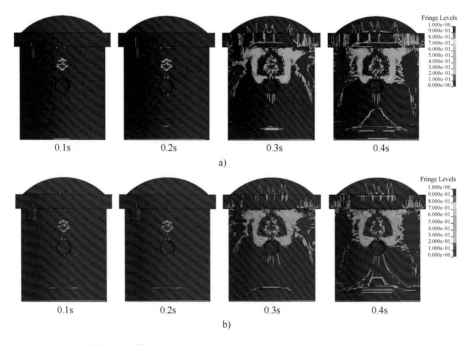

图 4-50　满水和无水撞击工况下安全壳混凝土的损伤云图

a）满水　b）无水

4.6　空客 A380 撞击 SC 屏蔽与附属厂房

本节基于 3.3.3 小节建立的 AP1000 核电站 SC 结构的有限元模型，分析大型商用客机空客 A380 对 AP1000 核电站的撞击破坏效应。

4.6.1　安全壳非线性动力分析

1. 撞击工况一

A380 飞机撞击 AP1000 安全壳的工况一，如图 4-51 所示。垂直撞击安全壳筒身中部，距离安全壳底部 32.1m。为对结构进行安全评估，选择最可能的飞机撞击速度，即起飞与降落速度约 100m/s 进行撞击分析。

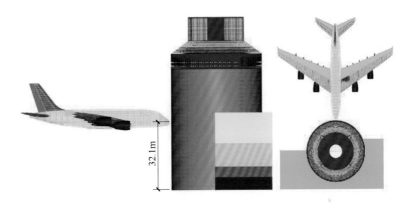

图 4-51　撞击工况一

（1）撞击过程　图 4-52 所示为不同时刻飞机撞击安全壳筒身的过程图。0.15s 时，飞机机头部分与安全壳筒身区域碰撞，飞机机头前部发生压屈破坏，此时飞机机身、机翼和机尾没有变形，仍然以既定的方向向前飞行；0.30s 时，飞机机身中部、机翼和引擎与筒身发生碰撞，均发生不同程度的损伤破坏，飞机机翼所携带的油箱因变形过大破裂致使燃油抛洒而出；0.45s 时，飞机机身与机翼连接的部位全部破坏，机翼与机身分离，与筒身接触的机翼发生损伤破坏，同时尾部的机翼在惯性作用下仍然向前运动，因此机翼发生一定程度的偏转；0.60s 时，飞机机翼向上偏转角度继续加大，本来右侧机翼初始撞击高度低于辅助厂房顶部，由于机翼尾部偏转幅度较大，也未能与辅助厂房发生碰撞，燃油粒子在惯性作用下继续运动，抛洒面积进一步扩大，飞机机尾的速度此时已经非常小，对结构的损伤很低，同时燃油抛洒面积达到最大。

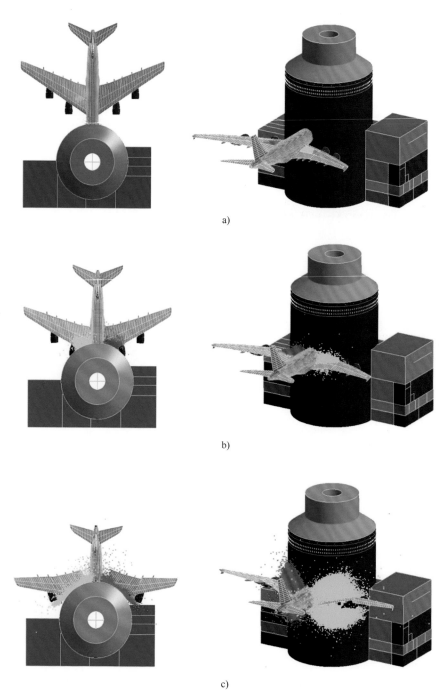

a)

b)

c)

图 4-52 不同时刻飞机撞击安全壳筒身的过程图（工况一）

a）0.15s b）0.30s c）0.45s

d)

图 4-52　不同时刻飞机撞击安全壳筒身的过程图（工况一）（续）

d）0.60s

（2）撞击力　飞机撞击安全壳筒身的撞击力时程曲线，如图 4-53 所示，图 4-53 中分别给出了原始撞击力曲线，由于原始撞击力曲线离散性较大，因此选择 NEI[5] 规范中推荐的低通 50Hz 频率对原始撞击力曲线进行滤波处理，处理后的结果曲线在图 4-53 中给出。可以看出：0~0.08s 时，飞机机头与筒身发生接触，随着接触面积的增加，撞击力逐渐增加，增加幅度较小；0.08~0.20s 时，飞机机身与筒身区域的接触位置为飞机前部，接触面积几乎不变，但是飞机的速度稍微下降，因此撞击力也略有下降；0.20~0.30s 时，飞机机身与机翼开始与筒身发生碰撞，如图 4-52b 所示，此时机翼与机身连接处发生损伤破坏，机翼携带的内侧引擎也发生损伤破坏，撞击力达到最大；0.30s 后，随着机翼的断裂偏转，机身的逐步损伤与残余质量的降低，速度的降低，撞击力逐渐减小。

（3）撞击位移　安全壳受飞机撞击的位移云图，如图 4-54 所示，为使显示效果更加分明清晰，每张图的损伤程度分级不一致。0.15s 时，安全壳的位移分布呈现明显的"蝴蝶型"分布，即整个分布形状看起来很像蝴蝶，撞击中心处撞击位移最大，最大不超过 122.8mm，随后应力向四周扩散，四周出现不同程度的位移，因撞击位置位于筒体跨中区域，对于圆形筒身来说，筒体对它还存在横向支撑作用，而竖向区域则不存在，所以初始的撞击中心区域位移挠度呈竖向椭圆形；0.30s 时，机身、两侧机翼及内侧引擎与安全壳筒身发生碰撞，此时可以明显看出撞击中心区域发生明显位移，且撞击中心处最严重的损伤区域呈横向椭圆形，形状与机身与机翼相连处类似；0.45s 时，应力逐渐扩散，整个安全壳及辅助厂房都存在一定的位移，辅助厂房上存在一定的位移，表明辅助厂房对于应力的扩散是有一定积极的作用的；0.60s，由于撞击力的减小和应力的扩散，主要的撞击区域开始减小。

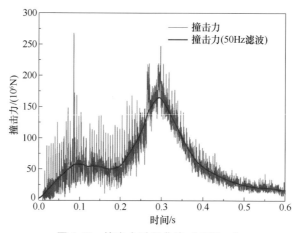

图 4-53　撞击力时程曲线（工况一）

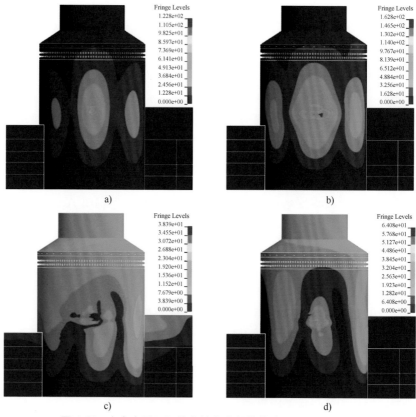

图 4-54　安全壳受飞机撞击筒身中部的位移云图（工况一）

a）0.15s　b）0.30s　c）0.45s　d）0.60s

　　为了对撞击中心处的位移有更加直观清晰的认识，且涉及评估标准，图 4-55 所示为撞击中心处背覆钢板的位移时程曲线（工况一）。撞击力的增大会直接导致位移的增加，但由于惯性效应，结构产生动力响应需要一定时间。因此撞击力最大时，撞击中心处位移却不是最大。0.34s 时，撞击中心处达到最大位移为 183mm。

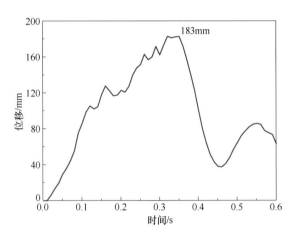

图 4-55　撞击中心处背覆钢板的位移时程曲线（工况一）

　　（4）钢板应变　NEI[5]规范中基于结构的两种破坏形态提出了两种不同的钢板延性失效应变极限。一种是结构的整体延性破坏，整体延性破坏应变极限值包括对拉伸不稳定性应变造成的损伤，以考虑焊接区域中材料性质的变化和材料硬度。另一种是撞击区域的局部开裂破坏，对于结构在更复杂的应力状态下的损伤位置，延性破坏发生在延性开裂的机制中，这取决于局部应力状态的三轴性。在这两种情况下，应变极限性能由标准拉伸测试结果确定，并基于复杂应力状态的影响进行修改。对于钢板，第一种整体破坏形态下，规范中给出的一种钢板的失效应变为 0.05，另外一种不锈钢的失效应变为 0.067，基于保守设计的准则，本节中使用的钢板失效应变极限为 0.05；对于第二种局部开裂的破坏形态，钢板的失效应变极限为 0.14/TF，其中 TF 为三轴应力系数，TF 的计算公式为

$$\mathrm{TF} = \frac{\sigma_1 + \sigma_2 + \sigma_3}{\sigma_e} \quad \sigma_e = \frac{1}{\sqrt{2}} \big[(\sigma_1 - \sigma_2)^2 + (\sigma_2 - \sigma_3)^2 + (\sigma_3 - \sigma_1)^2 \big]^{\frac{1}{2}} \tag{4-3}$$

式中，σ_1、σ_2、σ_3 分别是不同方向的主应力；σ_e 是等效应力，为便于计算，TF 保守估计可以取 2。

　　所以这种破坏形态下，钢板的失效应变可保守取为 0.07。为便于理解，可以基本认为，钢板应变达到 0.05 时，即材料已经达到应变极限，当材料失效应

变达到 0.07 时，钢板发生开裂。以下评判钢板的失效标准均基于上述规范。

图 4-56 所示为撞击中心处背覆钢板的等效应变曲线。由图 4-56 可知，被覆钢板的应变峰值为 0.002，并未达到 NEI[5] 规范中给出的钢板失效应变为 0.05。

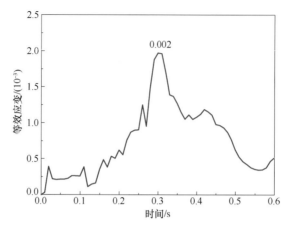

图 4-56　撞击中心处背覆钢板的等效应变曲线（工况一）

2. 撞击工况二

A380 飞机撞击 AP1000 安全壳的工况二如图 4-57 所示。垂直撞击锥形屋面，即与水平方向呈 55°角，距离安全壳底部 67.5m。飞机的撞击速度为 100m/s。

（1）撞击过程　图 4-58 所示为不同时刻飞机撞击锥形屋面的过程图。可以看出：0.15s 时飞机机头部位与锥形屋面发生碰撞，机头前端在撞击力的作用下发生压屈破坏，此时飞机机身、机翼及机尾仍然按原有轨迹继续向前飞行；0.30s 时，飞机机身与机翼相连处开始与锥形屋面发生剧烈碰撞，同时其所携带的油箱在剧烈碰撞中损伤破坏，致使

图 4-57　撞击工况二

一部分燃油抛洒而出，飞机机翼所携带的内侧引擎也在碰撞中发生了一定程度的损伤破坏；0.45s 时，飞机机身在撞击作用下不断损伤破坏，与机翼相连的机身逐渐发生破坏，致使机翼发生断裂偏转，同时机翼以一定的残余速度向前飞行，机翼携带的外侧引擎与进气口发生碰撞；0.60s 时，机身前部基本上已经完全损伤破坏，此时飞机机身所携带的油箱及两侧机翼所携带的油箱基本上完全破裂，燃油抛洒面积进一步扩大，两侧机翼也在惯性作用下发生偏转。

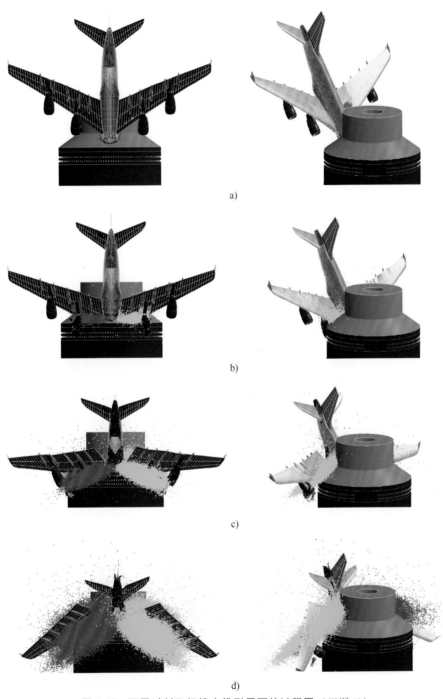

图 4-58 不同时刻飞机撞击锥形屋面的过程图（工况二）

a）0.15s b）0.30s c）0.45s d）0.60s

（2）撞击力 图 4-59 所示为飞机撞击锥形屋面的撞击力时程曲线（工况二），为便于观察分析，对初始的撞击力时程曲线进行 50Hz 低通滤波处理。可以看出：撞击力时程曲线斜率经历了几个阶段的变化，0～0.08s 时，斜率数值较大，此时飞机机头与锥形屋面发生碰撞，随着机头的压屈破坏，机身逐渐与锥形屋面接触，撞击面积增加，继而撞击力增大；0.08～0.20s 时，机身前部与锥形屋面发生碰撞，因撞击面积恒定，而撞击力变化较小；0.20～0.28s 时，飞机机身与机翼连接处逐渐与锥形屋面发生碰撞，并且机翼所携带的引擎也开始与其发生碰撞，撞击力增加速率较大，0.28s 时，撞击力达到峰值 1.79×10^8 N，此时机翼所携带的内侧引擎几乎完全损伤破坏；0.18s 后，与机翼连接处的机身逐渐损伤破坏，机翼发生断裂偏转，且随着撞击速度的降低，撞击力逐渐减小。

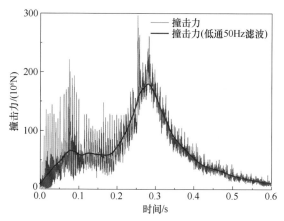

图 4-59 撞击力时程曲线（工况二）

（3）撞击位移 图 4-60 所示为安全壳受飞机撞击锥形屋面处的位移云图。可以看出：撞击区域位移比较集中，不同时刻的撞击位移分布也比较类似。

图 4-61 所示为撞击中心处背覆钢板的位移时程曲线（工况二），锥形屋面含有背覆钢板双层配筋，且背面存在钢梁支撑，钢梁很大程度上协助锥形屋面共同承担了一部分撞击力。0.27s 时，背覆钢板处达到最大位移 45mm。由于结构惯性效应，位移峰值的出现时刻滞后于撞击力峰值出现时刻。

钢板应变：

图 4-62 所示为撞击中心处背覆钢板的等效应变曲线（工况二），0.28s 时，背覆钢板应变达到最大值 0.00084，并未达到极限失效应变 0.05。

综上所述，安全壳筒身和锥形屋面防大型商用客机撞击性能是十分优异的，能够抵御大型飞机的撞击。

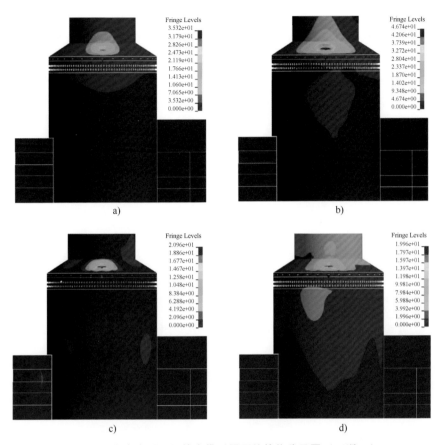

图 4-60　安全壳受飞机撞击锥形屋面处的位移云图（工况二）

a）0.15s　b）0.30s　c）0.45s　d）0.60s

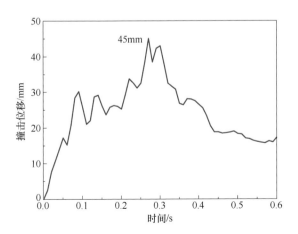

图 4-61　撞击中心处背覆钢板的位移时程曲线（工况二）

177

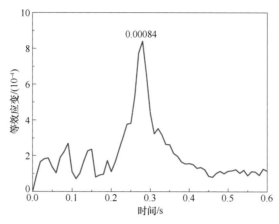

图 4-62　撞击中心处背覆钢板的等效应变曲线（工况二）

4.6.2　辅助厂房非线性动力分析

A380 撞击 AP1000 辅助厂房的位置，如图 4-63 所示，垂直撞击乏燃料池西墙，距离辅助厂房底部 17.4m。

图 4-63　撞击工况三

（1）撞击过程　飞机撞击辅助厂房西墙的过程图，如图 4-64 所示，分别给出了 0.15s、0.30s、0.45s 和 0.60s 的飞机撞击现象。可以看出：0.15s 时，飞机的机头部分撞击到辅助厂房且被压屈破坏，左侧机翼撞击到安全壳且机翼里的油箱破裂产生燃油抛洒现象，但是主要机身部位和右侧机翼未发生明显变形；0.30s 时，飞机左侧机翼和油箱破损严重，发生了明显变形，燃油抛洒面积扩大，右侧机翼也撞到辅助厂房上，油箱破裂发生了燃油抛洒现象，但是飞机主要机身靠近机尾部分并未发生偏移；0.45s 时，飞机破坏程度进一步加大，燃油抛洒面积进一步扩大，左侧机翼开始发生下坠，右侧机翼发生断裂，断裂部分由于惯性仍然向撞击方向运动；0.60s 时，飞机除机尾外，其他部位基本上完全破坏，基本上只剩碎片还在惯性的作用下做残余运动，飞机机身基本上已经完全破坏，燃油分子由于惯性的作用继续扩散。就撞击过程来看，飞机翼展较长，较撞击处辅助厂房的宽度要大很多，两侧机翼并没有完全撞到辅助厂房上，故对辅助厂房造成的损伤有限。

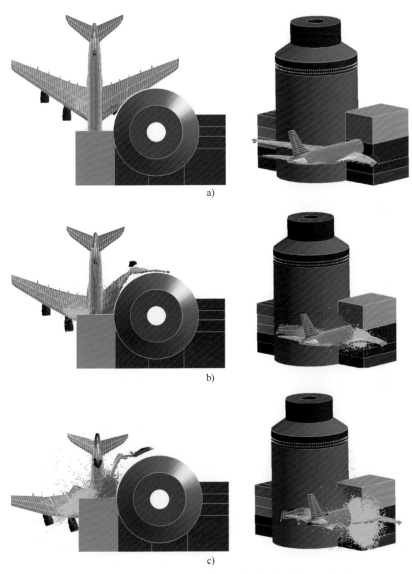

图 4-64　不同时刻飞机撞击辅助厂房的过程图（工况三）

a）0.15s　b）0.30s　c）0.45s

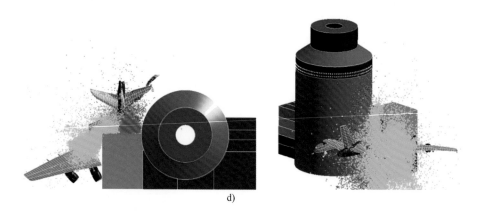

图 4-64 不同时刻飞机撞击辅助厂房的过程图（工况三）（续）

d）0.60s

（2）撞击力 飞机撞击辅助厂房的撞击力时程曲线如图 4-65 所示。可以看出：0.11~0.27s 时，飞机的撞击力逐渐增加至最大值 1.71×10^8N，0.27~0.60s，撞击力逐渐减小。撞击过程中，飞机左侧机翼首先碰撞安全壳，直到 0.08s 撞击力达到第一个峰值；0.08~0.11s 时，飞机左侧机翼的最外侧引擎破坏，且左侧第二个引擎还未碰撞到安全壳，在这个过程中撞击力小幅下降；0.11~0.27s 时，飞机左侧机翼发生偏转，机翼逐渐与机身断裂，机身与机翼连接处也与辅助厂房发生碰撞，0.27s 时，飞机左侧机翼基本上已经完全破坏，右侧机翼发生轻微偏转，此时撞击力达到最大值；0.27s 后，飞机右侧机翼发生断裂，左侧机翼也完全破坏，随后机身逐渐与辅助厂房发生碰撞，撞击力随之减小。

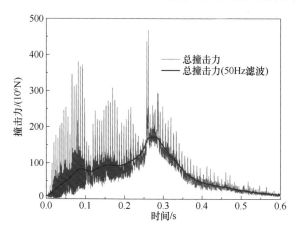

图 4-65 飞机撞击辅助厂房的撞击力时程曲线（工况三）

（3）撞击位移　对于厂房的整体动力响应分析，撞击位移是反映和评估结构变形和破坏的重要指标之一，乏燃料池位于辅助厂房内，因此对于撞击位移的控制更加严格。图 4-66 所示为辅助厂房及安全壳受飞机撞击的位移云图。可以看出：0.15s 时，飞机左侧机翼撞击到厂房，图 4-66a 显示辅助厂房上的最大位移为 31mm，此时飞机机头部分已与辅助厂房发生碰撞，但是由于飞机机头部分材料强度比较低易于破坏，所以造成的位移也较小；0.30s 时，飞机右侧机翼、油箱与辅助厂房发生碰撞，造成的最大位移不超过 69.5mm；0.30s 后，飞机机翼和引擎均发生了不同程度的损伤，此时撞击力逐渐下降，撞击位移也随之降低。

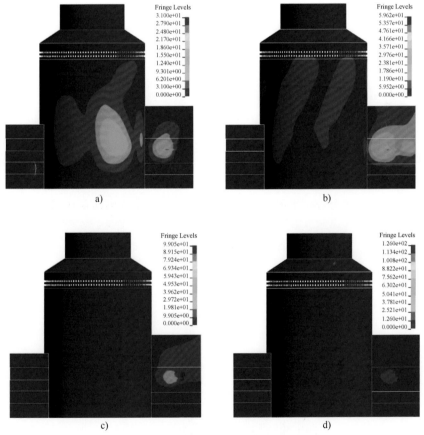

图 4-66　辅助厂房及安全壳受飞机撞击的位移云图（工况三）

a）0.15s　b）0.30s　c）0.45s　d）0.60s

图 4-66 反映了飞机撞击辅助厂房的主要影响区域，为了更明确地描述最大撞击位移的变化过程，图 4-67 所示为辅助厂房撞击中心处后覆钢板的位移时程

曲线。由图 4-67 可知，撞击处最大位移为 58mm，一方面因为撞击处墙体厚度为 1676mm，且后覆钢板双层配筋，防护性能优异；另一方面由于飞机翼展较大，左侧机翼撞击安全壳，右侧机翼只有一部分与辅助厂房发生碰撞，所以最终造成的位移只有 58mm，乏燃料池西墙与乏燃料池外壁相距 1219mm，因此，此处结构在飞机撞击下是足够安全的。

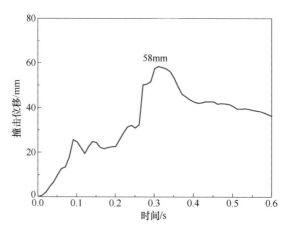

图 4-67　辅助厂房撞击中心处后覆钢板的位移时程曲线（工况三）

（4）钢板应变　图 4-68 所示为飞机撞击辅助厂房乏燃料池西墙撞击中心处背覆钢板的应变曲线。可以看出：0.28s 时，背覆钢板达到最大应变 0.00064，并未达到失效应变极限 0.05。

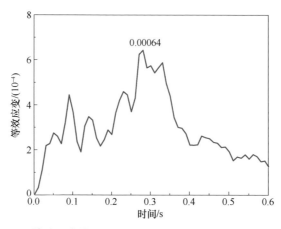

图 4-68　辅助厂房撞击中心处背覆钢板的应变曲线（工况三）

综上所述，辅助厂房防大型商用客机撞击性能是十分优异的，能够抵御大型飞机的撞击。

4.6.3　振动分析

飞机撞击可能会对核电站厂房造成整体破坏和局部破坏，撞击所产生的振动还有可能对内部仪器设备造成损伤，因此评估核电站在飞机撞击下的设备振动安全也是十分有必要的。当冲击振动超过运行基准地震时，甚至可能导致核电厂的停堆。美国电力研究所 EPRI 在 1988 年发表了 NP-5930[168]。根据这篇报告的定义，超过运行基准地震（OBE）需要同时满足以下两个条件。

1）反应谱评估：计算的 5% 阻尼反应谱超过相应的 OBE 设计反应谱或 $0.20g$，以较大者为准。

2）累积绝对速度（CAV）评估：计算的 CAV 值大于 $0.3g \cdot s$。

尽管以上判断标准是针对地震所设计的，然而对于飞机撞击所造成的冲击振动也可以同样运用以上标准进行设备的安全评估。本小节基于此评估标准对飞机撞击下 AP1000 核电站的设备振动安全进行评估。

1. 模型设置

核电厂房防大型商用飞机撞击结构振动分析中，主要目的是获取厂房内部不同位置的振动加速度，从而评估该处设备的安全性。因此需要在模型中考虑弹性地基的传递振动功能，模型示意图，如图 4-69 所示，振动分析有限元模型底部设置了长为 300m，宽为 200m，厚度为 27m 的弹性地基。振动分析主要目的是提取不同位置的振动加速度，为提高计算效率，有限元模型中安全壳和辅助厂房均简化为 SHELL 单元进行计算，并将安全壳内部结构简化为质量串进行安全评估。

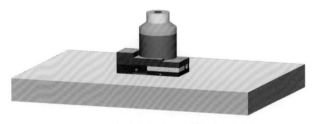

图 4-69　振动分析有限元模型示意图

2. 撞击分析

振动分析的撞击工况，如图 4-70 所示，飞机的撞击速度为 100m/s，距离地面（地面标高 100.0m）20.3m 高，垂直撞击安全壳。

计算时间设为 0.6s，振动数据输出间隔为 0.0001s，共输出数据 6000 个。对于重要设备的位置进行编号，提取该位置的振动加速度用于评估设备的安全。

其中安全壳结构内部质量串编号为 1~5，如图 4-71 所示，辅助厂房内部不同标高的位置编号，如图 4-72 所示。

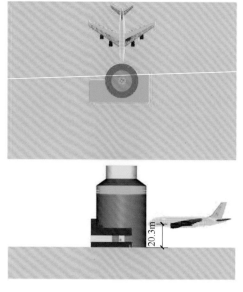

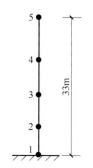

图 4-70　振动分析的撞击工况

图 4-71　质量串编号

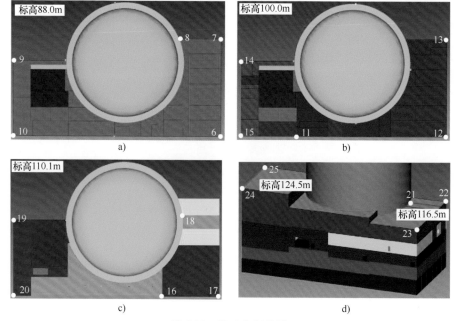

图 4-72　振动分析位置

a）标高 88.0m　b）标高 100.0m　c）标高 110.1m　d）标高 124.5m 和 116.5m

　　通过所得到的不同位置的振动加速度曲线，可以获得不同位置的振动反应谱加速度。篇幅所限，图 4-73 所示为典型的内部结构质量串编号 1 和辅助厂房内部位置质量串编号 8 的撞击方向的加速度时程曲线。

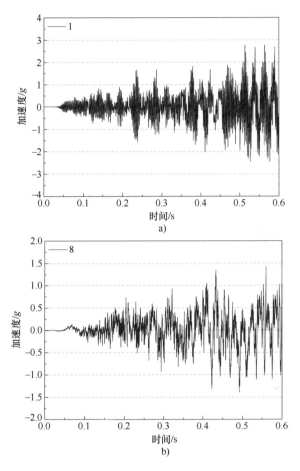

图 4-73　撞击方向加速度时程曲线

a) 质量串编号 1　b) 位置编号 8

　　不同位置的振动反应谱加速度，如图 4-74 所示。飞机的撞击位置的标高为 120.3m，从图 4-74 中可得出，图 4-74e 的平均反应谱加速度最大，且整体趋势从图 4-74e 到图 4-74b 的反应谱加速度依次递减，图 4-74b 中的位置与撞击位置的距离最远而图 4-74e 中的位置与其距离最近。质量串的最底部标高为 88.0m，与图 4-74b 的标高一致，然而安全壳的内部结构质量串与撞击位置的距离也相对于图 4-74b 中的位置更近，因此质量串编号 1 的反应谱加速度也大于图 4-74b 中

所有位置的反应谱加速度。图 4-74 中所引用的振动反应谱加速度临界值为
Kostov[169] 于 2014 年所建立的设备振动反应谱加速度的最小值，超过这个曲线
值，则认为会有设备发生损伤。从图 4-74 中可以看出，除去图 4-74b 中位置反
应谱加速度没有超过临界值，其他的分图中均不同程度的超过该临界值，由此
判定在 A380 飞机撞击下，反应谱加速度超过临界值。

在 A380 飞机撞击下，不同位置的绝对累积速度时程曲线，如图 4-75 所示。
图 4-75a、b、c 中的绝对累积速度都没有超过临界值 $0.3g \cdot s$，然而图 4-75d 和 e
中的绝对累积速度都超过了临界值，出于保守考虑，结合反应谱加速度评估，
认为超过了运行地震基准，反应堆应停堆。

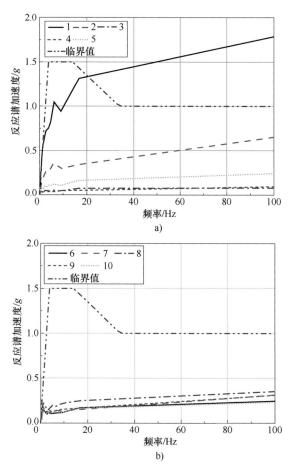

图 4-74　振动反应谱加速度

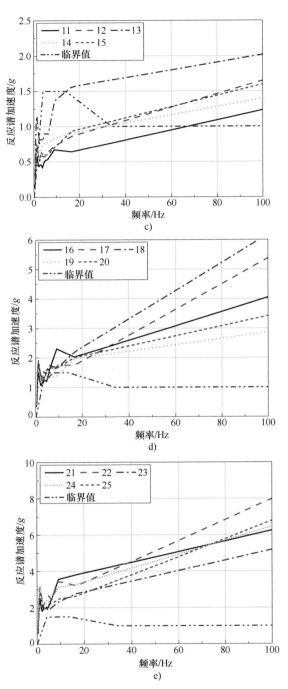

图 4-74　振动反应谱加速度（续）

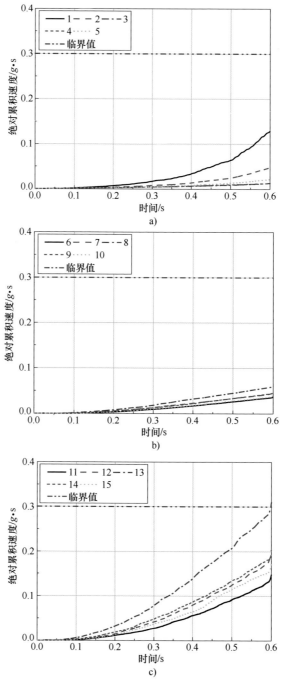

图 4-75　绝对累积速度时程曲线

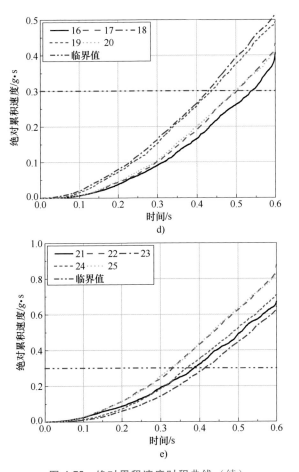

图 4-75　绝对累积速度时程曲线（续）

4.7　空客 A320 和 A380 撞击大型 RC 冷却塔

随着核电站的发展，世界各地将建造越来越多配套的大型甚至超大型双曲线冷却塔。自然通风式双曲线冷却塔的主要作用是利用循环水释放核能发电产生的热量，从而降低核电设施的高温，同时避免邻近水体受热污染。核电站的发电量随着能源需求的扩增而不断增加，冷却塔的规模也在扩大，作为核电站最大的结构，大型冷却塔遭受蓄意和偶然破坏的可能性激增，因为其发生整体倒塌或者局部破坏产生的二次效应可能会严重影响附近人员和核电设施的安全。目前，针对核电站冷却塔结构的破坏荷载主要为风、地震和爆炸等，而关于飞机撞击冷却塔的相关研究极少，在公开发表的文献中只关注到 2014 年 Li 等[141]对超大型双曲线冷却塔在飞机撞击下的破坏效应进行了数值模拟。

因此，为进一步研究飞机对大型双曲线冷却塔的撞击破坏效应，本书基于第 3 章建立的精细化 A320 及 A380 商用飞机和 148m 高的双曲线冷却塔有限元模型，采用耦合方法对撞击全过程进行了数值模拟分析。撞击速度为 100m/s，撞击部位为塔身壁厚最小的冷却塔喉部。为了评估撞击结果，本节从撞击现象、撞击力、塔身的塑性应变以及飞机速度变化 4 方面进行了详细分析。

4.7.1　撞击现象

针对冷却塔内部中空的特点，撞击可分为两阶段：阶段 I 为飞机撞击前壁，阶段 II 为飞机穿透前壁后撞击后壁。图 4-76 所示为两种飞机撞击冷却塔过程，阶段 I 中完整的飞机以初始速度撞向冷却塔，A320 和 A380 飞机的引擎在贯穿冷却塔前壁的过程中脱落。A380 飞机的机翼与主体分离，而 A320 的机翼仅仅向机身方向弯曲。在阶段 II 中，从 A380 飞机主体脱落的机翼紧随机身以一定的速度撞向冷却塔后壁，机翼的着壁面积比机身的更大，因此对于阶段 II 中的 A380 飞机，脱落的机翼较机身对冷却塔造成了更大的破坏效果。A320 飞机在撞击后壁时部分屈曲，撞击姿态因飞机后部具有向下的速度而改变，飞机前部贯穿后壁后，飞机后部继续撞击洞口边缘的塔壁产生破坏效应。

4.7.2　撞击力

飞机撞击力时程曲线，如图 4-77 所示。A320 飞机完成阶段 I 和阶段 II 的撞击过程大约需要 0.36s 和 0.56s。A380 飞机撞击冷却塔的持续时间大约分别为 0.6s 和 0.8s。A380 飞机在阶段 I 和阶段 II 中的撞击持续时间都长于 A320 飞机，分析阶段 I 的结果是由于飞机整体对前壁有较大的着壁面积，而对于阶段 II，断裂后的机翼紧随 A380 飞机的机身撞击后壁，这也是 A320 飞机的撞击力具有两个峰值而 A380 飞机的撞击力出现 3 个峰值的原因。此外，由于断裂后的机翼对后壁的着壁面积大于机身的着壁面积，其在阶段 II 中对后壁造成更大破坏，并且从结果上看，断裂后的机翼冲击力峰值比机身的更大。

4.7.3　塔身的塑性应变

图 4-78 所示为塔身混凝土塑性应变。从塔身的破坏可以看出，飞机贯穿了冷却塔的前后壁，但冷却塔没有出现大面积的崩塌，总体结构依然具有较好的稳定性。对比穿孔面积，A380 飞机（约 72m^2）相较于 A320 飞机（约 56m^2），其大尺寸对冷却塔前壁产生了更大的破坏效应，在撞击后壁时飞机破损较多，着壁面积小，飞机对后壁造成的破坏效应小于对前壁的。

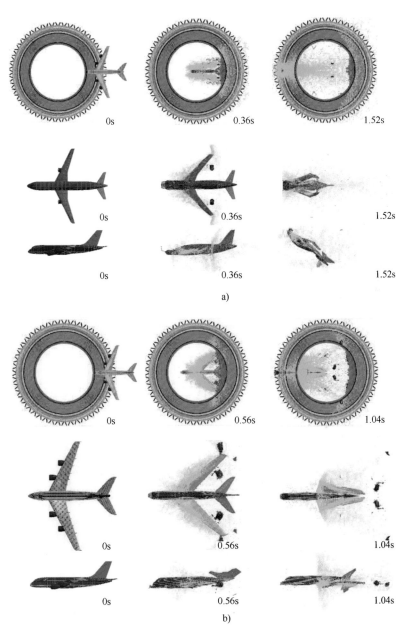

图 4-76　两种飞机撞击冷却塔的过程

a）A320　b）A380

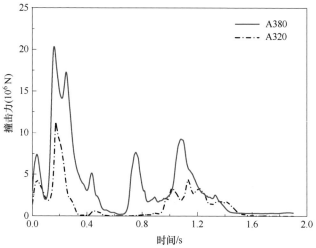

图 4-77　飞机撞击力时程曲线

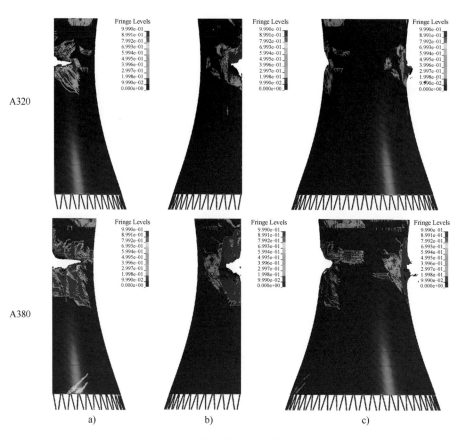

图 4-78　塔身混凝土塑性应变

a）前壁　b）后壁　c）侧视图

4.7.4　飞机速度变化

飞机的速度时程变化曲线，如图 4-79 所示。阶段 I 中两种飞机以 100m/s 的初始速度撞击前壁，A320 飞机贯穿前壁所用时间约为 0.36s，A380 飞机用时 0.6s，两种飞机的残余速度分别为 62m/s 和 92m/s。阶段 II 中，A320 飞机的剩余速度为 31m/s，撞击时间约为 0.56s，A380 飞机的残余速度为 87m/s，撞击过程持续时间约为 0.2s。飞机主体在贯穿冷却塔后仍具有较高的速度，尤其是 A380 飞机，撞击损失的速度仅有 13%，虽然飞机结构有所破损，但仍然具有一定的破坏力。阶段 I 中 A380 飞机的机翼在撞击过程中脱离了机身。阶段 II 中，剥落的机翼由于更大的着壁面积造成了比机身撞击更严重的破坏效应，机翼的最终速度约为 53m/s，因此自 A380 飞机剥落的机翼仍然具有破坏作用。

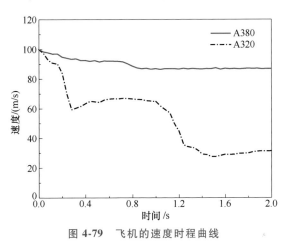

图 4-79　飞机的速度时程曲线

综上分析，对于大型双曲线冷却塔在受到 A320 和 A380 商用飞机以 100m/s 的速度撞击时，可得出以下相关结论：①冷却塔作为薄壁结构无法抵御飞机的撞击，无论是 A320 飞机还是规格更大的 A380 飞机也很难使冷却塔产生整体的倒塌效应，因为飞机机翼只能在撞击前壁时产生较大破坏效果，在撞击后壁时主要依靠机身的撞击力，无法产生足以能使结构倒塌的破坏效应；②飞机的脱落部位和撞击姿态的改变都会对冷却塔的塔身造成大于机身产生的破坏效应；③飞机各部位的残余速度都较高，仍具有破坏效应。

4.8　本章小结

不同飞机在各种工况下撞击不同核电厂房的过程非常复杂，开展大量的原型试验研究以及进行细致准确的理论分析都存在非常大的困难和限制，近年来计算机性能的提高和仿真软件的日臻成熟，使得精细化的数值模拟得以实现并成为飞机撞击核电设施研究工作的有效方法之一，其成本更低、效率更高、数据更丰富且可以分析大量不同工况。本章基于已经建立并验证的4种飞机与4种核电厂房的精细化有限元模型，进行了大量的数值模拟分析，开展的工作及得到的相关结论如下：

1）基于建立的精细化 F-4 飞机有限元模型，对原型飞机撞击 RC 板的试验进行了数值模拟分析，较好地复现了试验现象，同时验证了有限元模型的合理性。

2）与大型客机相比，虽然中小型飞机的质量相对较小，但是其质量分布较为集中，更容易对核电厂房造成局部破坏，为此开展了 F-4 飞机撞击预应力 RC 安全壳的模拟分析，在 215m/s 的速度垂直撞击作用下，厂房的最大挠度约为 420mm，且由于圆筒形安全壳的分解作用，F-4 飞机对其撞击冲量降低为撞击刚性平板冲量的约 78.7%。

3）同时采用耦合方法与非耦合方法对空客 A320 飞机撞击预应力 RC 安全壳的全过程进行了数值模拟分析，开展了系统的参数化影响分析（包括飞机撞击位置、速度、角度，以及结构壁厚、钢筋配筋率、钢束预应力），提出了最大撞击挠度预测公式。虽然目前该公式仅适用于此 A320 客机和预应力 RC 安全壳模型，但是分析方法可以推广。

4）在目前模拟飞机撞击核电厂房的文献中，有些影响因素，如安全壳周围的附属厂房、结构的重力作用、厂房的设备进出孔洞以及水箱里的储水等，由于计算效率等原因大部分的相关文献都没有进行考虑。本章基于壁厚较大的 RC 安全壳以及质量最大的 A380 客机，从撞击力、撞击中心位移和混凝土损伤 3 个方面，对是否考虑上述 4 种影响因素进行了对比分析，结果表明不考虑附属厂房的约束、结构的重力作用以及水箱储水的影响会导致撞击位移略微偏大，对于结构设计是偏于保守和安全的，但是为了提高计算结果的准确性，建议进行考虑；而不考虑设备孔洞会使结构的整体性更好，因此撞击位移偏小，这对于结构设计是偏于危险的，因此应该考虑设备孔洞影响。

5）飞机的吨位和尺寸等数据直接影响着被撞击结构的损伤破坏，为此开展了 3 种典型商用飞机（新舟 MA600、空客 A320 和空客 A380）对预应力 RC 安全壳的撞击模拟分析，详细对比了不同飞机对撞击现象、撞击力时程、撞击中心的位移、混凝土的损伤、钢筋的应力应变和预应力钢束的轴力等的影响。结果表明：安全壳的损伤破坏并不会随着飞机尺寸和质量的增大而同样比例的增加，而是增加的幅度越来越小，这是因为飞机尺寸越大其质量越容易被安全壳的筒身分解到结构两侧，导致部分动能不会作用于被撞结构。

6）AP1000 核电站安全壳的筒身处为双层钢板混凝土结构，并且内含拉筋连接两侧钢板，开展了空客 A380 对此结构形式的撞击模拟分析。结果表明：安全壳筒身、锥形屋面以及其辅助厂房防大型商用客机撞击的性能均十分优异，能够抵御 A380 大型客机的撞击。虽然结构不会发生严重破坏，但是从结构的振动响应方面考虑，对于 A380 客机以 100m/s 的速度垂直撞击距离地面约 20m 高处的安全壳，根据反应谱加速度评估，认为超过了正常运行的地震基准。

7）大型双曲线冷却塔发生整体倒塌或者局部破坏产生的二次效应可能会严重影响附近人员和核电设施的安全。进行了空客 A320 和 A380 撞击冷却塔的数值模拟分析，评估了冷却塔和飞机撞击过程中的损伤破坏，并进一步对飞机撞击位置、速度和角度等不同因素影响下的撞击现象、撞击力、塔身的塑性应变和飞机速度变化情况进行了讨论。得出：A320 和 A380 飞机撞击不会引起冷却塔整体倒塌，飞机的脱落部位和撞击姿态的改变会对冷却塔的塔身造成大于机身产生的破坏效应，飞机各部位贯穿后具有较高的残余速度，仍具有破坏效应。

第5章 引擎撞击 RC 结构的试验及理论分析

在飞机的撞击作用下核电厂房等结构除了会发生整体响应，如较大变形、坍塌甚至倾覆等，还可能引起局部破坏，如侵彻、震塌甚至贯穿等。整体响应主要是由整架飞机的冲击荷载作用在相对较大的面积上导致的，而局部破坏主要由飞机上刚度相对较大的构件导致的，如引擎和起落架等。由于起落架在飞机飞行的过程中是收放到机腹里面的，因此其在撞击过程中不会直接撞击到核电厂房，而安装在机翼上高速旋转的引擎则很有可能脱落后直接撞击结构外壁，根据不同的工况可能会造成严重的局部破坏。在第 3 章和第 4 章，我们采用数值模拟的方法主要关注了核电厂房的整体响应，主要因为整体响应分析几乎无法通过理论和试验途径完成；而对于引擎撞击造成的局部破坏，可以开展缩比引擎撞击 RC 板的试验研究。

虽然 Sugano 等[38, 39]开展过 83 组 3 种不同比例（1∶1，1∶2.5，1∶7.5）以及原型的 F-4 飞机引擎 GE-J79 撞击试验，也得到了大量的试验数据，同时基于已有的刚性飞射物震塌和贯穿经验公式，结合可变形引擎撞击的试验结果进行了修正（引入折减系数来考虑引擎结构的变形吸能对 RC 板破坏的减弱效果），但是没有分析引擎撞击造成的侵彻破坏，此外总体上试验数据还非常有限。因此，本章主要关注引擎撞击造成的侵彻深度，并开展了相应的缩比撞击试验，此外引入 Sugano 的试验数据进行丰富补充，基于已有的刚性飞射物侵彻经验公式，通过引入折减系数的方法较好地预测了该引擎的侵彻深度。

5.1 试验模型和发射装置

5.1.1 试验模型

在借鉴 Sugano 等[37]试验中引擎简化和缩比原则的前提下（其 1∶1 简化模

型如图 5-1 所示），作者开展了 1∶10 的缩比模型试验，模型质量约为 1500g，引擎材料为 45 号钢（屈服强度约为 355MPa，极限强度约为 600MPa，弹性模量约为 210GPa），由 8mm 壁厚的钢管削薄并与 3 块不同厚度的圆形钢片焊接而成，具体尺寸，如图 5-2a 所示。为了在试验高速录像中更为清楚地观察到引擎模型的变化，试验前在其表面喷涂了 5 圈红色油漆，且最窄 3 条的位置和宽度分别对应于内部的 3 块圆形钢片，如图 5-2b 所示。

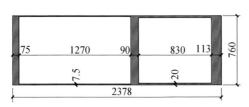 

图 5-1　Sugano 等试验中 1∶1 比例的简化引擎模型（单位：mm）

注：该图取自参考文献［37］。

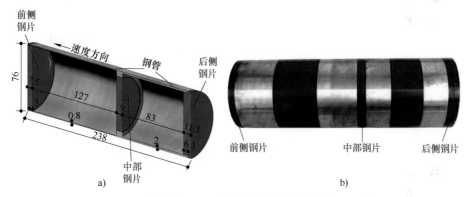

图 5-2　本试验中 1∶10 缩比的引擎模型（单位：mm）

a）引擎模型尺寸　b）引擎模型表面喷漆

外层安全壳的实际壁厚为 1500mm，同样采用 1∶10 的缩比尺度，浇筑的 RC 板厚度为 150mm，边长为 700mm，如图 5-3 所示。在进行试验前，RC 板养护时间约两个月。

5.1.2　发射装置

引擎模型采用 250mm 口径的空气炮进行发射，共 9 发，根据大型商用客机一般的飞行速度设置引擎撞击速度约为 100～200m/s：飞机起降阶段速度约为 100m/s，虽然最大的巡航速度可达到 250m/s 左右，但是考虑到引擎脱落之前会受到机翼的连接和约束，因此脱落后的速度会小于最大巡航速度，但是具体数值取决于引擎和机翼连接的牢固性；此外，考虑到安全壳筒体是圆柱形，在飞机正撞击的情况下，位于两侧机翼上的引擎会和安全壳表面存在一定的夹角，即引擎不会垂直撞击安全壳，而在试验设计中引擎是垂直撞击 RC 板的，因此试验中引擎的最大撞击速度设置为 200m/s 左右是足够的。试验装置的整体布置示意图，如图 5-4 所示，空气炮、挡板和钢框架等装置以及试验现场照片，如图 5-5 所示。

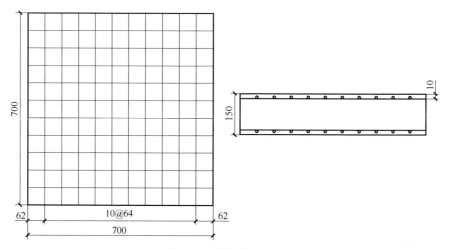

图 5-3　缩比 RC 板模型（单位：mm）

图 5-4　试验装置的整体布置示意图

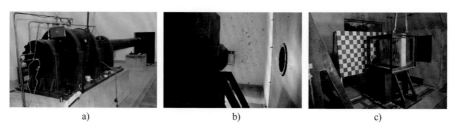

图 5-5　试验装置现场照片

a）空气炮　b）发射口和挡板　c）钢框架和 RC 板

　　由于空气炮的直径为 250mm 大于引擎模型的直径 76mm，因此需要使用次口径技术，为引擎模型设计外径略微小于发射管道内径的外壳，如图 5-6 所示。引擎外壳由如下部分组成：6 根直的钢棒（两端攻螺纹，利用螺母连接上下层的铝片），6 根带有一定弯曲度的钢棒（下端攻螺纹，设置了一定的弯曲度便于分离引擎外壳），6 块铝片（组成上下两层圆形结构来约束引擎模型），1 块橡木板（放置于引擎外壳的底部，在发射管道内压缩空气的推动下起到密封作用），12 个螺母（用于固定钢棒与铝片）。将以上构件连接好后，采用透明胶带临时固定，便于将引擎外壳放置于发射管道内。

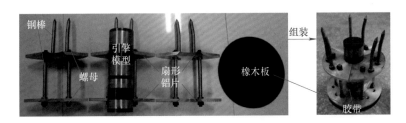

图 5-6　引擎外壳的构成与组装

　　除了引擎外壳，还需要用到阻挡器来分离引擎外壳，如图 5-7 所示。在试验中阻挡器安装于挡板上，当引擎外壳和引擎模型从发射管道中飞出后，引擎外壳前端带有一定弯曲度的钢棒受到阻挡器的侧向分解力而更容易使引擎外壳分解，释放出的引擎模型则从阻挡器中间孔洞穿过，最后撞击到混凝土板。

图 5-7　引擎外壳的阻挡器

　　钢框架结构由角钢焊接而成，并将基础埋置于混凝土基座；混凝土板通过前后上下共 4 条夹板固定于钢框架，而夹板与钢框架之间采用螺栓固定，钢框架结构及 RC 板固定方式，如图 5-8 所示。

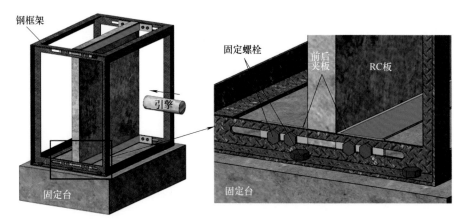

固定台

图 5-8　钢框架结构及 RC 板固定方式示意图

5.2　试验结果分析

　　本节将对试验的结果进行总结梳理，包括对相关试验数据的记录、冲击过程的高速录像、RC 板的破坏和引擎模型的压屈变形等。

5.2.1　试验结果

　　表 5-1 给出了相关的试验数据，需要说明的"实测板厚/mm"为在试验现场测量的每块 RC 板四角处的真实厚度，可见 RC 板的浇筑尺寸控制得较好，厚度上没有出现大的偏差；"引擎质量/g"中的左侧一列"初始"栏记录的是引擎在发射前的初始质量，基本都在 1500g 左右，右侧一列"残余"栏记录的是引擎完成冲击过程之后收集到的引擎残余质量，其中除了一个较为完整且质量最大的引擎主体之外（标注为"主"），还收集到一些引擎破裂的碎片，并记录了收集到的引擎总质量（标注为"总"），"速度/（m/s）"中只记录了引擎的初始撞击速度，没有记录残余速度，因为引擎没有贯穿 RC 板并且从高速录像观察到引擎几乎没有反弹；"侵深/mm"为 RC 板被侵彻的最大深度；最后一列"开坑尺寸/mm"记录了 RC 板在四个主要方向上的破坏尺寸，引擎直接冲击 RC 板前侧会造成混凝土的剥落而形成开坑，而试验结果表明 RC 板后侧几乎没有任何破坏，也没有观察到任细小裂纹。

　　试验共进行了 9 发，引擎初始速度的范围为 94～184m/s，与设计的 100～200m/s 较为吻合，达到了预期要求，根据不同的冲击速度，RC 板的侵彻深度的变化范围为 6～22mm，RC 板的受冲击面出现了不同尺寸的开坑，而背面几乎没有任何损伤，直观上表明了此 RC 板完全可以抵御飞机引擎在预定速度内撞击造成的局部破坏。

表 5-1　引擎模型撞击试验数据记录表

编号	实测板厚/mm		引擎质量/g		速度/(m/s)		侵深/mm	开坑尺寸/mm				
			初始	残余	初始	残余		位置	水平	竖直	左上	右上
1	151	155	1495.0	1092（主）	110	—	16	前	117	110	112	110
	154	150		1482（总）				后	—	—	—	—
2	155	155	1521.9	411（主）	126	—	9	前	115	116	115/156	122
	157	158		1086（总）				后	—	—	—	—
3	152	154	1477.1	502（主）	166	—	14	前	195	240		
	152	151		1101（总）				后	—	—	—	—
4	156	154	1480.9	451（主）	126	—	9	前	121	100	120	100
	154	153		1424（总）				后	—	—	—	—
5	152	154	1483.6	1227（主）	94	—	6	前	102	100	121	94
	155	154		1481（总）				后	—	—	—	—
6	155	155	1489.1	1396（主）	162	—	21	前	205	210	162	197
	154	155		1416（总）				后	—	—	—	—
7	156	152	1477.9	823（主）	184	—	22	前	离散分布的小坑			
	152	153		1467（总）				后	—	—	—	—
8	153	152	1463.2	342（主）	146	—	18	前	离散分布的小坑			
	153	152		1133（总）				后	—	—	—	—
9	153	155	1471.6	803（主）	147	—	16	前	离散分布的小坑			
	155	154		1433（总）				后	—	—	—	—

5.2.2　撞击过程和试验模型破坏的分析

本小节将针对每一发试验描述其试验高速录像、RC 板正面的破坏形态以及引擎模型的变形等。

1. 第 1 发

第 1 发试验结果，如图 5-9 所示，该引擎模型的冲击速度约为 110m/s。如图 5-9a 的高速录像所示，引擎模型的飞行姿态较正，在引擎接触 RC 板以后，RC 板正面的部分混凝土剥落且形成小碎块飞溅，而 RC 板背面没有出现任何混凝土剥落的现象。如图 5-9b 的 RC 板正面破坏所示，引擎模型的撞击导致 RC 板正面形成了一个侵彻深度约 16mm、直径约 110mm 的主要开坑；此外，在主坑周围出现了几个零星的较小开坑，从高速录像可见，这些小开坑是由于后面破碎的引擎外壳撞击所形成的；从高速录像以及试验后的结果来看，RC 板背面没有任何混凝土的剥落且没有观察到裂纹，表明此配置的 RC 板完全可以承受此工况下的撞击荷载。对于引擎模型，其是由 3 块不同厚度的实心钢片以及前部 0.8mm 厚和后部 2.0mm 厚的钢管组成的，如图 5-9c 所示，在撞击过程中，0.8mm 厚的钢管基本被完全压屈撕裂，而 2.0mm 厚的钢管则没有明显的变形。

a)

b)　　　　　　　　　　　　　　　c)

图 5-9　第 1 发试验结果

a）冲击过程　b）RC 板破坏　c）引擎模型破坏

2. 第 2 发

第 2 发试验结果，如图 5-10 所示，该引擎模型的冲击速度约为 126m/s 且飞行姿态较正，高速录像记录的冲击现象（图 5-10a）与第一发相似，可以观察到引擎的压屈破坏过程（在引擎与 RC 板接触表面形成了少量火花）、RC 板正面混凝土小碎片的飞溅、引擎后面也跟随部分引擎外壳的碎片，同样 RC 板背面没有观察到混凝土的剥落。如图 5-10b 所示，RC 板正面形成了一个侵彻深度约为 9mm 的主要开坑，且由于引擎外壳碎片的撞击而形成了周围的小开坑；但是需要注意的是，在引擎与 RC 板正面直接接触的部位（引擎模型的垂直投影区域），混凝土并没有因为压应力剥落，而是其周围的部分混凝土受到较大的剪切和拉伸作用而破碎。对于引擎模型的破坏，如图 5-10c 所示，0.8mm 厚的薄壁钢管被严重压屈撕裂，后面 2.0mm 厚的钢管基本没有发生变形。

图 5-10　第 2 发试验结果

a）冲击过程　b）RC 板破坏　c）引擎模型破坏

3. 第 3 发

第 3 发试验的高速录像试验结果，如图 5-11a 所示，可见试验结果不太符合预期，引擎模型的发射速度约为 166m/s，速度的提高导致发射过程不太稳定，导致引擎模型外壳破碎且同引擎模型几乎同时甚至超越引擎而提前撞击 RC 板，引擎撞击 RC 板的过程也受到混凝土碎片和灰尘的遮挡而观察不清。RC 板正面破坏，如图 5-11b 所示，由于破碎引擎模型外壳的撞击导致很多小坑的出现且连接成片，因此也没有形成明显独立的近似圆形的主坑，这些连成片的混凝土剥落的最大深度约为 14mm（处于引擎撞击的部位），虽然从高速录像中无法观察到 RC 板背面的破坏，但是从试验后的结果来看，RC 板背面同样没有任何混凝土剥落，也没有观察到裂纹。引擎模型外壳碎片与引擎模型一同撞击 RC 板，在一定程度上更接近真实情况，因为在实际撞击过程中肯定会伴随着除了引擎模型主体之外的其他碎片的撞击；试验的结果也表明，在此撞击速度以及众多碎片一同撞击的工况下，RC 板也完全可以承受，不会造成严重的局部破坏，更不会出现贯穿现象。引擎模型的破坏，如图 5-11c 所示，类似地，引擎模型的前部较薄的钢管被撕裂压屈，而后部壁厚较大的钢管没有明显的变形。

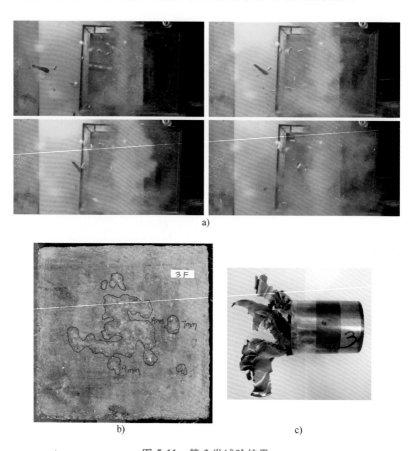

图 5-11　第 3 发试验结果

a）冲击过程　b）RC 板破坏　c）引擎模型破坏

4. 第 4 发

第 4 发中引擎模型的发射速度同样为 126m/s，由试验的高速录像试验结果图 5-12a 可见，引擎模型的飞行姿态较正，引擎模型几乎垂直撞击 RC 板正面，在引擎模型后面也跟随着部分引擎模型外壳碎片，RC 板背面也没有观察到混凝土的剥落。RC 板正面的破坏，如图 5-12b 所示，可见在 RC 板中心附近形成了一个主要开坑，最大深度约为 9mm；需要注意的是，同第 2 发中的情况一样，引擎模型与 RC 板直接接触的区域，混凝土未剥落，而是其周围的混凝土受到剪切和拉伸作用而破裂飞溅；RC 板背面同样没有观察到混凝土剥落和裂纹。引擎模型的破坏，如图 5-12c 所示，可见除了前部 0.8mm 厚的钢管被压屈撕裂外，后面 2.0mm 厚的钢管出现了撕裂现象，但是却没有明显的压屈，这可能是由于引擎模型倾斜后者应力集中而造成的偶然现象，并不能代表引擎模型破坏的一般形态。

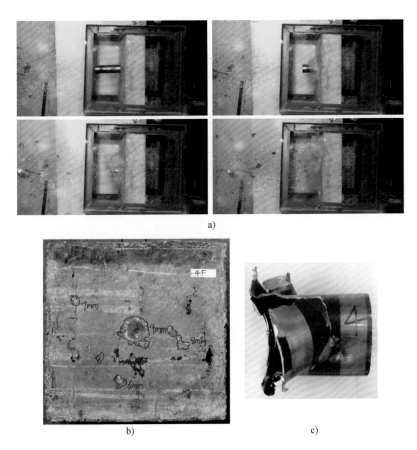

a)

b)　　　　　　　　　　c)

图 5-12　第 4 发试验结果

a）冲击过程　b）RC 板破坏　c）引擎模型破坏

5. 第 5 发

第 5 发试验结果，如图 5-13 所示，该引擎模型的发射速度约为 94m/s，由于发射速度较低，引擎模型的飞行姿态较正。从高速录像（图 5-13a）可见，引擎模型在撞击 RC 板正面后被压屈且混凝土碎片和灰尘飞溅，同样地 RC 板背面没有出现破坏的现象。RC 板正面的破坏，如图 5-13b 所示，引擎模型与 RC 板直接接触区域的混凝土也没有因受压而失效剥落，其周围被剪切和拉伸破坏的混凝土的最大开坑深度约为 6mm。引擎模型的破坏，如图 5-13c 所示，其 0.8mm 厚的钢管被严重撕裂压屈，后面 2.0mm 厚的钢管同样没有发生明显变形。

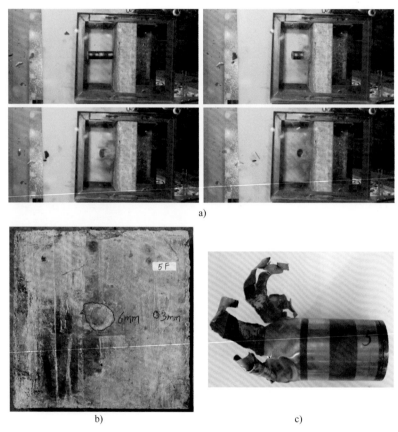

a)

b)   c)

图 5-13   第 5 发试验结果

a）冲击过程   b）RC 板破坏   c）引擎模型破坏

6. 第 6 发

在第 6 发中，引擎模型的发射速度为 162m/s，从高速录像（图 5-14a）可见，引擎模型的飞行姿态较正，但是有较多的引擎外壳碎片随后撞击到 RC 板正面，引起混凝土碎片的飞溅，而 RC 板背面没有观察到任何破坏。RC 板正面的破坏，如图 5-14b 所示，在撞击区域形成了一个大面积的开坑，这是由于引擎模型和引擎模型外壳碎片共同撞击所造成的，其最大侵彻深度约为 21mm。引擎模型的破坏，如图 5-14c 所示，前面 0.8mm 厚的钢管被压屈撕裂后飞散，而后面 2.0mm 厚的钢管没有发生明显的压屈。

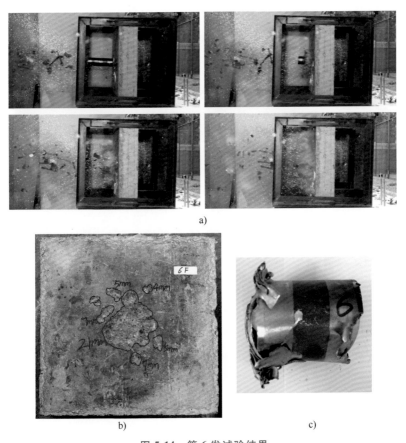

图 5-14　第 6 发试验结果

a) 冲击过程　b) RC 板破坏　c) 引擎模型破坏

7. 第 7 发

第 7 发试验的高速录像试验结果，如图 5-15a 所示，可见试验结果不太符合预期。这一发中引擎模型的发射速度约为 184m/s，同样是速度的提高导致发射过程不太稳定，导致引擎模型外壳破碎且同引擎模型几乎同时甚至超越引擎而提前撞击 RC 板，引擎撞击 RC 板的过程也受到混凝土碎片和灰尘的遮挡而观察不清。此外，从给出的 4 幅高速录像的前两幅可见，引擎模型是横向撞击 RC 板的，而不是预期所要求的纵向垂直撞击。可以预测，RC 板正面的开坑一定也会有较多的小开坑，甚至会连接成一个较大的开坑，正如图 5-15b 所示，最大的侵彻深度约为 22mm；此外，在试验后观察，RC 板背面也没有任何混凝土剥落和形成裂纹的迹象。引擎模型的破坏形态与其他试验中的不同，如图 5-15c 所示，其在纵向上没有明显的压屈，引擎模型的绝大部分仍旧保持连接，没有像其他发试验中 0.8mm 厚的钢管部分已经基本破裂飞散了；但是引擎模型在横向上发生了较大的压屈变形，这也说明了引擎模型是以横向的姿态撞击了 RC 板正面。

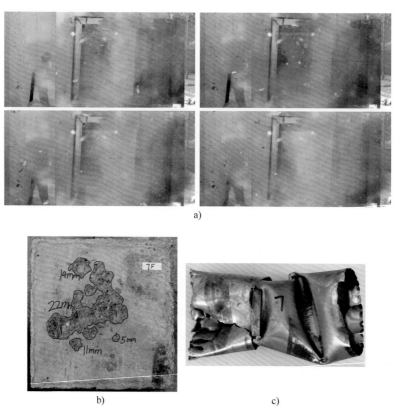

图 5-15   第 7 发试验结果

a）冲击过程   b）RC 板破坏   c）引擎模型破坏

8. 第 8 发

第 8 发撞击结果，如图 5-16 所示，引擎模型的发射速度约为 146m/s。从高速录像（图 5-16a）可见，同样是破碎的引擎模型外壳残片与引擎模型同时撞击到 RC 板正面，导致较多的混凝土剥落飞溅，而 RC 板背面没有破坏迹象。RC 板正面的破坏，如图 5-16b 所示，引擎模型外壳碎片的撞击导致了较多的小开坑，主要开坑的最大侵彻深度约为 18mm。引擎模型最后的破坏形态，如图 5-16c 所示，其 0.8mm 厚的钢管部分已经基本全部飞散，只剩下 2.0mm 厚的钢管部分，但是在纵向上并没有出现明显的压屈破坏。

9. 第 9 发

第 9 发试验的高速录像试验结果，如图 5-17a 所示，可见有较多的引擎模型外壳残片撞击到 RC 板正面，引擎模型的发射速度约为 147m/s，而在 RC 板背面也没有出现混凝土剥落的现象。RC 板正面的破坏，如图 5-17b 所示，引擎模型外壳碎片的撞击导致了较多的小开坑，引擎模型撞击导致的主开坑的最大侵彻深度约为 16mm；试验后在 RC 板背面也没有观察到混凝土剥落，并且也没有裂纹形成。如图 5-17c 所示，从引擎模型的破坏形态可以看出，引擎模型主要发生的是纵向压屈，这也表明引擎模型较为垂直地撞击了 RC 板正面；引擎模型 0.8mm 厚的钢管基本被完全压屈，其 2.0mm 厚的钢管虽然没有明显的压屈，但是出现了两条裂纹。

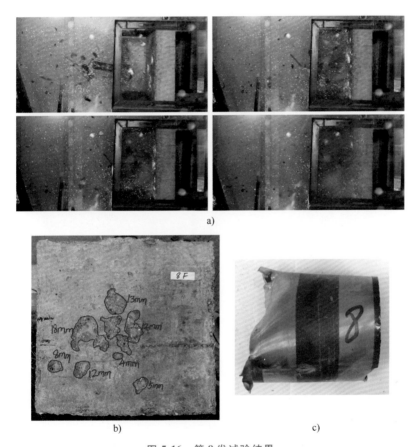

a)

b)　　　　　　　　　　c)

图 5-16　第 8 发试验结果

a）冲击过程　b）RC 板破坏　c）引擎模型破坏

本节记录和介绍了相关的试验结果，引擎的发射速度范围 94~184m/s，对于按照安全壳实际厚度尺寸 1∶10 缩比的 RC 板模型，不仅在引擎模型正面撞击、侧面撞击以及很多引擎模型外壳碎片同时撞击的情况下，对 RC 板造成的破坏仅仅是一定深度的侵彻，并没有发生震塌和贯穿的现象，甚至 RC 板背面没有出现任何的裂纹。因此，试验结果表明，此 RC 板完全可以承受引擎模型撞击造成的冲击荷载，但是会在 RC 板正面形成不同深度和面积的开坑。侵彻深度对于结构安全较为重要，下面开始对侵彻深度进行分析和预测，思路和方法如下：①首先，对现有的较为经典的刚性飞射物侵彻深度经验公式进行总结和初步筛选；②然后，基于引擎模型的侵彻深度试验数据对刚性飞射物的经验公式进行折减，通过对比分析得出相对最合适的预测公式。

图 5-17　第 9 发试验结果

a）冲击过程　b）RC 板破坏　c）引擎模型破坏

5.3　现有计算方法

本节主要对现有的较为经典的刚性飞射物撞击混凝土结构的经验公式进行总结和初步筛选。随着刚性飞射物初始速度 V_0 的不断增加，可观察到三种不同的结构破坏现象，如图 5-18 所示。

1）侵彻，如图 5-18a 所示，刚性飞射物侵入混凝土结构一定深度，由于初始冲击引起的强烈压缩波以及在混凝土结构迎撞面反射拉伸波的相互作用，迎撞面发生开坑现象，且混凝土结构远端自由表面未产生裂纹和破坏。

2）震塌，如图 5-18b 所示，刚性飞射物侵入混凝土结构一定深度，由于压缩波在混凝土结构远端自由表面反射产生的拉伸波影响，混凝土结构背面材料发生裂纹和剥落。

3）贯穿，如图 5-18c 所示，刚性飞射物穿透混凝土结构，刚性飞射物仍有残余速度，混凝土结构背面材料震塌先于刚性飞射物穿出。

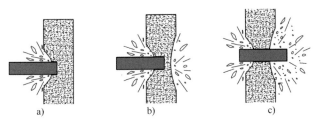

图 5-18　刚性飞射物冲击混凝土结构

a）侵彻　b）震塌　c）贯穿

对于较厚的混凝土结构，整个贯穿过程存在 3 个不同的阶段：初始开坑、隧道和背部震塌；而对于薄混凝土结构，则不存在隧道阶段。刚性飞射物侵彻和贯穿过程中所关心的终点效应特征参数主要包括：刚性飞射物侵彻深度 h_{pen}、混凝土结构的震塌极限厚度 h_{scab}、混凝土结构的临界贯穿厚度 h_{per} 和刚性飞射物的最小贯穿速度 V_{BL} 以及刚性飞射物贯穿混凝土结构后的残余速度 V_r。

5.3.1　计算公式

以大量试验数据为支撑，经验模型通过数据分析拟合给出终点效应特征参数的计算公式，因此经验公式只能对给定的速度范围和混凝土强度等适用。本小节简要介绍已有刚性飞射物冲击混凝土结构终点效应特征参数的经验公式。值得指出的是，已有经验公式只适用于刚性飞射物的中低速撞击。以下经验公式全部为国际单位制。

1. Modified Petry 公式[170, 171]

$$\frac{h_{pen}}{d} = k \frac{M}{d^3} \lg\left(1 + \frac{V_0^2}{19974}\right) \tag{5-1}$$

式中，M 是刚性飞射物质量；d 是刚性飞射物直径；V_0 是刚性飞射物初始速度。

在最初的 Petry Ⅰ 公式中，对于素混凝土 k 为 6.36×10^{-4}，对于 RC 则 k 为

3.39×10^{-4}。在修正的 Petry Ⅱ 公式中，$k=0.0795k_{\mathrm{p}}$，Walter 等[172]建议

$$k_{\mathrm{p}}=6.34\times10^{-3}\exp(-0.2973\times10^{-7}f_{\mathrm{c}}) \tag{5-2}$$

Amirikian[173]建议

$$\frac{h_{\mathrm{per}}}{d}=2\,\frac{h_{\mathrm{pen}}}{d} \tag{5-3}$$

$$\frac{h_{\mathrm{scab}}}{d}=2.2\,\frac{h_{\mathrm{pen}}}{d} \tag{5-4}$$

Amde 等[174]建议

$$V_{\mathrm{r}}=V_0\sqrt{1-(0.5H/h_{\mathrm{pen}})} \tag{5-5}$$

式中，H 是混凝土结构厚度。

2. BRL 公式[175-178]

Beth[175]、Chelapati 等[176]首先提出了 BRL 公式，随后 Gwaltney[177]、Adeli 和 Amin[178]对其进行改进为

$$\frac{h_{\mathrm{pen}}}{d}=\frac{1.33\times10^{-3}}{\sqrt{f_{\mathrm{c}}}}\left(\frac{M}{d^3}\right)d^{0.2}V_0^{1.33} \tag{5-6}$$

Chelapati 等[176]、Linderman 等[179]进一步提出了

$$\frac{h_{\mathrm{per}}}{d}=1.3\,\frac{h_{\mathrm{pen}}}{d} \tag{5-7}$$

$$\frac{h_{\mathrm{scab}}}{d}=2\,\frac{h_{\mathrm{pen}}}{d} \tag{5-8}$$

3. ACE 公式[176, 180]

$$\frac{h_{\mathrm{pen}}}{d}=\frac{3.5\times10^{-4}}{\sqrt{f_{\mathrm{c}}}}\left(\frac{M}{d^3}\right)d^{0.215}V_0^{1.5}+0.5 \tag{5-9}$$

$$\frac{h_{\mathrm{per}}}{d}=1.32+1.24\,\frac{h_{\mathrm{pen}}}{d},\ 1.35<\frac{h_{\mathrm{pen}}}{d}<13.5\quad \text{或}\quad 3<\frac{h_{\mathrm{per}}}{d}<18 \tag{5-10}$$

$$\frac{h_{\mathrm{scab}}}{d}=2.12+1.36\,\frac{h_{\mathrm{pen}}}{d},\ 0.65<\frac{h_{\mathrm{pen}}}{d}\leq11.75\quad \text{或}\quad 3<\frac{h_{\mathrm{scab}}}{d}\leq18 \tag{5-11}$$

上述公式是通过对大直径刚性飞射物（直径为 37~155mm）试验数据回归得到，对于小直径刚性飞射物，则有

$$\frac{h_{\mathrm{per}}}{d}=1.23+1.07\,\frac{h_{\mathrm{pen}}}{d} \tag{5-12}$$

$$\frac{h_{\mathrm{scab}}}{d}=2.28+1.13\,\frac{h_{\mathrm{pen}}}{d} \tag{5-13}$$

4. Modified NDRC 公式[181, 182]

$$\begin{cases} \dfrac{h_{\text{pen}}}{d} = 2G^{0.5}, \ G \leqslant 1 \\[3mm] \dfrac{h_{\text{pen}}}{d} = G+1, \ G > 1 \end{cases} \tag{5-14}$$

其中

$$G = 3.8 \times 10^{-5} \dfrac{N^* M}{d\sqrt{f_c}} \left(\dfrac{V_0}{d}\right)^{1.8} \tag{5-15}$$

式中，N^* 是飞射物头部形状系数，对于平头、半球、钝头和尖头刚性飞射物分别为 0.72、0.84、1.0 和 1.14。

$$\begin{cases} \dfrac{h_{\text{per}}}{d} = 3.19\left(\dfrac{h_{\text{pen}}}{d}\right) - 0.718\left(\dfrac{h_{\text{pen}}}{d}\right)^2, \ \dfrac{h_{\text{pen}}}{d} \leqslant 1.35 \quad 或 \quad \dfrac{h_{\text{per}}}{d} \leqslant 3 \\[4mm] \dfrac{h_{\text{per}}}{d} = 1.32 + 1.24\left(\dfrac{h_{\text{pen}}}{d}\right), \ 1.35 < \dfrac{h_{\text{pen}}}{d} < 13.5 \quad 或 \quad 3 < \dfrac{h_{\text{per}}}{d} < 18 \end{cases} \tag{5-16}$$

$$\begin{cases} \dfrac{h_{\text{scab}}}{d} = 7.91\left(\dfrac{h_{\text{pen}}}{d}\right) - 5.06\left(\dfrac{h_{\text{pen}}}{d}\right)^2, \ \dfrac{h_{\text{pen}}}{d} \leqslant 0.65 \quad 或 \quad \dfrac{h_{\text{scab}}}{d} \leqslant 3 \\[4mm] \dfrac{h_{\text{scab}}}{d} = 2.12 + 1.36\left(\dfrac{h_{\text{pen}}}{d}\right), \ 0.65 < \dfrac{h_{\text{pen}}}{d} \leqslant 11.75 \quad 或 \quad 3 < \dfrac{h_{\text{scab}}}{d} \leqslant 18 \end{cases} \tag{5-17}$$

5. Ammann-Whitney 公式[183, 184]

该公式针对爆炸产生高速碎片的侵彻（$V_0 > 300\text{m/s}$），表达式为

$$\dfrac{h_{\text{pen}}}{d} = \dfrac{6 \times 10^{-4}}{\sqrt{f_c}} N^* \left(\dfrac{M}{d^3}\right) d^{0.2} V_0^{1.8} \tag{5-18}$$

6. Whiffen 公式[185]

$$\dfrac{h_{\text{pen}}}{d} = \left(\dfrac{2.61}{\sqrt{f_c}}\right) \left(\dfrac{M}{d^3}\right) \left(\dfrac{d}{d_{a,\text{max}}}\right)^{0.1} \left(\dfrac{V_0}{533.4}\right)^{\frac{97.51}{f_c^{0.25}}} \tag{5-19}$$

式中，$d_{a,\text{max}}$ 是骨料最大粒径。

式（5-19）适用范围为 $V_0 < 1127.8\text{m/s}$、$5.52\text{MPa} < f_c < 68.95\text{MPa}$、$0.136\text{kg} < M < 9979.2\text{kg}$ 且 $12.7\text{mm} < d < 965.2\text{mm}$。

7. Kar 公式[186]

基于修正的 NDRC 公式，通过考虑刚性飞射物材料和混凝土粗骨料的影响，Kar[186] 提出

$$\begin{cases} \dfrac{h_{\text{pen}}}{d} = 2G^{0.5}, \ G \leqslant 1 \\[3mm] \dfrac{h_{\text{pen}}}{d} = G+1, \ G > 1 \end{cases} \tag{5-20}$$

其中

$$G = 3.8 \times 10^{-5} \left(\frac{E}{E_s}\right)^{1.25} \frac{N^* M}{d\sqrt{f_c}} \left(\frac{V_0}{d}\right)^{1.8} \tag{5-21}$$

$$\begin{cases} \dfrac{h_{per} - \overline{d}_a}{d} = 3.19\left(\dfrac{h_{pen}}{d}\right) - 0.718\left(\dfrac{h_{pen}}{d}\right)^2, & \dfrac{h_{pen}}{d} \leqslant 1.35 \\ \dfrac{h_{per} - \overline{d}_a}{d} = 1.32 + 1.24\left(\dfrac{h_{pen}}{d}\right), & 1.35 < \dfrac{h_{pen}}{d} \leqslant 13.5 \end{cases} \tag{5-22}$$

$$\begin{cases} \dfrac{h_{scab} - \overline{d}_a}{d}\left(\dfrac{E_s}{E}\right)^{0.2} = 7.19\left(\dfrac{h_{pen}}{d}\right) - 5.06\left(\dfrac{h_{pen}}{d}\right)^2, & \dfrac{h_{pen}}{d} \leqslant 0.65 \\ \dfrac{h_{scab} - \overline{d}_a}{d}\left(\dfrac{E_s}{E}\right)^{0.2} = 2.12 + 1.36\left(\dfrac{h_{pen}}{d}\right), & 0.65 < \dfrac{h_{pen}}{d} < 11.75 \end{cases} \tag{5-23}$$

式中，$\overline{d}_a$ 是粗骨料尺寸的一半；E、E_s 分别是刚性飞射物和钢铁材料的弹性模量。

8. CEA-EDF 公式[187]

CEA-EDF（法国萨克雷核研究中心和法国电力公司）提出

$$\frac{h_{per}}{d} = 0.82 \frac{M^{0.5} V_0^{0.75}}{\rho_0^{0.125} f_c^{0.375} d^{1.5}} \tag{5-24}$$

$$V_{BL} = 1.3\rho_0^{1/6} f_c^{0.5} \left(\frac{dH^2}{M}\right)^{2/3} \tag{5-25}$$

考虑到非圆形截面刚性飞射物和 RC 结构，Fullard 等[188]进一步提出

$$V_{BL} = 1.3\rho_0^{1/6} f_c^{0.5} \left(\frac{pH^2}{\pi M}\right)^{2/3} (r+0.3)^{0.5} \tag{5-26}$$

式中，p 是刚性飞射物横截面周长；r 是配筋率。

式（5-26）的适用范围为 $V_0 < 200\,\text{m/s}$、$23\,\text{MPa} < f_c < 46\,\text{MPa}$、$20\,\text{kg} < M < 300\,\text{kg}$ 和 $0.35 < H/d < 4.17$。

9. UKAEA（UK Atomic Energy Authority）公式[189]

$$\begin{cases} \dfrac{h_{pen}}{d} = 0.275 - (0.0756 - G)^{0.5}, & G \leqslant 0.0726 \\ \dfrac{h_{pen}}{d} = (4G - 0.242)^{0.5}, & 0.0726 < G \leqslant 1.0605 \\ \dfrac{h_{pen}}{d} = G + 0.9395, & G > 1.0605 \end{cases} \tag{5-27}$$

其中

$$G = 3.8 \times 10^{-5} \frac{N^* M}{d\sqrt{f_c}} \left(\frac{V_0}{d} \right)^{1.8} \tag{5-28}$$

式（5-27）和式（5-28）对应的适用范围为 25m/s<V_0<300m/s、22MPa<f_c<44MPa、5000kg/m³<M/d^3<200000kg/m³。

$$\frac{h_{scab}}{d} = 5.3 G^{0.33} \tag{5-29}$$

式（5-29）适用范围为 29m/s<V_0<238m/s、26MPa<f_c<44MPa、3000kg/m³<M/d^3<222200kg/m³。

$$\begin{cases} V_{BL} = V_a & , V_a \leqslant 70\text{m/s} \\ V_{BL} = V_a \left[1 + \left(\dfrac{V_a}{500} \right)^2 \right] & , V_a > 70\text{m/s} \end{cases} \tag{5-30}$$

其中

$$V_a = 1.3 \rho_0^{1/6} k_c^{1/2} \left(\frac{pH^2}{\pi M} \right)^{2/3} (r+0.3)^{1/2} \left[1.2 - 0.6 \left(\frac{c_r}{H} \right) \right] \tag{5-31}$$

式中，c_r 是钢筋间距；r 是配筋率。

当单轴抗压强度 f_c<37MPa，$k_c = f_c$；而当 f_c>37MPa，$k_c = 37$MPa。

式（5-31）适用范围为 11m/s<V_{BL}<300m/s、22MPa<f_c<52MPa、0.33<$H/(p/\pi)$<5、0<r<0.75%、0.12<c_r/H<0.49、150kg/m³<$M/(p^2 H)$<10^4kg/m³。

10. Bechtel 公式[190-193]

$$\frac{h_{scab}}{d} = 38.98 \left(\frac{M^{0.4} V_0^{0.5}}{f_c^{0.5} d^{1.2}} \right) \text{（实心刚性飞射物）} \tag{5-32}$$

$$\frac{h_{scab}}{d} = 13.63 \left(\frac{M^{0.4} V_0^{0.65}}{f_c^{0.5} d^{1.2}} \right) \text{（空心刚性飞射物）} \tag{5-33}$$

11. Stone-Webster 公式[192, 194]

$$\frac{h_{scab}}{d} = \left[\frac{MV_0^2}{(0.013H/d+0.33) d^3} \right]^{1/3} \tag{5-34}$$

式（5-34）适用范围为 1.9kg<M<12.8kg、27m/s<V_0<157m/s、20.7MPa<f_c<31MPa、11.4cm<H<15.2cm、1.5<h_{scab}/d<3。

12. Degen 公式[195]

$$\begin{cases} \dfrac{h_{per}}{d} = 2.2 \left(\dfrac{h_{pen}}{d} \right) - 0.3 \left(\dfrac{h_{pen}}{d} \right)^2 & , \dfrac{h_{pen}}{d} < 1.52 \quad 或 \quad \dfrac{h_{per}}{d} < 2.65 \\ \dfrac{h_{per}}{d} = 0.69 + 1.29 \left(\dfrac{h_{pen}}{d} \right) & , 1.52 \leqslant \dfrac{h_{pen}}{d} \leqslant 13.42 \quad 或 \quad 2.65 \leqslant \dfrac{h_{per}}{d} \leqslant 18 \end{cases}$$

$$\tag{5-35}$$

式中，侵彻深度 h_{pen} 由修正的 NDRC 公式确定。

式（5-35）适用范围为 $28.4 MPa < f_c < 43.1 MPa$、$25 m/s < V_0 < 311.8 m/s$、$0.15 m < H < 0.61 m$、$0.1 m < d < 0.31 m$。

13. Chang 公式[196]

对于平头刚性飞射物，Chang[196] 提出

$$\frac{h_{scab}}{d} = 1.84 \left(\frac{61}{V_0} \right)^{0.13} \left(\frac{MV_0^2}{f_c d^3} \right)^{0.4} \qquad (5-36)$$

$$\frac{h_{per}}{d} = \left(\frac{61}{V_0} \right)^{0.25} \left(\frac{MV_0^2}{f_c d^3} \right)^{0.5} \qquad (5-37)$$

式（5-36）和式（5-37）适用范围为 $16 m/s < V_0 < 311.8 m/s$、$0.11 kg < M < 342.9 kg$、$50.8 mm \leqslant d \leqslant 304.8 mm$、$22.8 MPa \leqslant f_c \leqslant 45.5 MPa$。

14. Haldar-Hamieh 公式[197]

通过引入冲击因子 $I_a = MN^* V_0^2 / f_c d^3$，Haldar 和 Hamieh[197] 提出

$$\begin{cases} \dfrac{h_{pen}}{d} = -0.0308 + 0.2251 I_a, & 0.3 \leqslant I_a \leqslant 4.0 \\[2mm] \dfrac{h_{pen}}{d} = 0.6740 + 0.0567 I_a, & 4.0 < I_a \leqslant 21 \\[2mm] \dfrac{h_{pen}}{d} = 1.1875 + 0.0299 I_a, & 21 < I_a \leqslant 455 \end{cases} \qquad (5-38)$$

15. Adeli-Amin 公式[178]

$$\begin{cases} \dfrac{h_{pen}}{d} = 0.0416 + 0.1698 I_a - 0.0045 I_a^2, & 0.3 < I_a < 4.0 \\[2mm] \dfrac{h_{pen}}{d} = 0.0123 + 0.196 I_a - 0.008 I_a^2 + 0.0001 I_a^3, & 4.0 \leqslant I_a < 21 \end{cases} \qquad (5-39)$$

$$\frac{h_{per}}{d} = 1.8685 + 0.4035 I_a - 0.0114 I_a^2, \quad 0.3 < I_a < 21 \qquad (5-40)$$

$$\frac{h_{scab}}{d} = 0.9060 + 0.3214 I_a - 0.0106 I_a^2, \quad 0.3 < I_a < 21 \qquad (5-41)$$

式（5-39）~式（5-41）适用范围为 $27 m/s < V_0 < 312 m/s$、$0.7 \leqslant H/d \leqslant 18$、$0.11 kg \leqslant M \leqslant 342.9 kg$、$d < 0.3 m$、$h_{pen}/d \leqslant 2$。

16. Hughes 公式[198]

和 Haldar-Hamieh 公式类似，通过引入冲击因子，Hughes[198] 建议

$$\frac{h_{pen}}{d} = 0.19 \frac{N_h I_h}{S_h} \qquad (5-42)$$

$$\begin{cases} \dfrac{h_{\text{per}}}{d} = 3.6\dfrac{h_{\text{pen}}}{d} & , \quad \dfrac{h_{\text{pen}}}{d} < 0.7 \\[3mm] \dfrac{h_{\text{per}}}{d} = 1.58\dfrac{h_{\text{pen}}}{d} + 1.4 & , \quad \dfrac{h_{\text{pen}}}{d} \geqslant 0.7 \end{cases} \tag{5-43}$$

$$\begin{cases} \dfrac{h_{\text{scab}}}{d} = 5.0\dfrac{h_{\text{pen}}}{d} & , \quad \dfrac{h_{\text{pen}}}{d} < 0.7 \\[3mm] \dfrac{h_{\text{scab}}}{d} = 1.74\dfrac{h_{\text{pen}}}{d} + 2.3 & , \quad \dfrac{h_{\text{pen}}}{d} \geqslant 0.7 \end{cases} \tag{5-44}$$

式中，N_{h} 是飞射物头部形状系数，对于平头、钝头、球头和尖头刚性飞射物分别为 1.0、1.12、1.26、1.39，$S_{\text{h}} = 1.0 + 12.3\ln(1.0 + 0.03I_{\text{h}})$，其适用范围为 $I_{\text{h}} < 3500$。

17. Healey-Weissman 公式[198]

与修正的 NDRC 公式和 Kar 公式类似，该公式为

$$\begin{cases} \dfrac{h_{\text{pen}}}{d} = 2G^{0.5} & , \quad G \leqslant 1 \\[3mm] \dfrac{h_{\text{pen}}}{d} = G + 1 & , \quad G > 1 \end{cases} \tag{5-45}$$

其中

$$G = 4.36 \times 10^{-5} \left(\frac{E}{E_s} \right) \frac{N^* M}{d\sqrt{f_c}} \left(\frac{V_0}{d} \right)^{1.8} \tag{5-46}$$

18. IRS 公式[193]

$$h_{\text{pen}} = 3703.376 f_c^{-0.5} + 82.152 f_c^{-0.18} \exp(-0.104 f_c^{0.18}) \tag{5-47}$$

防止贯穿和震塌的混凝土结构最小厚度为

$$H_{\text{min}} = 3913.119 f_c^{-0.5} + 132.409 f_c^{-0.18} \exp(-0.104 f_c^{0.18}) \tag{5-48}$$

19. CRIEPI 公式[32]

$$\frac{h_{\text{pen}}}{d} = \frac{0.0265 N^* M d^{0.2} V_0^2 (114 - 6.83 \times 10^{-4} f_c^{2/3})}{f_c^{2/3}} \left[\frac{(d + 1.25H_r)H_r}{(d + 1.25H)H} \right] \tag{5-49}$$

$$\frac{h_{\text{per}}}{d} = 0.9 \left(\frac{61}{V_0} \right)^{0.25} \left(\frac{MV_0^2}{d^3 f_c} \right)^{0.5} \tag{5-50}$$

$$\frac{h_{\text{scab}}}{d} = 1.75 \left(\frac{61}{V_0} \right)^{0.13} \left(\frac{MV_0^2}{d^3 f_c} \right)^{0.4} \tag{5-51}$$

其中 $H_r = 0.2\text{m}$ 为参考混凝土结构厚度。

20. TM 5-855-1 公式[199]

对于标准碎片，计算公式为

$$h_{pen} = \begin{cases} \dfrac{0.027M^{0.37}V_0^{0.9}}{f_c^{0.25}} & , V_0 \leqslant V_0^* \\[3mm] \dfrac{0.004M^{0.4}V_0^{1.8}}{f_c^{0.5}} + 0.395M^{0.33} & , V_0 > V_0^* \end{cases} \tag{5-52}$$

$$h_{per} = 0.0311h_{pen}M^{0.033} + 2.95M^{0.33} \tag{5-53}$$

$$h_{scab} = 0.0334h_{pen}M^{0.033} + 4.465M^{0.33} \tag{5-54}$$

$$V_r = \begin{cases} V_0[1-(H/h_{per})^2]^{0.555} & , V_0 \leqslant V_0^* \\[2mm] V_0[1-(H/h_{per})]^{0.555} & , V_0 > V_0^* \end{cases} \tag{5-55}$$

其中

$$V_0^* = 5.13f_c^{0.278}/M^{0.044} \tag{5-56}$$

21. UMIST 公式[200]

$$\frac{h_{pen}}{d} = \left(\frac{2}{\pi}\right)\frac{N^* MV_0^2}{0.72\sigma_t d^3} \tag{5-57}$$

$$\sigma_t(MPa) = 4.2f_c(MPa) + 135 + [0.014f_c(MPa) + 0.45]V_0(m/s) \tag{5-58}$$

式（5-57）和式（5-58）适用范围为 $50mm < d \leqslant 600mm$、$35kg \leqslant M \leqslant 2500kg$、$h_{pen}/d \leqslant 2.5$、$3m/s < V_0 < 66.2m/s$。

5.3.2　初步评估

在后续分析引擎撞击混凝土板时，会参考上述的刚性飞射物侵彻公式，因此在表 5-2 中简要总结这些经验公式所涉及的参数以及应用范围，其中字母符号所代表的参数含义在上述的公式中已经说明，为了读者阅读方便，在此再进行简要回顾：d 为刚性飞射物直径，M 为刚性飞射物质量，V_0 为刚性飞射物速度；k 为混凝土贯穿系数（仅在 Modified Petry 公式中使用），f_c 为混凝土抗压强度，f_t 为混凝土抗拉强度，ρ_0 为混凝土密度，H_0 为混凝土板厚度，N^* 为刚性飞射物头部形状系数（对于平头刚性飞射物取 0.72），a 为骨料直径，E 为刚性飞射物弹性模量，E_s 为钢材弹性模量（一般取 210GPa），N_h 也是刚性飞射物头部形状系数（仅在 Hughes 公式中使用，对于平头刚性飞射物取 1.0），"×" 表示该公式不适用于此局部破坏（侵彻深度、震塌极限或贯穿极限）的计算。

表 5-2　不同经验公式计算不同局部破坏所用参数及其应用范围

No.	公式	侵彻深度 h_{pen}	震塌极限厚度 h_{scab}	临界贯穿厚度 h_{per}
1	Modified Petry	d, M, V_0, k	d, M, V_0, k	d, M, V_0, k
2	BRL	d, M, V_0, f_c	d, M, V_0, f_c	d, M, V_0, f_c
3	ACE	d, M, V_0, f_c	d, M, V_0, f_c	d, M, V_0, f_c

（续）

No.	公式	侵彻深度 h_{pen}	震塌极限厚度 h_{scab}	临界贯穿厚度 h_{per}
4	Modified NDRC	d, M, V_0, f_c, N^*	d, M, V_0, f_c, N^*	d, M, V_0, f_c, N^*
5	Ammann-Whitney	d, M, V_0, f_c, N^*	×	×
6	Whiffen	a, d: 12.7~965.2mm, M: 0.136~9979.2kg, V_0: 0~1127.8m/s, f_c: 5.52~68.95MPa,	×	×
7	Kar	d, M, V_0, f_c, N^*, E, E_s	d, M, V_0, f_c, N^*, E, E_s, a	d, M, V_0, f_c, N^*, E, E_s, a
8	CEA-EDF	×	×	d, M, V_0, f_c, ρ_0
9	UKAEA	d, M, N^*, V_0: 25~300m/s, f_c: 22~44MPa, M/d^3: 5000~200000	d, M, N^*, V_0: 29~238m/s, f_c: 26~44MPa, M/d^3: 3000~222200	×
10	Bechtel	×	d, M, V_0, f_c	×
11	Stone-Webster	×	d, M, V_0, H_0, f_c: 20.7~31.0MPa, h_{scab}/d: 1.5~3.0	×
12	Degen	×	×	M, N^*, d: 0.1~0.31m, V_0: 25~311.8m/s, f_c: 28.4~43.1MPa, H_0: 0.15~0.61m
13	Chang	×	d: 50.8~304.8mm, M: 0.11~342.9kg, V_0: 16~311.8m/s, f_c: 22.8~45.5MPa	d: 50.8~304.8mm, M: 0.11~342.9kg, V_0: 16~311.8m/s, f_c: 22.8~45.5MPa
14	Haldar-Hamieh	d, M, V_0, f_c, N^*	d, M, V_0, f_c, N^*	×
15	Adeli-Amin	f_c, N^*, d: 0~0.3m, M: 0.11~343kg, V_0: 27~312m/s, H_0: 0.7d~18d, $h_{pen}<2d$	f_c, N^*, d: 0~0.3m, M: 0.11~343kg, V_0: 27~312m/s, H_0: 0.7d~18d, $h_{pen}<2d$	f_c, N^*, d: 0~0.3m, M: 0.11~343kg, V_0: 27~312m/s, H_0: 0.7d~18d, $h_{pen}<2d$

（续）

No.	公式	侵彻深度 h_{pen}	震塌极限厚度 h_{scab}	临界贯穿厚度 h_{per}
16	Hughes	d, M, V_0, f_t, N_h	d, M, V_0, f_t, N_h	d, M, V_0, f_t, N_h
17	Healey-Weissman	d, M, V_0, f_c, N^*, E, E_s	×	×
18	IRS	f_c	f_c	f_c
19	CRIEPI	d, M, V_0, f_c, N^*, H_0	d, M, V_0, f_c, N^*	d, M, V_0, f_c, N^*
20	TM 5-855-1	M, V_0, f_c	M, V_0, f_c	M, V_0, f_c
21	UMIST	f_c, N^*, d: $50\sim60$mm, M: $35\sim2500$kg, V_0: $3\sim66.2$m/s, $h_{pen}\leqslant2.5d$	×	×

5.4 引擎侵彻深度分析

本节将基于引擎模型的侵彻深度试验数据对刚性飞射物的经验公式进行折减，通过对比分析得出相对最合适的预测公式，并与 NEI[5] 的建议进行对比。

5.4.1 试验数据

本书试验结果得到了不同冲击速度下的 RC 板侵彻深度，如图 5-19 所示，可见随着撞击速度的增加，侵彻深度总体上呈逐渐增加趋势。在试验中得到了 9 个数据点，但是由于在第 2 发和第 4 发中，引擎模型的撞击速度都是 126m/s，且侵彻深度都是 9mm，因此在图 5-19 中只有 8 个数据点。

在 Sugano 试验中，虽然进行了 83 组不同比例的试验，但是其只关注了震塌极限和贯穿极限，并没有分析和预测引擎的侵彻深度。在本小节里，我们主要分析引擎对 RC 结构的侵彻深度，因此我们结合本书的试验数据以及 Sugano 的试验结果，合并进行统一分析，这样可以丰富试验数据并且使分析结果更为合理可靠。图 5-20～图 5-22 所示为 Sugano 试验中不同比例下 RC 板的侵彻深度。

由图 5-20 可见，在 1∶7.5 缩尺比例下，Sugano 试验共得到了 4 个数据点：在 100m/s 左右的撞击速度下获得 1 个数据点，在 200m/s 左右的撞击速度下获得 3 个数据点。其中，在 200m/s 左右的引擎模型撞击速度下，RC 板侵彻深度的离散度较大，同时也表明此类冲击试验的复杂性和随机性，易受各种因素的影响。

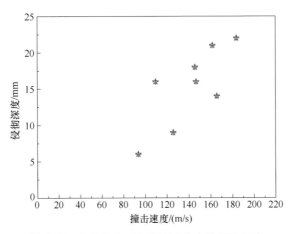

图 5-19　本书的 1∶10 比例试验中的侵彻深度

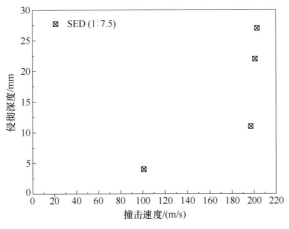

图 5-20　Sugano 的 1∶7.5 比例试验中的侵彻深度

　　由图 5-21 可见，在 1∶2.5 缩尺比例下，Sugano 试验共得到了 5 个数据点：在 100m/s 左右的撞击速度下获得 1 个数据点（侵深为 0），在 160m/s 左右的撞击速度下获得 1 个数据点，在约 210m/s 的撞击速度下获得 3 个数据点。其中，在 210m/s 的撞击速度下得到的 3 个数据点较为集中，离散程度较小，在后面的分析中应当给予相对较高的权重。

　　由图 5-22 可见，在 1∶1 比例模型和原型引擎撞击下，Sugano 试验共得到了 3 个数据点：这 3 个数据点对应的撞击速度均为 210m/s 左右，对于 1∶1 简化模型的数据点得到 1 个，对于真实原型引擎的数据点有 2 个。可见，即使是同样的真实引擎在几乎相同的速度下撞击，所得到的侵彻结果仍有较大的离散型和随机性。

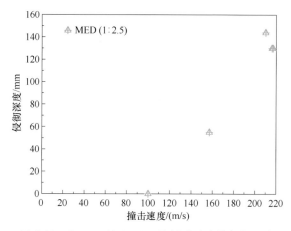

图 5-21　Sugano 的 1∶2.5 比例试验中的侵彻深度

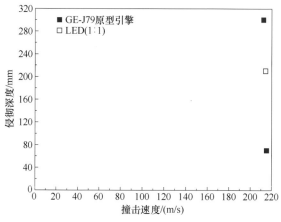

图 5-22　原型和 1∶1 比例试验中的侵彻深度

　　基于上述所有试验数据，需要说明的是：①混凝土材料本身的性能就具有较大的随机性和离散型，容易受到配比、振捣、温度和湿度等因素的影响；②况且，所研究的飞射物并不是不可变形或者变形很小的刚性飞射物，而是在撞击过程中会发生变形的引擎模型或原型，略微的倾角以及引擎内部复杂的结构构造等因素也有可能造成不同的变形模式，进而影响侵彻深度等局部破坏；③此外，对于这种大规模且速度较高的撞击试验，试验技术和设备的可靠性和稳定性也非常重要，飞射物的发射姿态以及 RC 板的固定约束等都会影响到最终的撞击结果。因此，此类试验的数据结果，特别是对于侵彻深度，会出现一定的离散性；为了结构设计的保守性，在分析中我们一般给予更大的侵彻深度更高的权重，但是也要排除虽然侵彻深度较大但是离散度很大的异常数据，因为其对结果的代表性和预测性较差。

为了便于统一分析，按照 Sugano 文献中的处理方法[38, 39]，将不同比例试验下的侵彻深度换算为实际比例（即 1∶1 比例）下的数值，如图 5-23 所示，图中 LED、MED 和 SED 分别表示试验中 1/1 比例、1/2.5 比例和 1/7.5 比例模型侵彻深度。

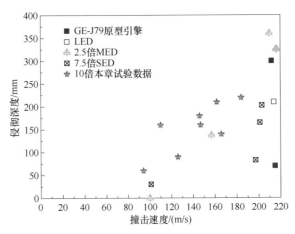

图 5-23　换算为 1∶1 比例下的侵彻深度

5.4.2　公式预测结果对比及修正

上述本书已经总结了前文试验以及 Sugano 试验中关于引擎以不同速度侵彻 RC 板深度的数据，为了对侵彻规律进行量化和对侵彻深度的结果进行预测，我们结合 5.3 节中的刚性飞射物侵彻公式并分析其构成特点和曲线趋势，最终通过一定的修正来使其能够预测可变形引擎的侵彻深度。由 5.3 节的表 5-2 可见，可以应用于侵彻深度预测的公式其编号为 1～7、9、14～21 共 16 个，经过整理后见表 5-3，并结合我们换算为真实比例的试验条件（$d = 760\text{mm}$，$M = 1500\text{kg}$，$V_0 = 90 \sim 220\text{m/s}$，$f_c = 23.5\text{MPa}$）进行了备注和初步筛选，不选用不适用于本试验范围以及没有考虑必要因素（d，M，V_0，f_c）的公式。因此，经过初步筛选，我们将选取编号为 1（Modified Petry）、2（BRL）、4（Modified NDRC）、6（Whiffen）、9（UKAEA）、14（Haldar-Hamieh）、16（Hughes）、17（Healey and Weissman）和 19（CRIEPI）共 9 个经验公式进行下一步的对比。

表 5-3　对刚性飞射物侵彻深度经验公式的筛选

No.	公式	侵彻深度 h_{pen}	适用性评估及备注	筛选
1	Modified Petry	d, M, V_0, k	k 是 f_c 的间接反映	初步选用
2	BRL	d, M, V_0, f_c		初步选用

（续）

No.	公式	侵彻深度 h_{pen}	适用性评估及备注	筛选
3	ACE	M, V_0, f_c d: 37~155mm	适用范围不符，且在 $V_0 = 0$ 时仍有侵彻深度	不选用
4	Modified NDRC	d, M, V_0, f_c, N^*		初步选用
5	Ammann and Whitney	d, M, f_c, N^* $V_0 > 300$m/s	该公式针对爆炸产生高速碎片的侵彻，且适用范围不符	不选用
6	Whiffen	a, d: 12.7~965.2mm, M: 0.136~9979.2kg, V_0: 0~1127.8m/s, f_c: 5.52~68.95MPa		初步选用
7	Kar	d, M, V_0, f_c, N^*, E, E_s	在本试验中 $E = E_s$，退化为 Modified NDRC 公式	不选用
9	UKAEA	d, M, N^* V_0: 25~300m/s, f_c: 22~44MPa, M/d^3: 5000~200000		初步选用
14	Haldar-Hamieh	d, M, V_0, f_c, N^*		初步选用
15	Adeli-Amin	f_c, N^* d: 0~300mm, M: 0.11~343kg, V_0: 27~312m/s, H_0: 0.7~18d $h_{pen} < 2d$	适用范围不符	不选用
16	Hughes	d, M, V_0, f_t, N_h	f_t 是 f_c 的间接反映	初步选用
17	Healey and Weissman	d, M, V_0, f_c, N^*, E, E_s	与 Modified NDRC 类似	初步选用
18	IRS	f_c	没有考虑飞射物因素（如飞射物冲击速度、质量和直径等）	不选用
19	CRIEPI	d, M, V_0, f_c, N^*, H_0		初步选用
20	TM 5-855-1	M, V_0, f_c	该公式针对标准碎片，没有考虑飞射物直径 d	不选用

（续）

No.	公式	侵彻深度 h_{pen}	适用性评估及备注	筛选
21	UMIST	$f_c,\ N^*$ d: $50 \sim 60mm$, M: $35 \sim 2500kg$, V_0: $3 \sim 66.2m/s$, $h_{pen} \leqslant 2.5d$	适用范围不符	不选用

在图 5-24 中，作者绘制出了上述初步选择的 9 个用于计算刚性飞射物侵彻的经验公式的曲线，所采用的计算参数为：$d = 0.76m$，$M = 1500kg$，$V_0 = 0 \sim 250m/s$，$f_c = 23.5MPa$，$f_t = 2.35MPa$，$H_0 = 1.5m$，$N^* = 0.72$，骨料尺寸 $a = 0.02m$。从试验数据点的分布范围和趋势观察，侵彻深度随着引擎冲击速度的增加而逐步增加，但是侵彻深度与撞击速度之间并没有明显的线性关系，而是更倾向于抛物线的关系，即侵彻深度随着撞击速度的增大而更快的增加。因此，结合经验公式的计算曲线以及试验数据点的分布规律，我们进一步选择编号为 1（Modified Petry）、2（BRL）、6（Whiffen）和 14（Haldar-Hamieh）的经验公式作为进一步筛选的对象。为了便于观察仅显示上述 4 条经验公式计算曲线以及试验数据点，如图 5-25 所示。

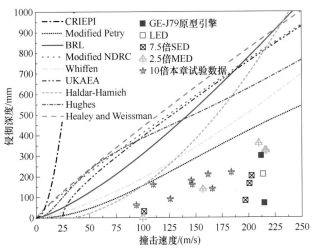

图 5-24　初步选择的 9 条经验公式计算曲线

然而上述 4 条经验公式计算曲线均是针对刚性飞射物侵彻的，对于我们所关注的可变形的飞机引擎并不适用。因此，为了基于此经验公式进行飞机引擎侵彻深度规律的量化和数值的预测，考虑到可变形引擎的局部破坏能力要低于同等质量和形状的刚性飞射物，我们将通过增加折减系数的方法对此经验公式进行修正（Sugano 等[38, 39]也是采用此方法）。增加不同修正折减系数的 4 条经验公式计算曲线，如图 5-26a ~ d 所示。

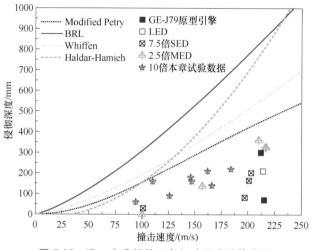

图 5-25　进一步选择的 4 条经验公式计算曲线

　　在进行上述修正的经验公式的对比分析时，为了保证结构设计的保守性和预测的准确性，我们判别经验公式合适与否的标准是：修正的经验公式要基本能够包络离散的试验数据点（保守性）并且尽量接近试验数据点（准确性）。因此，通过观察和对比分析，笔者认为：对于图 5-26a 中的 0.8 倍的 Modified Petry 经验公式，图 5-26b 中 0.45 倍的 BRL 经验公式以及图 5-26c 中 0.7 倍的 Whiffen 经验公式，均能够基本包络离散的试验数据点，但是对于低速（<100m/s）的侵彻深度结果过于保守而不太准确；而如图 5-26d 所示，对 Haldar-Hamieh 经验公式引入 0.5 的折减系数后则能够较好地满足我们的判别标准，既基本包络了试验数据点也没有因为过于保守而过高地高估了低速时的侵彻深度。此外，从图 5-26d 中可以观察到，在撞击速度更低（<40m/s）的情况下侵彻深度为零，这也与一般的常识相符，特别是对于平头刚性飞射物，较低速的撞击作用达不到混凝土失效剥落的标准（平头刚性飞射物与尖头刚性飞射物不同，即使撞击速度较小，尖头刚性飞射物也容易在尖头撞击处因为应力集中而造成小面积的混凝土失效）。

　　需要说明的是，在图 5-26d 中，对于前文试验中 110m/s 的撞击速度所对应的侵彻深度明显高于了 0.5 倍 Haldar-Hamieh 的预测值，然而本书试验中 94m/s 以及 126m/s 的撞击速度所对应的侵彻深度与 0.5 倍 Haldar-Hamieh 的预测值能够较好地吻合，此外 Sugano 试验中两个 100m/s 左右的数据点也在 0.5 倍 Haldar-Hamieh 公式的包络范围内，因此我们认为此数据点具有较大的偶然性，对侵彻深度规律的分析贡献度较小。

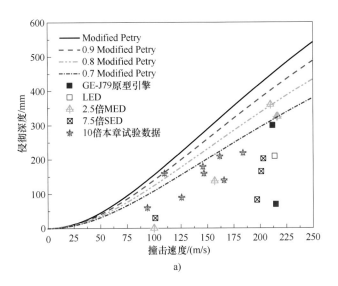

a)

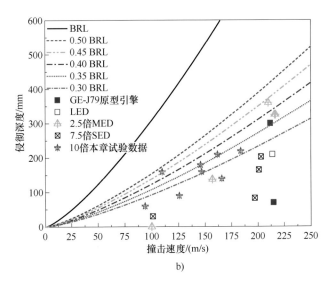

b)

图 5-26　选出的 4 条经验公式计算曲线的修正比对

a）Modified Petry 公式　b）BRL 公式

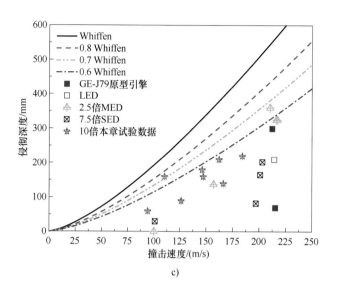

c)

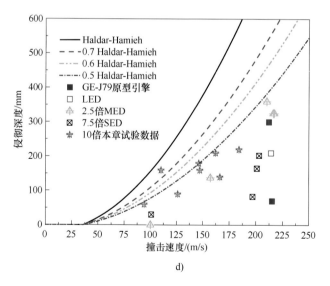

d)

图 5-26 选出的 4 条经验公式计算曲线的修正比对（续）

c）Whiffen 公式　　d）Haldar-Hamieh 公式

Haldar-Hamieh 侵彻公式于 1984 年由 Haldar 和 Hamieh[197] 提出，即式（5-38），该式中 I_a 为冲击因子且 $I_a = M N^* V_0^2 / f_c d^3$，该公式不仅考虑了影响侵彻结果的必要参数，还引入了刚性飞射物头部形状因素 N^*（对于平头刚性飞射物为 0.72），具有良好的适用性。综上对比分析，我们选择 Haldar-Hamieh 公式并通过引入折减系数 0.5 来预测可变形引擎对 RC 结构的侵彻深度，修正后的公式为

$$\frac{h_{\text{pen}}}{d} = 0.5 \times \begin{cases} -0.0308 + 0.2251 I_a, & 0.3 \leqslant I_a \leqslant 4.0 \\ 0.6740 + 0.0567 I_a, & 4.0 < I_a \leqslant 21 \\ 1.1875 + 0.0299 I_a, & 21 < I_a \leqslant 455 \end{cases} \quad (5-59)$$

5.4.3　与 NEI 推荐公式对比分析

在 Sugano 文献［38，39］中，没有对引擎的侵彻深度问题进行详细的讨论，也没有给出具体的计算侵彻深度的经验公式。而在参考文献 NEI 07-13[5] 中给出了一个计算引擎侵彻深度的经验公式，此公式是基于 Modified NDRC 公式引入了折减系数 0.5，但是没有给出具体的分析过程或选用此公式的依据。对于引擎的侵彻深度，本书分析得到的 0.5 倍 Haldar-Hamieh、NEI 07-13[5] 推荐的 0.5 倍 Modified NDRC 以及试验数据的对比如图 5-27 所示，可见虽然 0.5 倍 Modified NDRC 可以完全包络试验数据点，但是由于过于保守导致预测的准确性相对较差，特别是对于速度较低的侵彻时偏差更大。因此，作者认为本书通过充分的对比筛选以及修正得到的 0.5 倍 Haldar-Hamieh 公式，在设计保守性和预测准确性的综合性能上更优。

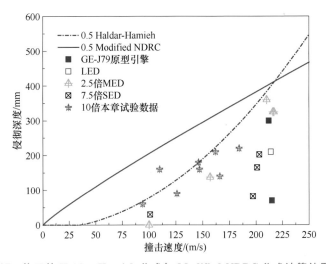

图 5-27　修正的 Haldar-Hamieh 公式与 Modified NDRC 公式计算结果对比

5.5 本章小结

本章主要关注引擎撞击对普通 RC 结构造成的局部损伤破坏，通过开展试验进行了研究，相关工作及结论如下：

1）基于 Sugano 等不同比例的引擎撞击试验中对 GE-J79 引擎的简化缩比方法，采用口径 250mm 的空气炮装置开展了 9 发 1∶10 缩比引擎模型撞击 RC 板的试验，撞击速度范围为 94～184m/s，RC 板厚度均为 150mm；由于引擎模型外径小于发射管道口径，并专门设计了引擎外壳装置。

2）详细记录了试验数据，主要包括撞击过程的高速录像、RC 板破坏的照片及开坑尺寸、引擎模型的压屈变形照片及残余尺寸等，并对每一发试验结果进行了详细的描述和分析；总体的试验结果表明，在此撞击工况下引擎模型对 RC 板造成的破坏仅仅是一定深度的侵彻，并没有发生震塌和贯穿的现象，甚至 RC 板背面没有出现任何的裂纹。

3）为了预测引擎模型对 RC 结构的侵彻深度，主要思路和方法是，首先对 21 个经典的刚性飞射物侵彻深度经验公式进行总结和初步筛选（依据经验公式的功能和适用范围等），然后基于引擎模型的侵彻深度试验数据对刚性飞射物的经验公式进行折减，通过对比分析得出相对最合适的预测公式。

4）结合本书的试验数据和 Sugano 等的侵彻试验结果，通过对比试验数据的分布规律和经验公式曲线的趋势进一步筛选出了 4 个公式，分别对其引入不同的折减系数，综合分析其保守性和准确性，结果表明 0.5 倍的 Haldar-Hamieh 公式适用性最好，与 NEI 建议的 0.5 倍的 Modified NDRC 公式相比更符合实际情况。

第 6 章 引擎撞击 UHP-SFRC 结构的试验、数值模拟及理论分析

随着对防护结构要求和防护等级的提高以及材料科学的不断发展，各项力学性能更加优异的 UHP-SFRC 材料逐步在一些重点结构工程中开始应用。UHP-SFRC 材料的优势，一方面是提升了混凝土的基体强度和断裂性能，另一方面是掺入的大量钢纤维可以有效地抑制裂纹的产生和扩展，减少混凝土碎片飞溅和结构开坑尺寸等。核电站结构对于密封性要求更高，因此裂纹相对更少的 UHP-SFRC 材料更有优势，此外掺杂的钢纤维对放射性物质的阻挡效果也更好。随着 UHP-SFRC 材料造价的降低和施工便利性的提高，其应用前景也将更为广阔。本章主要关注飞机引擎对 UHP-SFRC 结构的撞击破坏作用，通过缩比试验以及细观的数值模拟方法进行了研究分析，提出了相应的残余速度、最小贯穿速度和最小贯穿厚度的显式计算公式。

6.1 试验方案及结果分析

实心刚性飞射物对 RC 结构的侵彻贯穿试验已经开展了很多，也总结提出了不同情况下的经验或半经验的残余速度计算公式；而空心柔性飞射物撞击 RC 结构的试验数量相对较少，特别是引擎撞击 UHP-SFRC 板的试验更少。为了分析 UHP-SFRC 在引擎柔性撞击下的损伤破坏规律，本节开展了两组 1∶10 的缩比试验共 12 发，得到了预期的试验结果。

6.1.1 试验模型和装置

1. 试验模型

本试验中所用的飞机引擎模型与 5.1 节中撞击 RC 板试验中的完全一样，均是 1∶10 缩比的质量约为 1.5kg 的钢管结构，如图 5-2a 所示。

RC 板采用 UHP-SFRC 进行浇筑，其主要材料成分见表 6-1，其中 HRWR

（High-Range-Water-Reducer）为聚羧酸型高效减水剂，其减水比例不低于 35%。掺入的短直型钢纤维体积含量为 2%，在表面进行了镀铜处理，其横截面为圆形（直径为 0.2mm，长度为 13mm），抗拉强度 2800MPa。在浇筑过程中，为了获得更好的材料性能，其混合程序及养护条件都被严格地控制：首先将称重好的干燥水泥、硅灰、掺合料与砂子同时放进搅拌机搅拌 3min，然后将减水剂与水均匀混合后逐步倒入搅拌机，再搅拌 3~5min，最后将钢纤维逐步加入（不可一次全部倒入）再搅拌 3~5min。此外，在搅拌过程中钢纤维的剪切作用有助于破坏聚集成团的粉料。将搅拌好的混合物倒入木质模板，然后在振动台上进行充分振捣和表面抹平，之后盖上塑料薄膜减少水分蒸发并静置 24h。最后将其放入温度为 17.7~21.7℃，湿度为 98.4% 的养护室养护 28d。浇筑的 UHP-SFRC 板密度约为 2400kg/m^3。

表 6-1　UHP-SFRC 的组成成分　　　　　　（单位：kg/m^3）

水泥	硅灰	细砂	掺合料	水	HRWR	钢纤维
700	140	1200	110	152	22.8	156

UHP-SFRC 板尺寸为 700mm × 700mm ×（40mm、50mm、60mm、65mm、70mm、80mm），每种厚度各两块，共计 12 块。对于 RC 板，一般都会按照一定的配筋率放置钢筋，而本试验中的板为纯 UHP-SFRC 材料并没有配置钢筋，主要出于以下考虑：①UHP-SFRC 材料由于加入了钢纤维，其抗拉强度和整体性较好，不会出现普通素混凝土在冲击荷载下整块脆断的情况；②不考虑钢筋的作用，可以更直接地分析材料本身的抗冲击性能，且计算结果更保守；③市场上直径最小的钢筋直径也约为 6mm，对于厚度仅为 40mm 的 UHP-SFRC 板，在浇筑时难以保证钢筋保护层的厚度，且 UHP-SFRC 材料的流动性相对较弱，钢筋网会引起振捣不充分。

为了得到 UHP-SFRC 以及未掺入钢纤维的基体的基础力学参数，对相应试块进行了材性测试，包括单轴压缩（100mm×100mm×100mm，立方体）、单轴拉伸（狗骨头形状）和三点弯曲（100mm×100mm×400mm，棱柱）试验。对于 UHP-SFRC 和 UHPC，其平均的单轴抗压强度、单轴拉伸强度和断裂能分别如下：150MPa 和 110MPa；7.2MPa 和 6.5MPa；15000J/m^2 和 165J/m^2。图 6-1 所示为试件拉伸试验的仪器和应力应变曲线，其中在图 6-1c 中可以看到曲线存在明显的折返，这是为了让夹具与试件接触更紧密而在试验前施加了较小的荷载。

2. 试验装置

考虑到在第 5 章 RC 板试验中引擎模型发射的稳定性保证的不足，在本试验中对引擎外壳结构进行了改进，如图 6-2 所示，主要变化如下：①最底部的橡木板与下面一层的 3 块铝板之间没有采用螺栓，使得两者贴合更紧密，这样在压缩气体冲出后可以保证较好的密封性；②取消了用于辅助分离的 3 根弯曲钢棒，改为在上面一层的 3 块铝板之间填入了弹簧，在引擎和引擎外壳一起飞出发射口后，内置的弹簧会将 3 块铝板弹开，进而被挡板阻挡住，只有引擎模型可以穿过挡板上的孔洞后撞击 UHP-SFRC 板。引擎模型的发射装置，如图 6-3 所示。

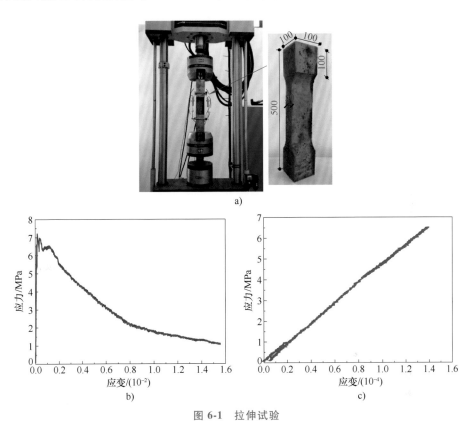

图 6-1　拉伸试验

a）INSTRON-8803 试验仪器和狗骨头形状的试件（单位：mm）　b）UHP-SFRC 的拉伸应力-应变曲线
c）UHPC 的拉伸应力-应变曲线

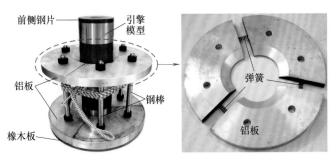

图 6-2　本试验中改进后的引擎外壳

图 6-3 试验装置照片

3. 试验分组

依据引擎模型的撞击速度，本试验共分为两组：①第一组，每发引擎模型的撞击速度约为 250m/s，共 6 发，UHP-SFRC 板厚度分别为 40mm、50mm、60mm、65mm、70mm 和 80mm，预估即使最厚的 UHP-SFRC 板也会被穿透，主要关注于引擎模型贯穿 UHP-SFRC 板后的残余速度；②第二组，6 发引擎模型的撞击速度都约为 120m/s，6 块 UHP-SFRC 板的厚度与第一组一样，预估最薄的 UHP-SFRC 板会被穿透而最厚的 UHP-SFRC 板没有明显的局部破坏，主要关注于不同的 UHP-SFRC 板破坏模式（如侵彻、震塌、临界震塌、贯穿、临界贯穿等），分析引擎模型的最小贯穿速度和 UHP-SFRC 板的最小贯穿厚度。

6.1.2 试验结果分析

由于关注的重点和试验现象不一样，试验结果将分为两组进行介绍。下文这两组试验数据表中的符号 H、M、V_0、V_r、α 和 L_r 分别表示 UHP-SFRC 板厚度、引擎模型的初始质量、初始速度、残余速度、倾斜角度和残余长度，图中的符号 "F" "R" 分别代表正面（Front）和背面（Rear）。

1. 第一组试验

第一组试验的引擎模型的撞击速度约为 250m/s，其记录的数据见表 6-2，可见，6 块不同厚度的 UHP-SFRC 板均被贯穿，残余速度总体上随着 UHP-SFRC 板厚度的增加而减小。

表 6-2　第一组的试验数据（$V_0 \approx 250\text{m/s}$）

编号	H /mm	M/g	V_r /(m/s)	V_r /(m/s)	α /(°)	L_r /mm	前面开坑			背面开坑		
							宽度 /mm	高度 /mm	面积 /m^2	宽度 /mm	高度 /mm	面积 /m^2
1-1	40	1475	222	108	30	95	109	129	0.011	200	186	0.028
2-1	50	1459	254	84	-10	93	133	146	0.013	298	215	0.047
3-1	60	1476	244	97	2	75	113	120	0.010	274	257	0.048
4-1	65	1426	253	82	2	70	100	107	0.008	198	197	0.030
5-1	70	1463	254	76	2	74	105	104	0.009	201	219	0.034
6-1	80	1460	262	46	2	60	101	109	0.013	216	225	0.037

（1）撞击过程　高速录像记录的撞击过程，如图 6-4 所示，可见在 250m/s 的撞击速度下，即使厚度为 80mm 的 UHP-SFRC 板也被贯穿，并且由于引擎外壳与挡板的撞击摩擦作用，导致了大量火花的产生和飞溅，但其对撞击试验结果基本没有影响。需要说明的是试验 1-1 和试验 2-1 中的引擎模型，从表 6-2 和图 6-4a、b 可以看出其倾斜角度较大，主要原因可能是由于其与引擎外壳碎片发生了碰撞接触。其他试验中的引擎模型飞行姿态较正，倾斜角度均在 2° 以内。

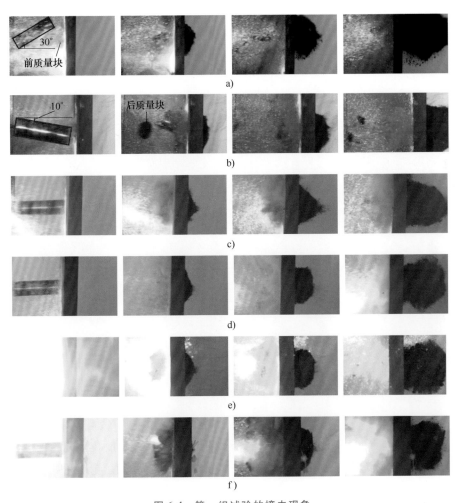

图 6-4　第一组试验的撞击现象

a）试验 1-1　b）试验 2-1　c）试验 3-1　d）试验 4-1　e）试验 5-1　f）试验 6-1

撞击过程可分为 3 个阶段：首先，引擎模型的前侧质量块撞击到 UHP-SFRC 板，导致 UHP-SFRC 板前侧一些混凝土碎片剥落；然后，0.8mm 厚的钢管被压屈且吸收一部分动能，使得引擎模型减速运动；最后，中间的质量块和 2.0mm 厚的钢管撞击到 UHP-SFRC 板，其较大的动能造成贯穿的破坏模式且大量混凝土碎片从 UHP-SFRC 板后侧飞溅。

（2）引擎模型变形　试验后引擎模型的主体部分，如图 6-5 所示，可见 0.8mm 厚的钢管基本全被压屈破碎后飞散了，2.0mm 厚的钢管发生了部分压屈和边缘撕裂，其对应的残余长度见表 6-2。对于试验 1-1 和试验 2-1，由于其撞击倾斜角度较大，导致引擎模型发生了明显的侧向变形；对于其他 4 发，2.0mm 厚的钢管变形基本一致且主要为纵向压屈。此外，对于所有试验，模型的变形以及在其尾部产生的拉伸波，导致焊接在 2.0mm 厚的钢管上的两个质量块在撞击过程中脱落飞散。

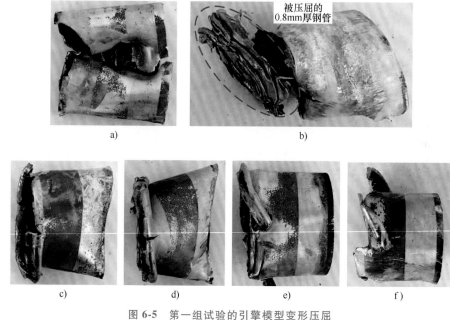

图 6-5　第一组试验的引擎模型变形压屈

a) 试验 1-1　b) 试验 2-1　c) 试验 3-1　d) 试验 4-1　e) 试验 5-1　f) 试验 6-1

（3）UHP-SFRC 板破坏　图 6-6 所示为 UHP-SFRC 板正面和背面的破坏，可见所有的 UHP-SFRC 板都被完全贯穿，在 UHP-SFRC 板正面出现直剪破坏且几乎没有裂纹的产生，破坏面积略大于引擎模型的横截面；在 UHP-SFRC 板的背面可以看到大量裂纹的产生（采用红色进行标识），且贯穿孔洞近似为圆锥形，背面的破坏面积明显大于正面破坏尺寸。总体来看，由于掺入的钢纤维可以抑制裂纹的产生和扩展，未配置钢筋的 UHP-SFRC 板比普通素混凝土板的整体性明显更好，没有出现整块板在裂纹扩展下完全断裂的情况。

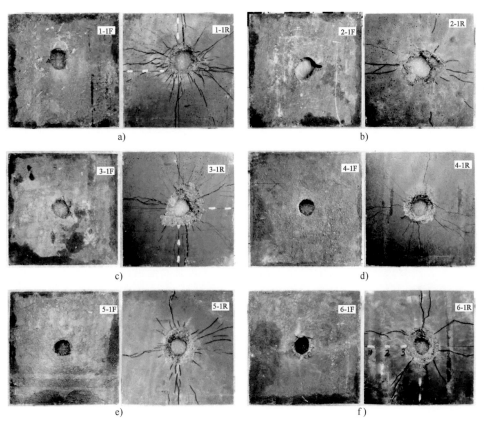

图 6-6　第一组试验 UHP-SFRC 板正面和背面的破坏

a）试验 1-1　b）试验 2-1　c）试验 3-1　d）试验 4-1　e）试验 5-1　f）试验 6-1

　　UHP-SFRC 板横向与纵向的最大破坏尺寸以及采用像素法测定的破坏面积见表 6-2。在试验 1-1 和试验 2-1 中，由于引擎模型的初始倾斜角度较大，横向撞击作用导致 UHP-SFRC 板正面的破坏面积比其他 UHP-SFRC 板更大一些。此外，需要指出的是，由于试验中不可控的意外以及不确定性的因素（如倾斜角度、引擎模型变形和约束条件等），UHP-SFRC 板背面的破坏尺寸在本试验中并没有呈现出明显的规律性。

　　2. 第二组试验

　　第二组试验的引擎模型撞击速度约为 120m/s，其记录的数据见表 6-3。可以看出：只有在试验 1-2 中最薄的 40mm 厚的 UHP-SFRC 板被完全贯穿，其他 UHP-SFRC 板的破坏模式在下面进行具体介绍和分析。此外，对于试验 4-2 和试验 6-2，引擎撞击角度略微偏大，可能在飞行过程中与引擎模型外壳碎片等发生了碰撞。

表 6-3　第二组的试验数据（$V_0 \approx 120\text{m/s}$）

编号	H /mm	M /g	V_0 /(m/s)	V_r /(m/s)	α /(°)	L_r /mm	前面开坑			背面开坑		
							宽度 /mm	高度 /mm	面积 /m²	宽度 /mm	高度 /mm	面积 /m²
1-2	40	1460	120	21	2	192	124	98	0.009	174	187	0.027
2-2	50	1457	139	-2	2	118	110	97	0.009	233	235	0.047
3-2	60	1454	119	-4	-1	115	83	81	0.005	93	101	0.006
4-2	65	1449	126	-5	8	106	90	97	0.008	—	—	—
5-2	70	1451	121	-4	3	111	80	86	0.006	—	—	—
6-2	80	1442	128	-6	10	95	94	103	0.008			

（1）撞击过程　第二组试验的撞击现象，如图 6-7 所示，由于撞击速度相对较小，没有产生第一组中明显的火花，但是其前期撞击过程与第一组试验类似：引擎模型的前侧质量块撞击到 UHP-SFRC 板，导致 UHP-SFRC 板前侧一些混凝土碎片剥落；然后 0.8mm 厚的钢管被压屈且吸收一部分动能，使得引擎模型减速运动；之后中间的质量块和 2.0mm 厚的钢管撞击到 UHP-SFRC 板。然而，由于引擎模型的动能不足够大，导致不同厚度的 UHP-SFRC 板呈现不同的破坏现象：试验 1-2 中 40mm 厚的 UHP-SFRC 板被完全贯穿且大量的混凝土碎片从 UHP-SFRC 板背面飞溅出来，而引擎模型穿过板上的孔洞继续飞行；试验 2-2 中 50mm 厚的 UHP-SFRC 板也被贯穿，但是引擎模型被阻挡而没有穿过 UHP-SFRC 板上的孔洞，在试验后发现掉落在紧挨钢框架的正前面；试验 3-2 中 60mm 厚的 UHP-SFRC 板没有贯穿，引擎模型被略微反弹，但是有明显的混凝土碎片从 UHP-SFRC 板背面飞溅；试验 4-2、试验 5-2 和试验 6-2 中更厚的 UHP-SFRC 板，其抗力明显增强，从高速录像中没有观察到任何混凝土碎片从 UHP-SFRC 板背面剥落，同时引擎模型发生略微反弹。此外，需要指出的是，在撞击过程中由于拉伸应力波的作用以及引擎模型发生的大变形，导致集中质量块从钢管上脱离（焊接失效），如图 6-7 中红色箭头所指。

对于上述的破坏现象，可以分为以下 4 种不同的破坏模式：①完全贯穿（Perforation，P），如试验 1-2，即引擎模型穿过 UHP-SFRC 板上形成的孔洞；②临界贯穿（Just Perforation，JP），如试验 2-2，即 UHP-SFRC 板上形成了明显的孔洞，但是引擎模型没有穿过 UHP-SFRC 板，若撞击速度更低或者 UHP-SFRC 板更厚则不会形成孔洞；③临界震塌（Just Scabbing，JS），如试验 3-2，即 UHP-SFRC 板背面刚好出现少量的碎片剥落，若撞击速度更低或者 UHP-SFRC 板更厚则不会出现震塌；④侵彻（Penetration，C），如试验 4-2、试验 5-2 和试验 6-2，即仅仅在 UHP-SFRC 板正面出现了一定深度的开坑，而在 UHP-SFRC 板背面没有混凝土剥落。

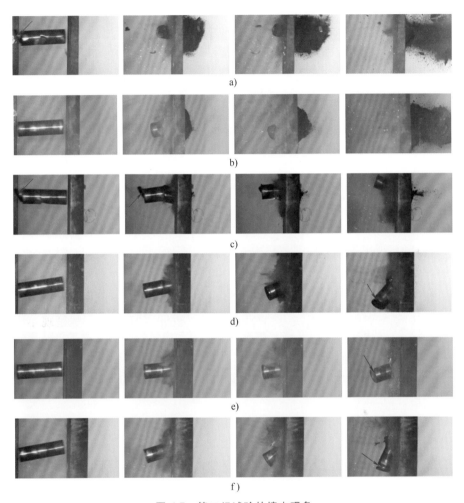

图 6-7　第二组试验的撞击现象

a）试验 1-2　b）试验 2-2　c）试验 3-2　d）试验 4-2　e）试验 5-2　f）试验 6-2

（2）引擎模型变形　图 6-8 所示为试验后引擎模型的主要残余部分，可见除了试验 1-2 中的引擎模型残余长度仍较大外，其他引擎的变形较为相似。从总体上看，前面 0.8mm 厚的钢管被严重压屈，后面 2.0mm 厚的钢管由于壁厚较大且一部分能量已经被前面 0.8mm 厚的钢管变形吸收而基本保持完整。试验 1-2 中引擎模型的破坏形态与其他试验中的试验结果不一样的主要原因是：该发 UHP-SFRC 板的厚度仅有 40mm，在引擎模型 0.8mm 厚的钢管被完全压屈之前，UHP-SFRC 板就已经被穿透了，因此引擎模型没有发生明显的压屈缩短。

图 6-8　第二组试验的引擎模型变形压屈

a）试验 1-2　b）试验 2-2　c）试验 3-2　d）试验 4-2　e）试验 5-2　f）试验 6-2

（3）UHP-SFRC 板破坏　图 6-9 所示为 UHP-SFRC 板正面和背面的破坏，可见 UHP-SFRC 板出现了不同的破坏模式。在试验 1-2 和试验 2-2 中，UHP-SFRC 板上有明显的贯穿孔洞，在 UHP-SFRC 板正面出现直剪破坏且几乎没有裂纹的产生，破坏面积略大于引擎模型的横截面；在 UHP-SFRC 板的背面可以看到明显裂纹的产生，但是没有第一组试验中对应试验的 UHP-SFRC 板裂纹多，主要原因可能是撞击速度不同。在临界贯穿的试验 2-2 中，一大块混凝土虽然已经与主体部分断裂分开，但是由于钢纤维的"藕断丝连"作用而没有掉落下来，表明了纤维可以减小开坑的尺寸以及抑制碎片的飞散。在临界震塌的试验 3-2 中，虽然 UHP-SFRC 板没有被完全贯穿，但是在 UHP-SFRC 板背面形成了明显的"鼓包"，该部分混凝土虽然已经明显碎裂，但同样由于钢纤维的连接作用而没有脱落，仍具有一定的抗力。对于侵彻破坏模式的试验 4-2、试验 5-2 和试验 6-2，仅仅是在 UHP-SFRC 板的前侧出现了少量的混凝土剥离，UHP-SFRC 板没有受到明显的严重破坏，且随着 UHP-SFRC 板厚度的增加，UHP-SFRC 板背面可观察到的裂纹越少。

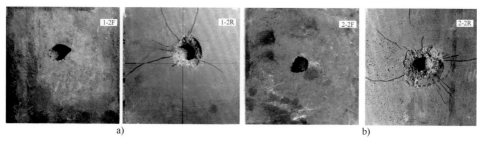

图 6-9　第二组试验的 UHP-SFRC 板正面和背面的破坏

a）试验 1-2　b）试验 2-2

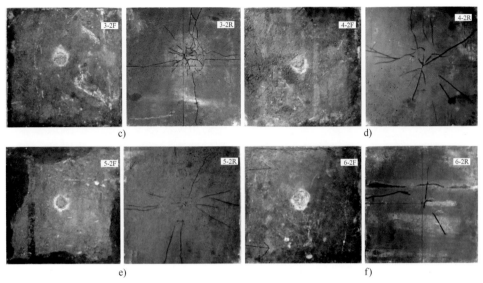

图 6-9　第二组试验的 UHP-SFRC 板正面和背面的破坏（续）

c）试验 3-2　d）试验 4-2　e）试验 5-2　f）试验 6-2

6.2　UHP-SFRC 材料的细观建模方法

为了对 6.1 节中的试验进行更详细和系统的分析，还需要借助有限元数值仿真的方法，开展更多的计算工况得到更丰富的数据，此仿真分析的关键在于 UHP-SFRC 材料的合理模拟。本节将对现有的 UHP-SFRC 材料模拟方法进行简要的总结，并介绍笔者提出的一种创新的计算效率更高的 UHP-SFRC 模拟方法，最后基于 Riedel 试验[87]对此模拟方法进行验证，为下一节中试验的模拟分析奠定基础。

6.2.1　纤维模拟方法简介

目前关于 UHP-SFRC 材料的数值模拟研究较少，模拟方法大体上可以分为两种。

1. 宏观方法（Macroscopic approach）

该方法没有建立随机分布的纤维单元，而是将纤维的增强作用等效换算后体现在混凝土基体的材料参数上，即采用均质的 SOLID 单元同时模拟混凝土和纤维的作用，只是将混凝土材料参数相应增强。例如，直接改变材料的基本力学参数（抗压强度、抗拉强度和断裂能等）[88, 89, 201, 202]，或者调整混凝土本构模型中控制材料应变软化行为的参数等[203-205]。

对于宏观方法，其优点是无须建立大量随机投放的纤维单元，仅有单一的实体单元，因此计算效率很高，可以用于大体积的构件或者结构计算；但缺点是无法更真实地体现纤维的作用机理，对于改变纤维的含量或者长度等参数时，难以换算出相应的参数对混凝土基体进行增强。

2. 细观方法（Mesoscopic approach）

该方法不但建立了用于模拟混凝土基体的单元，还专门建立了随机分布的纤维单元，并采用一定的方法使得两者发生相互作用和共同受力。Xu 等[206] 在二维平面内分别建立了混凝土基体和"螺旋形"纤维有限元模型（如图 6-10a 所示，均是采用 SHELL 单元，两者之间采用共节点的方式进行连接，即不考虑纤维的滑动），对劈裂试验进行了模拟分析。但是此二维计算难以反映真实三维状态下的受力特点等，特别是对于螺旋形的三维纤维结构。Fang 和 Zhang[207] 提出了一种三维的细观模拟方法，如图 6-10b 所示，混凝土基体采用四面体 SOLID 单元，纤维则为 BEAM 单元，两者之间通过 LS-DYNA 中的 CONTACT_1D 关键字来考虑黏结滑移效应（Bonding and slipping effect）。但是在这种纤维与混凝土的连接方式下，四面体实体单元必须要足够小，才能填充满纤维之间的空隙，限制了纤维的投放密度，且计算效率较低。

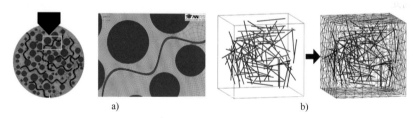

图 6-10　纤维混凝土的细观模拟方法

a）Xu 等　b）Fang 和 Zhang

注：该图取自参考文献 [206，207]。

对于细观方法，其优点是可以更直接更真实地反映纤维的作用，只要对此模拟方法进行了验证后，当改变纤维的长度、含量，甚至是纤维的形状和种类等，都可以直接投放进行计算；但缺点是由于建立了大量的纤维单元，以及在纤维和基体之间设置了复杂的接触等，导致计算效率相对较低，难以应用于大体积的结构计算。

6.2.2　细观分析方法

本小节提出了一种计算效率更高的三维 UHP-SFRC 模拟方法，其中最关键的是纤维的投放及其与混凝土基体的相互作用，以下介绍主要思路。

1. 纤维的随机投放

混凝土基体采用 SOLID 实体单元进行模拟，纤维则采用 BEAM 梁单元。一般需要根据纤维的尺寸和体积含量等建立离散的纤维单元并将其随机投放到基体中，本书将单元生成和投放的过程同步完成，即在单元生成时所处的位置就是随机分布的。

LS-DYNA 软件计算所需要的文件后缀名为 ".K"，因此一般被称为 K 文件，其记录着有限元模型的所有信息，分析 BEAM 单元在 K 文件的书写格式（从底层结构入手），我们可以发现，它主要由单元编号、Part 编号、节点 1、节点 2 和节点 3 组成，若要得到 BEAM 单元，只需按照其格式书写即可。单元编号：每一个 BEAM 单元都需要一个唯一的单元编号；Part 编号：Part 是多个 BEAM 单元的集合（当然特殊情况下一个 Part 也可以只包含一个单元或者不包含单元），当需要用到这些 BEAM 单元的时候，只需要索引 Part 编号，就会指向这些 BEAM 单元；节点 1、节点 2、节点 3：要在空间里体现一个 BEAM 单元，我们需要给它定位点，按照 LS-DYNA 的要求，每一个 BEAM 单元至少需要头部和尾部两个点（节点 1 和节点 2），这样才能指定 BEAM 单元的长度，此外还需要一个方向点（节点 3），比如对于工字梁，需要一个方向点才能确定它的腹板方向，然而对于圆形截面，这个方向点在哪里都可以（当然，这 3 个节点不允许共线）。

确定了上述单个 BEAM 单元的基本生成方法，还面临着如下问题：所需投放的纤维单元数量一般都比较庞大，不可能一个一个去手动建立；此外，纤维分布是随机的，也不可能手动写出来这些随机分布的空间坐标位置。此时，需要借助功能强大的 MATLAB 软件，一方面是其循环命令可以实现大量单元的建立，另一方面是其生成随机数的功能可以完成单元的投放，在生成的同时实现投放。具体的编程思路如下：

1）指定初始条件，如纤维的长度 L_f，直径 D_f，投放的体积率 V_f 以及要投放的空间范围 S_v。

2）根据上述条件计算所需要投放的纤维根数 N_f，即 $N_f = (4 \times S_v \times V_f) / (\pi \times L_f \times D_f^2)$。显然，节点 1、节点 2、节点 3 的数量也分别为 N_f。

3）使用 MATLAB 的随机函数 "rand"，在空间 S_v 内随机均匀地生成 N_f 个 nodes，作为节点 1。

4）以纤维的长度 L_f 为约束条件，并采用随机函数 "rand" 生成两组随机的角度，那么节点 2 也就可以确定了：L_f 确定了节点 2 和节点 1 之间的距离，两个随机角度确定了节点 2 和节点 1 连线的方向。

5）由于节点 3 仅仅用于确定 BEAM 单元横截面的方向，对于圆形截面的纤维并没有任何影响，因此可以按照 3）的步骤再生成 N_f 个点作为节点 3（其在节点 1 和节点 2 连线上的概率基本为零，即使罕见地出现了对应的三个点共线的情况，也可以根据 LS-DYNA 提示的计算错误而方便地找到该点，只需要任意地挪动位置即可）。

6）对于要生成的 N_f 个 BEAM 单元，需要为其赋予不同的编号，例如 $1 \sim N_f$，其并不影响计算结果。

7）为这 N_f 个 BEAM 单元指定 Part 编号，由于这些纤维的材料和属性参数完全一致，因此可以划分为同一个 Part，如 Part 编号为 1，其也不影响计算结果。

8）根据 LS-DYNA 中 BEAM 单元的书写格式，把上述生成的单元编号、Part编号、节点 1、节点 2 以及节点 3 按顺序依次组装起来即可，采用 MATLAB 导出为后缀名为".K"的文本文件即可（也可以导出无后缀的文件，然后手动添加后缀名）。

至此，根据上述思路即可采用 MATLAB 生成随机均匀分布的 N_f 个纤维BEAM 单元，但是纤维的直径 D_f 以及材料参数需要通过关键字 SECTION_BEAM和 MAT 来进行设定。

2. 纤维与基体相互作用

在生成和随机投放了纤维单元之后，关键的是让纤维和混凝土基体相互作用，由于两者的单元划分是分别独立完成的且没有共节点，最初的想法是采用LS-DYNA 中的关键字 CONSTRAINED_LAGRANGE_IN_SOLID 对两者进行耦合。该关键字最初被用于 ALE 和欧拉等算法中的流固耦合分析问题，但是也可以用于拉格朗日算法中将单元节点耦合进 SOLID 实体单元。例如，最常用的就是把分布比较复杂的钢筋 Beam 单元耦合进混凝土的 SOLID 单元，实现钢筋与混凝土的相互作用。

此外，对于钢筋混凝土的模拟，还有两种常用方法：①可以考虑黏结滑移的 CONTACT_1D 方法，但是要求钢筋单元节点的同一位置处也要有对应的混凝土单元节点，即同一位置处有两个不同的节点，两个点可以分开来体现滑移效应；②将钢筋与混凝土单元共节点的方法，即一个节点同时属于钢筋和混凝土，两者完全黏结，没有任何滑移，适用于变形较小的工况。上述这两种方法都对钢筋分布的规则性要求较高，且混凝土的单元尺寸要等于或小于钢筋保护层厚度。

其实随机分布的纤维就是一段段细小的钢筋，若也采用上述两种方法，则必须要求混凝土基体为四面体的 SOLID 单元，同时也就导致四面体单元必须要足够小，才能填充满纤维之间的空隙，限制了纤维的投放密度，且计算效率较低。此外，为了尽量提高模拟的准确性与真实性，也一定要在三维空间内计算而不要简化为而二维问题；因此，还是要采用 CONSTRAINED_LAGRANGE_IN_SOLID 的耦合方法。

但是此耦合方法存在明显的不足，就是此耦合过于"牢固"，即纤维单元的节点在混凝土单元内无法移动，难以体现出纤维的滑移效应。对此，本书提出了一种等效方法：将滑移效应通过纤维的材料属性体现出来。在真实试验中，由于钢纤维的屈服强度（约 2800MPa）远大于混凝土的强度，且最大的黏结滑移力也远远小于钢纤维所能承受的轴力，因此在裂纹处钢纤维仅仅会被从混凝土基体中拔出来而不会被拉断，且钢纤维长度也基本不变。而在采用耦合方法的模拟分析中，纤维单元的两个点被固定在混凝土单元中，因此不会出现钢纤维被拔出的情况。

但是我们可以从纤维拉拔力这个角度出发：只要纤维在模拟中的拉拔力与试验中一致，即可说明在模拟中体现了纤维的黏结滑移效应。试验中的拉拔力来自于纤维与混凝土基体的黏结和滑移摩擦，模拟中我们可以通过赋予纤维一种特殊的材料参数（不采用真实纤维的材料参数）使得纤维的轴力相等，让纤维单元可以被拉长来体现其在试验中被拔出的效果。

Wille 和 Naaman[208] 曾开展单根纤维拔出试验，其采用的纤维长度为 13mm，直径为 0.2mm，得到了纤维的轴向应力（乘以横截面积即可得到轴力）随拔出距离的变化。试验和模拟的拉拔示意图，如图 6-11 所示。在试验中，纤维总长度的一半（即 6.5mm）被埋在高强混凝土基体中，当被拉出 6.5mm 后，纤维将与基体完全分离；而在模拟中，当纤维单元被拉长 6.5mm 后将被删除来体现其与基体的完全分离，删除的标准就是此时纤维单元的应变，通过调试（trial and error）来确定。

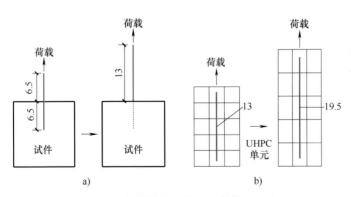

图 6-11　纤维拉拔示意图（单位：mm）
a）试验　b）模拟

在模拟中，纤维的材料模型采用 LS-DYNA 中的 MAT_PIECEWISE_LINEAR_PLASTICITY（MAT_024），通过赋予其一定的材料参数（不是真实纤维的钢材参数），最终调试得到的纤维模拟轴向应力与试验结果曲线对比，如图 6-12 所示，可见这套材料参数可以对单根拉拔试验中纤维的受力情况进行较好的模拟，纤维的最大轴向应力约为 1100MPa。

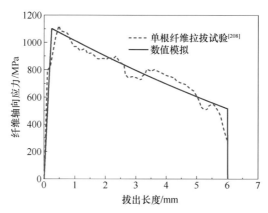

图 6-12　单根纤维拉拔试验与模拟的轴向应力对比

需要特别说明的是，在真实冲击试验中，一根纤维总是被从埋深较短的一侧拔出，如图 6-13 所示，因此一根 13mm 长的纤维可能被拔出的最大长度就是其总长度的一半 6.5mm，而更多情况下被拔出的长度应该在 0~6.5mm 之间。根据概率论知识计算可知，纤维被拔出的平均值为纤维总长度的 1/4：对于 13mm 长的纤维，其被拔出的平均长度为 13mm/4 = 3.25mm。

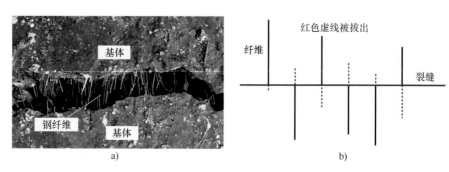

图 6-13　埋深较短一侧的纤维被拔出

a）试验现象　b）示意图

假定纤维受到的最大轴向应力跟其与基体的接触面积成正比，纤维拔出力曲线的变化趋势与埋深无关，并且不考虑基体强度以及纤维与裂缝之间的角度影响。对于埋深为 6.5mm 的纤维，其最大轴向应力约为 1100MPa，那么在纤维埋深为 3.25mm 的情况下，其最大轴向应力为

$$\sigma_{max} = \left[\frac{\pi(0.2/2)^2 \times 3.25}{\pi(0.2/2)^2 \times 6.5} \times 1100 \right] \text{MPa} = 550\text{MPa} \qquad (6\text{-}1)$$

　　因此在冲击试验的裂纹处，纤维轴向应力随拔出长度的变化曲线，如图 6-14 所示，可见在被拔出 3.25mm 后纤维的轴向应力变为零（单元被删除），对应的材料参数见表 6-4，再次强调此参数并非钢纤维材料的真实参数，而是为了使其受力特点满足黏结滑移效应而调试得到的。

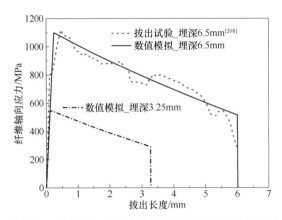

图 6-14　冲击试验中被拔出纤维的平均轴向应力曲线

表 6-4　模拟纤维平均受力的 MAT_024 材料参数

材料参数	密度/(kg/m³)	弹性模量/GPa	泊松比	屈服强度/MPa	切线模量/MPa	失效应变
钢纤维	7800	60	0.28	550	−600	0.22

6.2.3　试验验证

　　本小节将通过采用上述提出的 UHP-SFRC 模拟方法对 Riedel 试验进行仿真分析，来验证该模拟方法的合理性与适用性。

1. Riedel 试验[87]简介

　　2010 年，Riedel 等开展了 6 次缩比飞机引擎撞击 UHP-SFRC 板的试验。引擎模型的简化方法来自于 Sugano 等[38, 39]的引擎撞击试验，其采用的比例为 1∶10，直径约为 76mm，质量约为 1.5kg，采用空气炮装置进行发射。UHP-SFRC 板尺寸均为 1000mm×1000mm×100mm，混凝土基体强度的范围为 172.1～196.0MPa，钢纤维（长度为 13mm，直径为 0.15mm）的体积含量为 1%，此外还进行了钢筋配筋（直径为 5.5mm，间距为 50mm）。试验中 UHP-SFRC 板厚度不变而逐渐增大引擎模型的撞击速度（194.7～368.6m/s），得到了 UHP-SFRC 板不同的破坏模式（侵彻、临界震塌、临界贯穿和贯穿）。Riedel 试验所用的引擎模型和 UHP-SFRC 板分别如图 6-15 和图 6-16 所示，撞击速度和材料参数等信息见表 6-5。

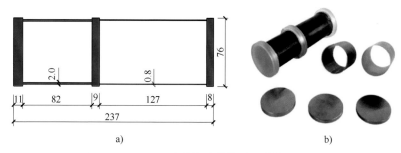

图 6-15　Riedel 试验的引擎模型（单位：mm）

a）几何尺寸　b）部件照片

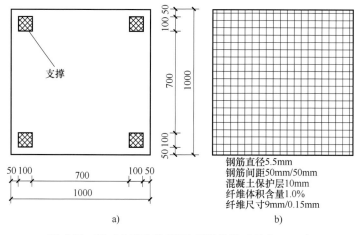

钢筋直径5.5mm
钢筋间距50mm/50mm
混凝土保护层10mm
纤维体积含量1.0%
纤维尺寸9mm/0.15mm

图 6-16　Riedel 试验的 UHP-SFRC 板（单位：mm）

a）几何尺寸　b）钢筋分布

表 6-5　Riedel 试验的引擎模型和 UHP-SFRC 板参数

编号	引擎模型				UHP-SFRC 板	
	质量/g	速度/（m/s）	屈服强度/MPa	极限强度/MPa	抗压强度/MPa	弹性模量/GPa
1	1564	194.7	355	630	182.8	56.242
2	1569	258.7	355	630	172.1	55.577
3	1570	320.0	355	630	186.0	55.085
4	1570	332.0	355	630	174.5	54.922
5	1575	248.9	355	630	193.2	55.139
6	1575	368.6	355	630	196.0	54.579

2. 有限元模型

为了提高计算效率并考虑到 Riedel 试验的对称性，建立了 1∶4 的有限元模型，如图 6-17 所示。混凝土基体划分为 784000 个 SOLID 实体单元，撞击中心范围内的单元尺寸为 2.5mm，周围的单元尺寸为 5mm；为了提高计算效率，仅在撞击中心范围内随机投放了纤维单元；钢筋采用 BEAM 单元进行划分，其与混凝土基体之间也采用 CONSTRAINED_LAGRANGE_IN_SOLID 耦合方式进行相互作用，即不考虑钢筋与混凝土之间的黏结滑移。

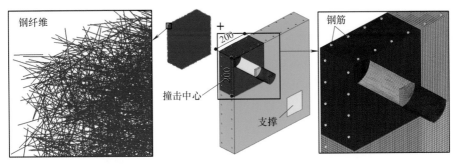

图 6-17　Riedel 试验的有限元模型（单位：mm）

引擎的材料采用 MAT_SIMPLIFIED_JOHNSON_COOK（MAT_098）进行模拟，其可以考虑应变率效应和单元失效等。Riedel 试验中引擎材料的性质与我国的 45 钢非常接近，因此采用文献［209］得到的相关材料参数，见表 6-6。

表 6-6　Riedel 试验中引擎模型的 MAT_098 材料参数

密度/ （kg/m³）	弹性 模量/GPa	泊松比	硬化常数 A/MPa	硬化常数 B/MPa	应变率 参数	硬化指数	失效应变
7800	210	0.3	496	434	0.040	0.307	0.25

混凝土基体采用 MAT_WINFRITH_CONCRETE（MAT_084）进行模拟，其参数输入比较简单且可以自动考虑材料的应变率效应。在 Riedel 试验中，其试验者仅提供了 UHP-SFRC 试件的平均抗压强度约为 190MPa，并没有给出基体 UHPC 的抗拉和抗压强度。而在前文试验中，测量的 UHP-SFRC 的抗压强度、UHPC 的抗压和抗拉强度分别为 150MPa、110MPa 和 6.5MPa。因此，根据三者之间的比例关系，以及 Riedel 试验中 UHP-SFRC 的抗压强度 190MPa，计算得到其基体 UHPC 的抗压和抗拉强度分别为 140MPa 和 8.5MPa。此外，本书试验中测量的 UHPC 断裂能约为 165J/m²，而 Riedel 试验中也没有给出相应的值，在此假定其值约为 180J/m²，略大于本书试验中的测试结果。考虑到 UHP-SFRC 中没有粗骨料，因此骨料尺寸设定为所用砂子的一般粒径约 2mm。MAT_084 模型自身无法考虑材料的失效删除，因此需要另外使用关键字 MAT_ADD_EROSION 来控制单元的删除，此处选择最大主应变作为失效标准[210]，根据试验结果以及有

限元模型的特点调试的最合适失效应变为 0.04。最终，为模拟 Riedel 试验而设定的 UHPC 材料参数见表 6-7。

表 6-7　Riedel 试验中 UHPC 的 MAT_084 材料参数

密度/(kg/m³)	弹性模量/GPa	泊松比	抗压强度/MPa	抗拉强度/MPa	断裂能/(J/m²)	骨料尺寸/mm	失效应变
2480	55	0.19	140	8.5	180	2	0.04

纤维的材料模型为上述的 MAT_PIECEWISE_LINEAR_PLASTICITY（MAT_024），但是具体的参数要根据 Riedel 试验中纤维的特点（长度为 9mm，直径为 0.15mm）重新计算。对于 9mm 长的纤维，其被拉出长度的平均值为 9/4 = 2.25mm。那么，根据式（6-1）以及 Wille 和 Naaman[208] 的试验结果，该纤维的最大轴向应力为

$$\sigma_{max} = \left[\frac{\pi(0.15/2)^2 \times 2.25}{\pi(0.2/2)^2 \times 6.5} \times 1100 \right] MPa \approx 214MPa \tag{6-2}$$

根据纤维拉出长度 2.25mm，在单根纤维拉拔的模拟中，通过调试确定了其失效删除应变约为 0.16。最终，为模拟 Riedel 试验而设定的纤维材料参数见表 6-8。

表 6-8　Riedel 试验中纤维的 MAT_024 材料参数

密度/(kg/m³)	弹性模量/GPa	泊松比	屈服强度/MPa	切线模量/MPa	失效应变
7800	60	0.28	214	−350	0.16

此外，在 Riedel 试验中还布置了钢筋，其采用 MAT_PLASTIC_KINEMATIC（MAT_003）进行模拟，相关参数见表 6-9，其中 $C = 40.4$ 和 $P = 5$[153] 是应变率参数，失效应变 0.15 是根据试验结果调试得到。

表 6-9　Riedel 试验中钢筋的 MAT_003 材料参数

密度/(kg/m³)	弹性模量/GPa	泊松比	屈服强度/MPa	切线模量/MPa	应变率参数 C	应变率参数 P	失效应变
7800	210	0.30	447.2	0	40.4	5	0.15

3. 计算结果的对比分析

Riedel 试验共开展了 6 发，各发试验中 UHP-SFRC 板和引擎模型都是一样的，仅改变撞击速度（194.7 ~ 368.6m/s）。在 0.006s 时模拟的 UHP-SFRC 板破坏和引擎变形，如图 6-18 所示，可见：①只有试验 4（332.0m/s）和试验 6（368.6m/s）贯穿了 UHP-SFRC 板，并且引擎模型发生了严重的压屈变形破坏，撞击区域的钢筋也发生了断裂，大量的纤维单元由于混凝土单元的删除而飞散出来（失去了混凝土 SOLID 单元的约束）；②在对试验 3（320.0m/s）的数值模

拟中也出现了临界贯穿的破坏模式，与试验现象吻合很好，如图 6-19 所示；③因此当撞击速度小于 320m/s 时，UHP-SFRC 板将不会出现贯穿破坏。例如，试验 1（194.7m/s）、试验 2（258.7m/s）和试验 5（248.9m/s）。在对试验 1 的模拟中，UHP-SFRC 板发生了侵彻的破坏模式，并且由于引擎模型的撞击能量较小，其 2mm 厚的钢管基本保持完整而没有被压屈。在对试验 2 和试验 5 的数值模拟中，UHP-SFRC 板出现了较大的侵彻深度，根据明显的裂纹扩展可以将其归为临界震塌的破坏模式。

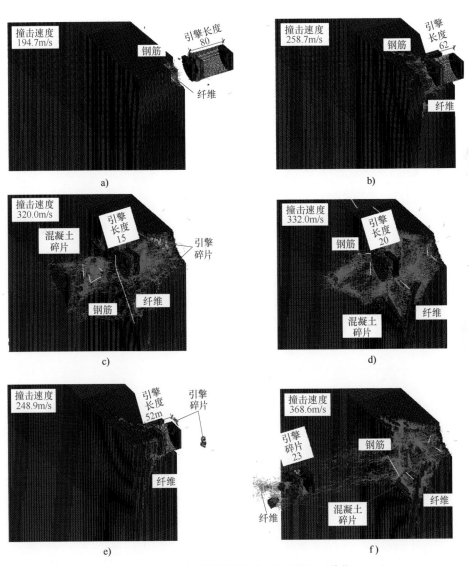

图 6-18　Riedel 试验的模拟结果（0.006s）（单位：mm）

a）试验 1　b）试验 2　c）试验 3　d）试验 4　e）试验 5　f）试验 6

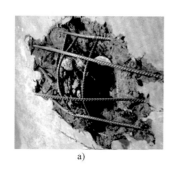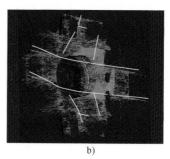

a）　　　　　　　　　　　　　　　　b）

图 6-19　Riedel 试验 3 中的 UHP-SFRC 板破坏

a）试验现象　b）数值模拟

数值模拟结果与试验数据的具体对比见表 6-10，可见总体结果吻合很好。但是试验 6 的残余速度有明显差别，其试验数据为 16.1m/s，而模拟结果为 53.7m/s；对比试验 4 的试验结果可以发现，其初始速度为 332.0m/s，残余速度已经达到 11.1m/s，而试验 6 的初始速度为 368.6m/s，残余速度却只有 16.1m/s，是明显偏小的；因此，笔者认为在真实试验中试验 6 的倾斜角度相对较大，并非正撞击。Thai 和 Kim[88, 89] 虽然对 Riedel 试验开展了模拟工作，但没有考虑试验 5 和试验 6。

表 6-10　Riedel 试验与数值模拟结果的对比

编号	方法	初始速度/（m/s）	残余速度/（m/s）	破坏模式	引擎残余长度/mm
1	试验	194.7	-8.6	侵彻 C	83
	数值模拟	194.7	-8.1	侵彻 C	80
2	试验	258.7	-7.3	临界震塌 JS	56
	数值模拟	258.7	-6.1	临界震塌 JS	62
3	试验	320.0	0.0	临界贯穿 JP	28
	数值模拟	320.0	0.0	临界贯穿 JP	15
4	试验	332.0	11.1	贯穿 P	28
	数值模拟	332.0	5.0	贯穿 P	20
5	试验	248.9	-9.4	临界震塌 JS	58
	数值模拟	248.9	-5.4	临界震塌 JS	52
6	试验	368.6	16.1	贯穿 P	28
	数值模拟	368.6	53.7	贯穿 P	23

综上，基于本书提出的 UHP-SFRC 材料的创新模拟方法，对 Riedel 的试验

进行了细观的数值模拟分析，得到的结果也与试验数据吻合较好。如果能够提供更多的试验参数，如详细的撞击过程、引擎模型的倾斜角度、准确的混凝土基体抗压和抗拉强度以及钢筋的材料参数等，则数值模拟结果会更准确。

6.3　试验的细观仿真分析

6.3.1　有限元模型

在 6.1 节和 6.2 节分别详细介绍了本书开展的两组缩比引擎撞击 UHP-SFRC 板的试验以及提出并验证了一种高效的 UHP-SFRC 材料模拟方法。为了得到更多工况下的撞击数据，本节将对本书开展的试验进行数值模拟分析，以进一步对该数值模拟方法进行验证，确认其可以合理准确地模拟本书试验，并为下一节的参数化分析奠定基础。

1. 模型建立

以 40mm 厚度的 UHP-SFRC 板为例，建立的有限元模型如图 6-20 所示。对于引擎模型，3 个质量块共划分为 10560 个 SOLID 单元，0.8mm 和 2.0mm 厚度的钢管共划分为 8848 个 SHELL 单元，单元尺寸均是 2.5mm。混凝土基体 UHPC 由 640000 个 SOLID 单元组成，在撞击中心区域（300mm×300mm）的单元尺寸为 2.5mm，周围区域的单元尺寸为 5.0mm。为了提高计算效率，180000 个纤维 BEAM 单元仅投放在撞击中心区域，对应的纤维体积率为 2.0%。纤维的投放以及其与混凝土基体的相互作用见 6.2.2 节中相关内容。

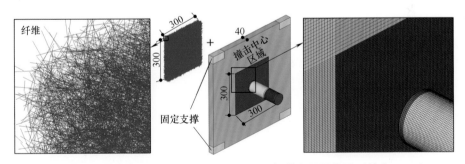

图 6-20　本书试验中 40mm 厚度 UHP-SFRC 板的有限元模型（单位：mm）

2. 材料参数

对本书试验的数值模拟分析，采用的材料本构模型与模拟 Riedel 试验时一致，但是个别的参数设置不同，具体会在下面介绍。

引擎的材料（45 钢）也采用 MAT_098 进行模拟，文献［209］正是对 45 号钢参数的研究，在此予以引用借鉴，具体参数见表 6-11，失效应变参数沿用表 6-6 中的 0.25。

表 6-11　本书试验中引擎模型的 MAT_098 材料参数

密度/ （kg/m³）	弹性 模量/GPa	泊松比	硬化常数 A/MPa	硬化常数 B/MPa	应变率 参数	硬化指数	失效应变
7800	210	0.3	496	434	0.040	0.307	0.25

混凝土基体也采用 MAT_084 进行模拟，其相关参数实际测量为 UHP-SFRC 的抗压强度 150MPa，UHPC 的抗压和抗拉强度分别为 110MPa 和 6.5MPa，UHPC 的断裂能为 165J/m²。考虑到 UHP-SFRC 中没有粗骨料，因此骨料尺寸设定为所用砂子的一般粒径约 2mm。MAT_084 模型自身无法考虑材料的失效删除，因此需要另外使用关键字 MAT_ADD_EROSION 来控制单元的删除，选择最大主应变作为失效标准[210]，失效应变沿用表 6-7 中的 0.04。最终，为模拟本书试验而设定的 UHPC 材料参数见表 6-12。

表 6-12　本书试验中 UHPC 的 MAT_084 材料参数

材料	密度/ （kg/m³）	弹性 模量/GPa	泊松比	抗压 强度/MPa	抗拉 强度/MPa	断裂能/ （J/m²）	骨料 尺寸/mm	失效 应变
UHPC	2325	55	0.19	110	6.5	165	2	0.04

本书试验采用的纤维，与文献［208］中拉拔试验的纤维尺寸一致，相关参数的计算已经在 6.2.2 中 2 完成，见表 6-13。

表 6-13　本书试验中纤维的 MAT_024 材料参数

密度/（kg/m³）	弹性模量/GPa	泊松比	屈服强度/MPa	切线模量/MPa	失效应变
7800	60	0.28	550	−600	0.22

6.3.2　对比分析

在对本书试验的模拟分析中，设置了 CONTROL_CONTACT 中的 ENMASS = 2，使得删除单元的节点仍然可以继续保持接触，同时在后处理时将这些节点显示了出来，可以近似地模拟混凝土的碎片云。

1. 第一组试验

本小节对第一组试验进行模拟分析（速度约为 250m/s，40～80mm 厚 UHP-SFRC 板均被贯穿），不仅采用了上述提出的 UHP-SFRC 细观模拟方法，还采用了宏观模拟方法进行对比。在宏观模拟方法中，直接采用 SOLID 单元模拟 UHP-SFRC，而没有建立随机分布的大量纤维单元。此外，其与细观方法的主要差别在于材料参数见表 6-14。

表 6-14　本书试验中 UHP-SFRC 的 MAT_084 材料参数

材料	密度/ (kg/m³)	弹性 模量/GPa	泊松比	抗压 强度/MPa	抗拉 强度/MPa	断裂能/ (J/m²)	骨料 尺寸/mm	失效 应变
UHP-SFRC	2480	55	0.19	150	7.2	>15000	2	0.04

对比分析的主要内容包括撞击现象、引擎变形、UHP-SFRC 板破坏、残余速度和开坑面积，相关数据汇总见表 6-15。

表 6-15　第一组中试验数据与数值模拟结果的对比

编号	方法	H/mm	V_0/(m/s)	V_r/(m/s)	L_r/mm	开坑面积/m²
1-1	试验	40	222	108	95	0.028
	细观模拟	40	222	54	82	0.032
	宏观模拟	40	222	57	89	0.045
2-1	试验	50	254	84	93	0.047
	细观模拟	50	254	89	82	0.028
	宏观模拟	50	254	88	90	0.031
3-1	试验	60	244	97	75	0.048
	细观模拟	60	244	97	74	0.029
	宏观模拟	60	244	100	81	0.051
4-1	试验	65	253	82	70	0.030
	细观模拟	65	253	83	65	0.032
	宏观模拟	65	253	92	82	0.059
5-1	试验	70	254	76	74	0.034
	细观模拟	70	254	70	67	0.031
	宏观模拟	70	254	64	66	0.064
6-1	试验	80	262	46	60	0.037
	细观模拟	80	262	49	57	0.037
	宏观模拟	80	262	28	52	0.054

（1）撞击现象　图 6-21 所示为第一组试验在约 0.004s 时的撞击现象以及细观模拟结果，可见细观模拟结果与高速录像内容吻合较好，UHP-SFRC 板均被贯穿破坏，混凝土碎片在 UHP-SFRC 板背面大量飞溅。

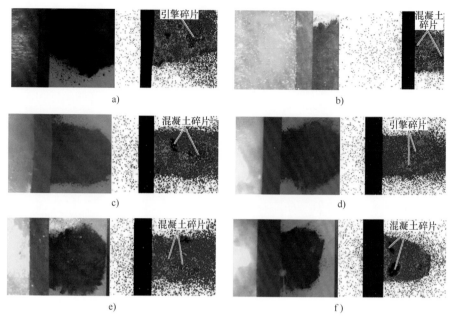

图 6-21　第一组试验在 0.004s 时的撞击现象与细观模拟结果对比

a）试验 1-1　b）试验 2-1　c）试验 3-1　d）试验 4-1　e）试验 5-1　f）试验 6-1

　　（2）引擎变形　试验后收集的引擎模型的主要残余部分，以及细观模拟结果，如图 6-22 所示，可见仿真结果较好地模拟了试验现象：0.8mm 厚的钢管已经被完全压碎飞散（难以收集），而 2.0mm 厚的钢管还保留着大部分结构，其残余长度的试验值以及两种模拟方法下的结果见表 6-15。此外，随着 UHP-SFRC 板厚度的增加，在相近的速度下（约 250m/s），引擎的残余长度总体上逐渐减小。需要说明的是，真实引擎与有限元模型在结构上存在微小的差别：在真实引擎模型中，中间质量块周围包裹的钢管与 2.0mm 厚的钢管是连为一体的；而在有限元模型中没有体现质量块周围的包裹部分，即 FE 模型中的"大"质量块对应于真实引擎中的"小"质量块以及其周围的包裹钢管。包裹钢管在试验中被附加到 2.0mm 厚的钢管上，而在模拟结果中不存在包裹钢管，因此对于残余长度，数值模拟值比试验值略小。

　　（3）UHP-SFRC 板破坏　对于 UHP-SFRC 板背面的破坏，试验现象、细观方法以及宏观方法模拟的结果如图 6-23 所示，具体的开坑面积见表 6-15。对比结果表明：细观方法可以很好地模拟贯穿破坏模式以及开坑尺寸；而宏观方法虽然也得到了相同的破坏模式，但是开坑面积明显偏大且产生更多的混凝土碎片从 UHP-SFRC 板背部飞溅，主要原因在于宏观方法中没有体现出纤维对于混凝土的连接加强和抑制裂纹的作用。

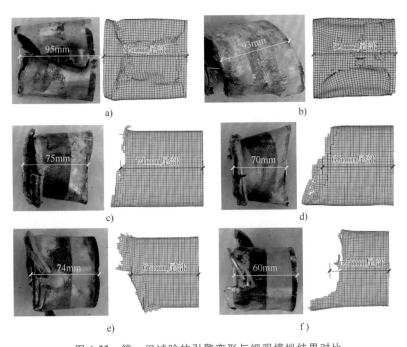

图 6-22　第一组试验的引擎变形与细观模拟结果对比

a）试验 1-1　b）试验 2-1　c）试验 3-1　d）试验 4-1　e）试验 5-1　f）试验 6-1

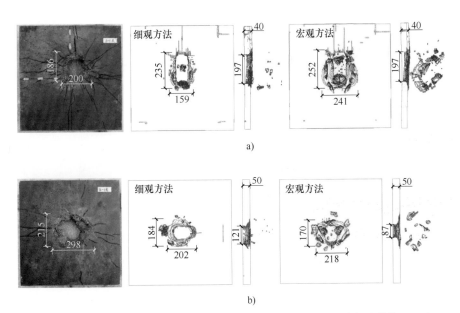

图 6-23　第一组试验的 UHP-SFRC 板破坏与数值模拟结果对比（单位：mm）

a）试验 1-1　b）试验 2-1

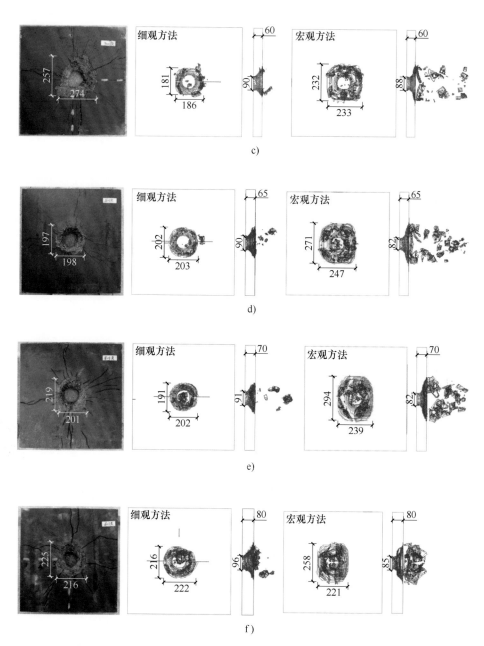

图 6-23   第一组试验的 UHP-SFRC 板破坏与数值模拟结果对比（单位：mm）（续）

c）试验 3-1   d）试验 4-1   e）试验 5-1   f）试验 6-1

需要注意的是，对于倾斜角度较大的试验 1-1 的仿真中（30°），两种模拟方法下的 UHP-SFRC 板背面开坑尺寸都明显较大，这是因为在引擎的有限元模型中，质量块和钢管之间采用共节点的方式进行连接，没有考虑两者之间真实的焊接失效问题。因此，在模拟中质量块和钢管不会分离，导致整个引擎偏向于横向撞击，开坑面积更大；而在试验中质量块的脱落导致剩下的钢管结构更容易纵向压屈，开坑面积相对较小。对于模拟中的横向撞击，引擎模型更多的能量会被 UHP-SFRC 板吸收，因此其残余速度理论上应该会比试验值明显偏小，表 6-15 中试验 1-1 的残余速度数据也证明了这个预期。

（4）残余速度　图 6-24 所示为试验中每发残余速度值（采用水平虚线表示）以及细观模拟中引擎 3 个质量块的完整速度时程曲线。对于倾斜较小的撞击工况（试验 2-1~试验 6-1），从速度变化的角度看其撞击过程如下：当前侧的质量块直接撞击到 UHP-SFRC 板，该质量块的速度迅速降低，持续的时间范围大致在 0~0.0001s 之间；之后，0.8mm 厚的钢管被逐渐压屈，导致引擎的另外两个质量块速度相对缓慢地降低，持续的时间范围大致在 0.0001~0.0006s 之间；当 0.8mm 厚的钢管被完全压屈，中间的质量块直接撞击到 UHP-SFRC 板上，其速度明显降低，持续的时间范围大致在 0.0006~0.0007s 之间；同时，速度已经很小的前侧质量块受到中间质量块的撞击，其速度又明显地增加，几乎与中间质量块的速度一致；之后，2.0mm 厚的钢管被略微地压屈，并且 UHP-SFRC 板的严重破坏引起其抗力降低，导致最后侧的质量块速度继续减小，但是减小的过程趋于缓慢；最后，3 个质量块的速度达到基本相同，表明引擎已经贯穿了 UHP-SFRC 板继续飞行。

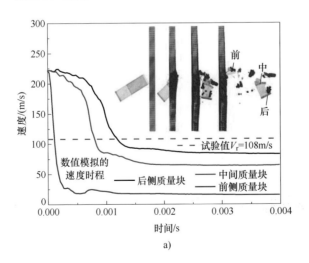

a)

图 6-24　第一组试验的引擎残余速度与细观模拟结果对比

a）试验 1-1

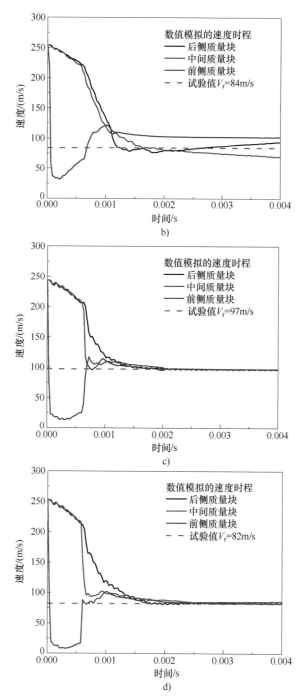

图 6-24　第一组试验的引擎残余速度与细观模拟结果对比（续）

b）试验 2-1　c）试验 3-1　d）试验 4-1

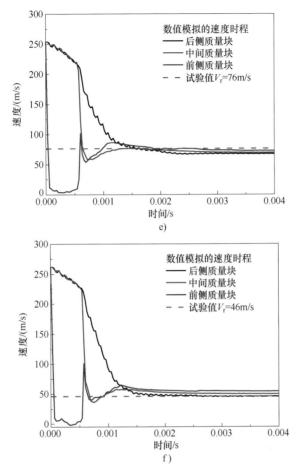

图 6-24　第一组试验的引擎残余速度与细观模拟结果对比（续）

e）试验 5-1　f）试验 6-1

　　为了便于与试验数据对比，将 3 个质量块最后（0.004s 时）速度的平均值视为引擎模型的残余速度，具体值见表 6-15。对于撞击角度较小的试验，数值模拟结果与试验结果吻合很好；但是对于倾斜角度较大的试验 1-1 和试验 2-1，引擎的 3 个质量块的速度最后仍存在明显的差别而没有达到基本相同，这是由于引擎模型在侧向上发生了严重的变形，而不像其他引擎模型主要发生纵向压屈。特别是图 6-24a 中所示的撞击过程，可以明显观察到 3 个质量块之间没有发生相互撞击的情况，而是几乎不相关的各自穿过了 UHP-SFRC 板。若采用宏观方法进行模拟，引擎模型的残余速度与试验值偏差明显更大，见表 6-15。

　　2. 第二组试验

　　本小节对第二组试验进行了细观模拟分析（撞击速度约为 120m/s，40 ~

80mm 厚的 UHP-SFRC 板发生了不同的破坏模式），对比分析的主要内容包括撞击现象、引擎模型变形、UHP-SFRC 板破坏、残余速度和开坑面积，相关数据汇总见表 6-16。

表 6-16　第二组中试验数据与数值模拟结果的对比

编号	方法	H/mm	V_0/(m/s)	V_r/(m/s)	L_r/mm	UHP-SFRC 板破坏模式	开坑面积/m²
1-2	试验	40	120	21	192	贯穿 P	0.027
	细观模拟	40	120	17	136	贯穿 P	0.017
2-2	试验	50	139	-2	118	临界贯穿 JP	0.047
	细观模拟	50	139	-3	122	临界贯穿 JP	0.023
3-2	试验	60	119	-4	115	临界震塌 JS	0.006
	细观模拟	60	119	-7	114	临界震塌 JS	0.006
4-2	试验	65	126	-5	106	侵彻 C	—
	细观模拟	65	126	-8	115	侵彻 C	—
5-2	试验	70	121	-4	111	侵彻 C	—
	细观模拟	70	121	-7	107	侵彻 C	—
6-2	试验	80	128	-6	95	侵彻 C	—
	细观模拟	80	128	-12	99	侵彻 C	—

（1）撞击现象　图 6-25 所示为高速录像记录的撞击现象以及细观方法模拟的对比结果（0.004s），在模拟中显示了被删除单元的节点，可以近似地模拟混凝土的碎片云。总体可见，对于不同的 UHP-SFRC 板破坏模式、混凝土碎片的飞溅以及引擎模型的姿态，数值模拟结果与试验现象吻合很好。

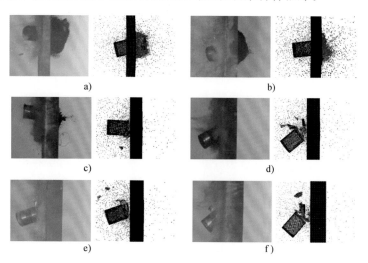

a)　　　　　　　　　　　b)

c)　　　　　　　　　　　d)

e)　　　　　　　　　　　f)

图 6-25　第二组试验在 0.004s 时的撞击现象与细观模拟结果对比

a）试验 1-2　b）试验 2-2　c）试验 3-2　d）试验 4-2　e）试验 5-2　f）试验 6-2

（2）引擎模型变形　图 6-26 所示为引擎模型最后的变形，可见细观模拟结果与试验基本吻合：0.8mm 厚的钢管几乎被完全压屈，并且在边缘有明显的撕裂破坏；2.0mm 厚的钢管基本保持完整，没有发生明显的变形。与第一组试验相比，由于初始撞击速度明显较小，因此引擎的破坏程度相对较轻。

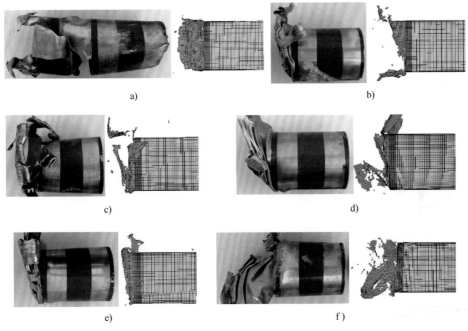

图 6-26　第二组试验的引擎变形与细观模拟结果对比

a）试验 1-2　b）试验 2-2　c）试验 3-2　d）试验 4-2　e）试验 5-2　f）试验 6-2

（3）UHP-SFRC 板破坏　UHP-SFRC 板背面的破坏，如图 6-27 所示，可见细观模拟结果不仅准确地重现了 UHP-SFRC 板不同的破坏模式，而且开坑的尺寸或裂纹也基本吻合，具体数值见表 6-16。需要特别说明的是试验 2-2，其属于临界贯穿的破坏模式，试验中 UHP-SFRC 板背面的开坑面积比模拟结果明显较大，但是其开坑外围较宽的一个圆环区域内，混凝土剥落的厚度很薄，很可能是混凝土材料缺陷等其他因素导致的意外现象。若将这么薄的剥落区也视为主要开坑区域的一部分是不合适的，如果将其忽略，那么试验与数值模拟的结果吻合较好。

（4）残余速度　图 6-28 所示为试验中每发残余速度值（采用水平虚线表示）以及细观模拟中引擎 3 个质量块的完整速度时程曲线。为了便于与试验数据对比，将 3 个质量块最后（0.004s 时）速度的平均值视为引擎模型的残余速度，具体值见表 6-16，可见均基本吻合。

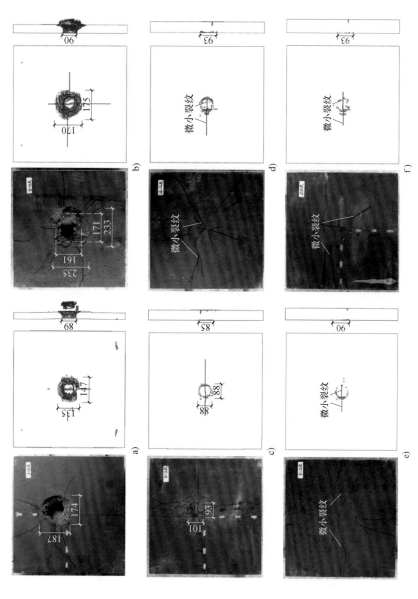

图 6-27　第二组试验的 UHP-SFRC 板破坏与细观模拟结果对比（单位：mm）

a) 试验 1-2　b) 试验 2-2　c) 试验 3-2　d) 试验 4-2　e) 试验 5-2　f) 试验 6-2

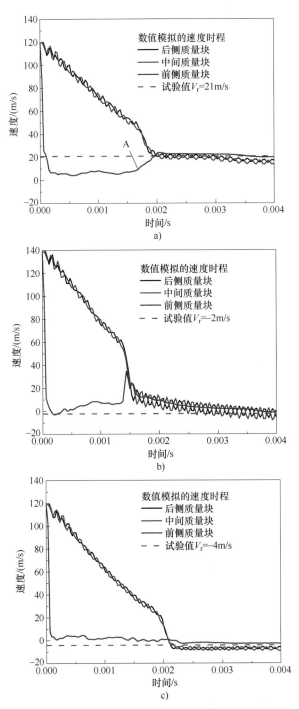

图 6-28　第二组试验的引擎残余速度与细观模拟结果对比

a）试验 1-2　b）试验 2-2　c）试验 3-2

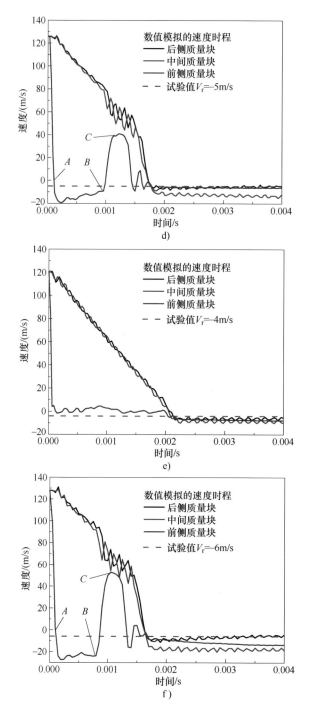

图 6-28　第二组试验的引擎残余速度与细观模拟结果对比（续）

d）试验 4-2　e）试验 5-2　f）试验 6-2

当引擎模型的前侧质量块撞击到 UHP-SFRC 板上，它的速度迅速降低，基本达到零，然后 0.8mm 厚的钢管被逐渐压屈，同时导致引擎后半部分的速度降低。由于 UHP-SFRC 板的破坏模式不一样，每发引擎的速度变化也略有区别：①在试验 1-2 中，UHP-SFRC 板被完全贯穿，前侧的质量块穿过 UHP-SFRC 板后（大部分能量已经传递给 UHP-SFRC 板，因此速度较低）被后面速度较快的引擎其余部分撞击而加速（点 A），最后整个引擎部件几乎以相同的速度继续飞行；②试验 2-2 中的 UHP-SFRC 板破坏模式为临界贯穿，引擎被 UHP-SFRC 板刚好截停，因此整个引擎的速度最终趋于零；③对于试验 3-2 和试验 5-2，虽然 UHP-SFRC 板的破坏模式不一样（分别为临界震塌和侵彻），但是对于引擎模型而言，均是被完全截留在 UHP-SFRC 板前侧，因此其速度时程曲线相差不大；④然而在试验 4-2 和试验 6-2 中，虽然与试验 5-2 中一样，UHP-SFRC 板都是侵彻破坏，但是不同点在于这两发引擎模型的倾斜角度明显较大（分别为 8°和 10°），因此，前侧的质量块发生了明显的反弹（点 A），然后被引擎后侧的部分撞击后加速（点 B）并达到峰值（点 C），之后整个引擎模型逐渐减速并被 UHP-SFRC 板截停，同时出现较小的反弹现象。

6.4　引擎撞击 UHP-SFRC 板的运动规律分析

在 6.1 节~6.3 节中，首先开展了两组引擎模型撞击 UHP-SFRC 板的缩比试验，得到了丰富的试验数据；其次为了对试验现象进行准确合理的数值模拟，提出了一种创新的高效的 UHP-SFRC 材料模拟方法，并基于 Riedel 试验进行了验证；然后采用该模拟方法对本书试验进行了详细的仿真分析，与试验结果均吻合很好，进一步证明了该方法的适用性。在本节，将采用此模拟方法，针对引擎模型撞击 UHP-SFRC 板的残余速度和最小贯穿速度，开展大量的参数化分析，并提出相应的计算预测公式，为相关的工程结构设计提供有益参考。在参数化分析中，为了叙述的简洁，所采用的有限元模型和材料模型及参数不再进行详细介绍，相关设置与 6.3.1 小节相同。

6.4.1　残余速度

对残余速度的影响因素主要为 UHP-SFRC 板厚度和撞击速度，在此分别进行参数化分析。基于数值模拟数据和现有刚性飞射物计算公式，通过适当的改进提出适用于引擎贯穿 UHP-SFRC 结构的残余速度计算公式。

1. 不同 UHP-SFRC 板厚度

在本节的模拟中变化 UHP-SFRC 板的厚度，取为 H1～H8 分别为 40mm、50mm、60mm、70mm、80mm、90mm、95mm 和 100mm 共 8 种厚度；对应的初始撞击速度保持不变，考虑到飞机的恶意撞击速度较大，取为 250m/s；引擎的倾斜角度为零，即完全垂直撞击。图 6-29 所示为在 0.004s 时的模拟撞击现象以及对应的 UHP-SFRC 板破坏，模拟结果的具体数据见表 6-17，在 250m/s 的速度撞击下，H1～H6＝40～90mm 厚度的 UHP-SFRC 板均被完全贯穿，H7＝95mm 和 H8＝100mm 厚度 UHP-SFRC 板的破坏模式分别为临界贯穿和临界震塌。总体上看，UHP-SFRC 板抵御引擎冲击的抗力，随着 UHP-SFRC 板厚度的增加明显提高，引擎模型贯穿后的残余速度迅速减小。此外，随着 UHP-SFRC 板厚度的增加，UHP-SFRC 板背面的开坑面积逐渐增大，引擎的压屈变形也更严重。

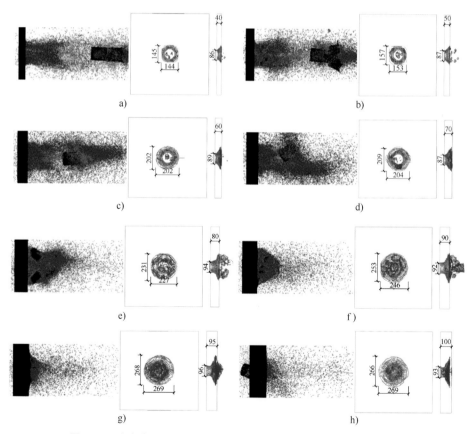

图 6-29　速度为 250m/s 时不同板厚的模拟撞击现象（单位：mm）

a) H1　b) H2　c) H3　d) H4　e) H5　f) H6　g) H7　h) H8

表 6-17　速度为 250m/s 时不同板厚的数值模拟撞击数据

编号	H/mm	V_0/(m/s)	V_r/(m/s)	L_r/mm	UHP-SFRC 板破坏模式	开坑面积/m²
H1	40	250	154	203	贯穿 P	0.020
H2	50	250	140	184	贯穿 P	0.022
H3	60	250	106	110	贯穿 P	0.033
H4	70	250	80	75	贯穿 P	0.035
H5	80	250	51	66	贯穿 P	0.043
H6	90	250	27	58	贯穿 P	0.049
H7	95	250	7	55	临界贯穿 JP	0.055
H8	100	250	0	52	临界震塌 JS	0.055

2. 不同撞击速度

在本小节的模拟中变化引擎模型的初始速度，取为 V1 ~ V6 分别为 150m/s、180m/s、200m/s、230m/s、250m/s 和 280m/s 共 6 种速度；对应的 UHP-SFRC 板厚度保持不变，为了使所有工况都尽可能发生贯穿破坏，取为相对较薄的 60mm；引擎的倾斜角度为零，即完全垂直撞击。在 0.004s 时的模拟撞击现象以及对应的 UHP-SFRC 板破坏，如图 6-30 所示，表 6-18 列出了数值模拟结果的具体数据。可见在撞击速度大于 150m/s 时，60mm 厚的 UHP-SFRC 板均被贯穿。随着撞击速度的增加，引擎模型的残余速度逐渐增加，残余长度逐渐变小。此外，对于同一厚度的 UHP-SFRC 板，UHP-SFRC 板背面的开坑面积并没有随着撞击速度的增加而有明显的变化。

表 6-18　板厚为 60mm 时不同速度的数值模拟撞击数据

编号	H/mm	V_0/(m/s)	V_r/(m/s)	L_r/mm	UHP-SFRC 板破坏模式	开坑面积/m²
V1	60	150	25	137	贯穿 P	0.025
V2	60	180	57	129	贯穿 P	0.026
V3	60	200	75	125	贯穿 P	0.029
V4	60	230	99	104	贯穿 P	0.027
V5	60	250	106	101	贯穿 P	0.030
V6	60	280	149	90	贯穿 P	0.024

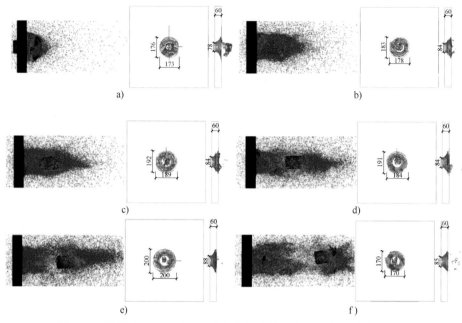

图 6-30 板厚为 **60mm** 时不同速度的数值模拟撞击现象（单位：mm）

a) V1 b) V2 c) V3 d) V4 e) V5 f) V6

3. 预测公式

对于刚性飞射物等撞击混凝土板的运动轨迹特点，一些学者[211, 212]已经基于大量的试验数据提出了很多经验公式。但是在飞机撞击混凝土结构的过程中，对飞机引擎的力学行为研究很有限，特别是对于撞击 UHP-SFRC 板的分析更少。飞机引擎作为飞射物具有以下特点：与刚性飞射物相比刚度较小，与机身相比刚度较大、质量较集中，且容易脱落后成为独立的飞射物。飞机引擎的残余速度对于结构防护和安全评估非常重要，例如对于核电站安全壳，贯穿后的残余速度是进一步评估其内部设备能否继续工作的重要参数，直接关系到放射性物质的泄露概率和程度范围等。

为了能够提出合理的引擎贯穿 UHP-SFRC 板的残余速度预测公式，一个可行的方法是基于现有的贯穿数据，对刚性飞射物残余速度的预测公式进行适当的改进，例如修正的 NDRC 公式[181]和 UMIST 公式[211, 212]等。文献［212］表明，上述两个公式对于平头刚性飞射物撞击混凝土薄板的最小贯穿速度预测效果都很好，相比之下修正的 NDRC 公式[181]应用更为广泛且形式简洁。基于修正的 NDRC 公式，Grisaro 和 Dancygier[213]进一步提出了可以预测刚性飞射物残余速度 V_r 的计算公式为

$$V_r = V_0 \sqrt{1 - \left(\frac{V_{bl}}{V_0}\right)^2 - \left(\frac{V_{bl}}{V_0}\right)^{2\alpha} + \left(\frac{V_{bl}}{V_0}\right)^{2\beta}} \tag{6-3}$$

Hanchak 等[214]基于试验结果确定了式（6-3）中 $\alpha = 0.9$ 和 $\beta = 1.6$。NDRC[181]确定的最小贯穿 V_{bl} 计算公式为

$$V_{bl} = 59.53 \times 1000d \left[\frac{dG(H)}{KN^* M}\right]^{1/1.8}, \quad K = 14.95 / \sqrt{f_c / 10^6} \tag{6-4}$$

式中，d 和 M 分别是飞射物的直径和质量；N^* 分别是飞射物头部形状系数，对于平头、半球形、钝头和尖头的飞射物取值分别为 0.72，0.84，1.0 和 1.14。

$G(H)$ 的表达式为

$$G(H) = \begin{cases} 0.25\left(\dfrac{P}{d}\right)^2, & \dfrac{P}{d} \leqslant 2 \\ \dfrac{P}{d} - 1, & \dfrac{P}{d} > 2 \end{cases} \tag{6-5}$$

式中，P 是侵彻深度，其计算公式为

$$\frac{P}{d} = \begin{cases} 2.2214 - \sqrt{4.9348 - 1.3928\dfrac{H}{d}}, & \dfrac{H}{d} \leqslant 3 \\ 0.8065\dfrac{H}{d} - 1.0645, & 3 < \dfrac{H}{d} < 18.06 \end{cases} \tag{6-6}$$

上述公式只适用于刚性飞射物，而对于相对较软的飞机引擎撞击 UHP-SFRC 板，我们希望对初始速度引入一个折减系数 η，来考虑引擎变形吸能对 UHP-SFRC 板破坏能力的减弱作用，则新的预测公式为

$$V_r = \eta V_0 \sqrt{1 - \left(\frac{V_{bl}}{\eta V_0}\right)^2 - \left(\frac{V_{bl}}{\eta V_0}\right)^{2\alpha} + \left(\frac{V_{bl}}{\eta V_0}\right)^{2\beta}} \tag{6-7}$$

最关键的是确定 η 的取值，基本思路如下：①根据以往经验，板厚和飞射物直径的相对大小对撞击结果的影响很大，特别是对于引擎这种平头飞射物，因此 η 不应该是一个定值，而应该是板厚与飞射物直径无量纲比值的函数；②有针对性和目的性地构建不同的 η 形式，对比式（6-7）计算的曲线与上述数值模拟得到的离散点，当吻合很好的时候则确定 η 的表达式。为了在确定 η 时有更多的数值模拟数据用于对比，除了 6.4.1 中的初始速度 250m/s 以及 6.4.1 中的板厚 60mm 等工况，另外又增加了在初始速度 150m/s 下撞击不同厚度的 UHP-SFRC 板以及在不同速度下撞击 40mm 厚的 UHP-SFRC 板的工况。最终，η 的计算公式被确定为

$$\eta = 0.5 + \frac{0.5}{(1 + H/d)^2} \tag{6-8}$$

图 6-31 所示为模拟得到的离散点以及式（6-7）计算的曲线，可见整体上吻合均很好，即式（6-7）和式（6-8）的合理性和准确性得到了验证。

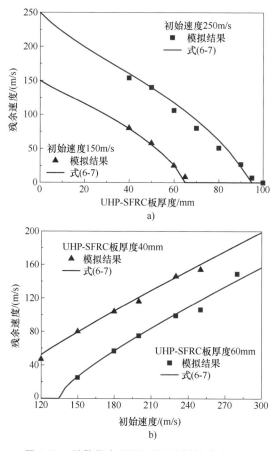

图 6-31　引擎贯穿 UHP-SFRC 板的残余速度

a）同一速度撞击不同厚度 UHP-SFRC 板　b）不同速度撞击同一厚度 UHP-SFRC 板

6.4.2　最小贯穿速度

本小节将提出引擎撞击 UHP-SFRC 板的最小贯穿速度计算公式，与最小贯穿速度相对应的是最小贯穿厚度，两者的区别和联系可以从其基本定义上看出：①贯穿某一确定厚度板的最小飞射物速度，或者说是飞射物可以临界贯穿时的速度，称为最小贯穿速度；②在飞射物某一确定速度撞击下不被贯穿的最小板厚，或者说是板在被临界贯穿时的厚度，称为最小贯穿厚度。可见，最小贯穿速度和最小贯穿厚度是可以相互转换的，所描述的工况都是临界贯穿，前者是基于飞射物的撞击能力进行描述，后者是从板的防护能力进行定义。为了叙述简捷，本小节从最小贯穿速度的角度进行分析。

1. 本书提出的预测公式

在 6.4.1 中 3 的残余速度预测中，针对可变形引擎提出了折减系数 η，来考虑引擎变形吸能对 UHP-SFRC 板破坏能力的减弱作用。在引擎和 UHP-SFRC 板的尺寸（板厚除外）、材料、缩比等都没有变化的情况下，对于最小贯穿速度分析，此折减系数 η 应该也是适用的。

根据式（6-4）对最小贯穿速度的计算方法以及 η，可以直接提出用于计算引擎撞击 UHP-SFRC 板的最小贯穿速度计算公式为

$$V_{bl} = \frac{59.53 \times 1000 d}{\eta} \left(\frac{dG(H)}{KN^*M} \right)^{1/1.8} \tag{6-9}$$

式（6-9）中相关的参数含义及取值，与式（6-4）~式（6-6）中完全相同。

2. 基于数值模拟的验证

为了验证式（6-9）预测最小贯穿速度的准确性和适用性，基于 6.2 节中提出并得到验证的 UHP-SFRC 细观模拟方法，开展了一系列的临界贯穿数值模拟：首先确定 UHP-SFRC 板的厚度为 50mm、60mm、70mm、80mm、90mm 和 100mm 共 6 种尺寸，然后将撞击速度从 100m/s 开始逐步递增 5m/s，直到出现最接近临界贯穿的破坏现象，将此时的速度确定为对应 UHP-SFRC 板厚度的最小贯穿速度。模拟得到的撞击现象，以及不同 UHP-SFRC 板厚对应的最小贯穿速度具体值，如图 6-32 所示。

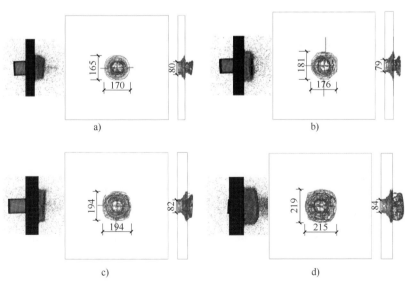

图 6-32 最小贯穿速度的模拟撞击现象（单位：mm）

a）$H = 50$mm，$V_{bl} = 125$m/s b）$H = 60$mm，$V_{bl} = 140$m/s c）$H = 70$mm，$V_{bl} = 155$m/s

d）$H = 80$mm，$V_{bl} = 205$m/s

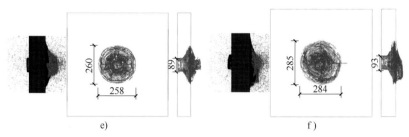

图 6-32　最小贯穿速度的模拟撞击现象（单位：mm）（续）

e）$H = 90\text{mm}$，$V_{bl} = 225\text{m/s}$　f）$H = 100\text{mm}$，$V_{bl} = 270\text{m/s}$

图 6-33 所示为模拟得到的离散点以及式（6-9）计算的曲线，可见整体上吻合很好，即提出的式（6-9）的准确性和适用性得到了验证。图 6-33 同样可以得到给定冲击速度下的临界贯穿厚度。

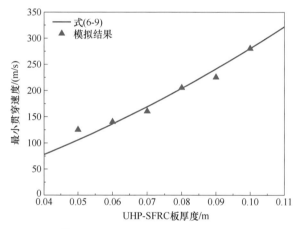

图 6-33　引擎撞击不同厚度 UHP-SFRC 板的最小贯穿速度

6.5　本章小结

本章主要关注引擎撞击对 UHP-SFRC 混凝土结构造成的局部损伤破坏，采用缩比试验和数值模拟的方法进行了研究，相关工作及结论如下：

1）基于 Sugano 等对引擎的简化缩比方法，采用空气炮装置进一步开展了两组 1：10 缩比引擎撞击 UHP-SFRC 板的试验：第一组试验主要关注贯穿后的残余速度，UHP-SFRC 板厚度为 40~80mm，撞击速度约为 250m/s；第二组试验主要关注最小贯穿速度和不同的破坏模式，UHP-SFRC 板厚度同样为 40~80mm，撞击速度约为 120m/s；详细记录了试验数据，主要包括撞击过程的高速录像、UHP-SFRC 板破坏的照片及开坑尺寸、引擎模型的压屈变形及残余尺寸等，并对每一发试验结果进行了详细的描述和分析。

2）为了得到更多工况下的撞击数据，还需要借助数值模拟方法开展仿真分析；与普通混凝土结构不同，对 UHP-SFRC 材料进行准确合理模拟的难点和关键，在于随机分布纤维的建模和黏结滑移效应的体现；提出了一种计算效率更高的模拟方法，创新性地通过纤维本身的材料参数来体现其黏结滑移效应；通过对已有 Riedel 试验的模拟，验证了该方法的准确性和适用性。

3）对于开展的两组试验，采用细观模拟方法进行了数值模拟分析，同时对比了相同条件下宏观均质建模方法的效果，结果表明细观方法的模拟结果与试验数据更为吻合，其能够更好地体现纤维对裂纹的抑制作用，开坑面积比采用宏观模拟方法时明显较小，进一步确认了细观模拟方法的准确性和适用性。

4）引擎对结构的最小贯穿厚度以及贯穿后的残余速度，对于结构设计和安全评估非常重要，而目前还没有相关的计算方法；本书基于已有平头刚性飞射物撞击 RC 板的残余速度计算公式，针对引擎结构的特点对撞击速度引入了一个折减系数，来考虑引擎变形吸能对 UHP-SFRC 板破坏能力的减弱作用；该折减系数不是定值，而是 UHP-SFRC 板厚度与飞射物直径无量纲比值的函数，采用细观模拟方法进行了大量的参数化分析，根据模拟数据对该系数进行了标定和验证，最终基于修正的 NDRC 公式提出了可以预测引擎撞击 UHP-SFRC 结构残余速度和最小贯穿速度的计算公式。

第 **7** 章　飞机撞击核电厂房模型试验及数值模拟

目前，已公开文献中的飞机撞击类试验存在的主要问题包括：飞射物单一且质量均匀，多为金属空心圆筒，不具备与飞机撞击冲击荷载相似的性质；仅有的飞机原型及缩比模型均以研究冲击荷载为目的；被撞击物结构简单，以混凝土平板为主，没有涉及大型复杂结构；数据采集及研究目的几乎不涉及结构动态响应，大多试验目的为研究混凝土的损伤破坏行为。因此，基于北京理工大学研究团队的飞机模型撞击试验[93]，本章采用工程绘图软件 SolidWorks 与有限元软件 LS-DYNA 设计了一款用于撞击核电厂房模型试验的飞机模型。根据核电站的结构特点与尺寸浇筑了重约 70t 的核电厂房模型，然后借助大型发射装置，开展了飞机模型撞击核电厂房模型的冲击试验。

7.1　飞机模型设计与试验参数确定

7.1.1　飞机模型设计

在飞机模型的加工与设计方面，如果设计一款全新的飞机模型用于试验，则需要在试件加工完成后进行预撞击或是验证试验，这样做增加了试验成本、时间与风险。因此本书计划使用一种经过试验校核，可靠度高，且撞击荷载与真实飞机类似的飞机模型。北京理工大学 Wen 等[93]仿照国产运输机 C919 的结构，进行了缩尺的飞机模型撞击试验以测量模型的撞击力，其使用的飞机模型与线密度，如图 7-1 所示。

两种飞机模型的几何尺寸见表 7-1。

表 7-1　两种飞机模型的几何尺寸

飞机模型	机长/mm	机身直径/mm	翼展/mm	机高/mm	质量/kg
1	2200	250	1800	466	41
2	3800	400	3600	861	105

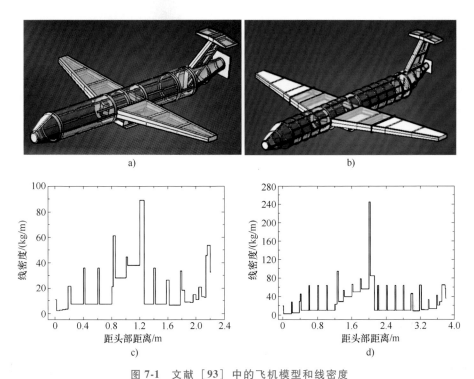

图 7-1 文献 ［93］ 中的飞机模型和线密度

a）飞机模型 1 b）飞机模型 2 c）飞机模型 1 线密度 d）飞机模型 2 线密度

注：该图取自参考文献 ［93］。

该试验与 F-4 及 J-6 原型机试验类似，飞机撞击大质量可移动 RC 板，通过测量 RC 板的加速度来计算飞机撞击力的大小，该试验控制 RC 板质量约为飞机模型质量的 70 倍。混凝土表层的破坏及其对冲击荷载计算的影响忽略不计，试验中 RC 板几乎未产生混凝土剥离等现象，因此可视为刚性体。滑道系统结构，如图 7-2 所示：上滑道与 RC 板连接，下滑道与试验基座连接，中间通过滚轮连接，可以降低摩擦力，且认为与冲击荷载相比，摩擦力可以忽略。RC 板在飞机模型的冲击下发生滑动。试验一共进行了 3 次，前两次使用了飞机模型 1，第 3 次使用的是飞机模型 2，RC 板也有所改变，前两次由于飞机模型较小，相应的 RC 板较轻，尺寸为 1.5m×1.5m×0.4m，质量为 2912kg；第 3 次使用的 RC 板较大，尺寸为 2m×2m×0.6m，质量为 6829kg。

RC 板在遭受模型高速的撞击后，沿轨道低速滑行一小段距离。主要测量的参数有飞机尾部与 RC 板滑动的加速度，通过安装在飞机尾部的 3 个加速度传感器获取了飞机尾部的加速度曲线后，即可计算得到飞机撞击前端压溃部分长度随时间变化的曲线，由于飞机沿长度的质量分布已知，即可计算求出飞机的压损荷载；通过监测 RC 板滑动的加速度，结合质量求出模型的冲击荷载。本章后续进行的试验主要考虑大型商用飞机的撞击，因此前期工作主要围绕飞机模型 2 展开。图 7-3 所示试验[93]中的飞机、试验过程及试验后的模型。

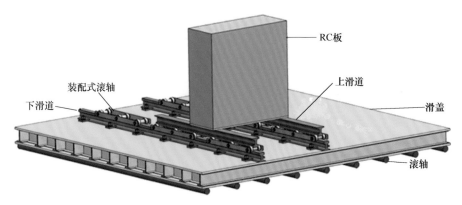

图 7-2　试验滑道系统

图 7-3　试验中的模型

a）飞机模型　b）试验过程　c）撞击后的模型

注：该图取自参考文献［93］。

在试验[93]中，飞机尾部的 3 个加速度传感器获取的加速度平均值，如图 7-4a 所示。试验测得的 RC 板加速度如图 7-4b 所示，由于 RC 板没有产生破坏或是质量损失，因此冲击荷载正比于 RC 板加速度。又已知模型的速度与尾部加速度曲线，结合质量分布便可以计算出沿机身长度分布的压损荷载曲线，如图 7-4c 所示。

7.1.2　试验参数确定

1. 飞机模型有限元建模

结合文献［93］中给出的信息，飞机模型为"框架-蒙皮"结构，又已知飞机模型的质量分布与几何信息，使用绘图软件 SolidWorks 完成了飞机模型框架的几何形状的绘制，飞机形状，如图 7-5 所示。模拟的最终目的是得到能产生与试验相近的冲击荷载的模型，飞机局部细节在无法获取详细信息的情况下进行了忽略。将试验飞机模型与有限元模型的尺寸进行对比见表 7-2，RC 板尺寸与试验尺寸一致，为 1.5m×1.5m×0.4m，由于试验中一起移动的还有滑轨，因此模拟中控制 RC 板总质量为 2912kg。

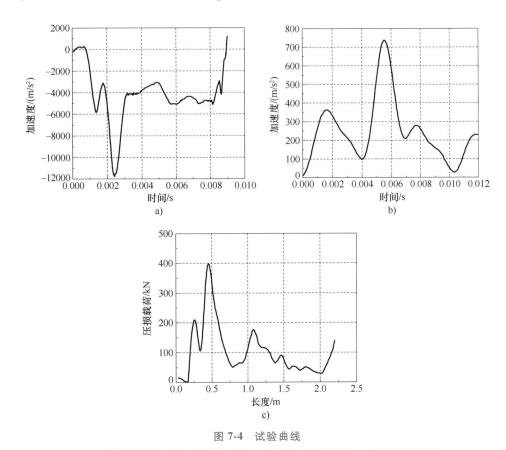

图 7-4　试验曲线

a）飞机模型尾部加速度时程曲线　b）RC 板加速度时程曲线　c）模型压损荷载

材料模型：试验中共涉及 Q235 钢（飞机模型骨架）、6061 铝（飞机模型蒙皮）与 C40 混凝土（被撞击板）3 种材料，由于试验中，RC 板是作为刚体存在的，RC 板没有发生破坏，在数值模拟中简化为刚体。使用的前处理软件为 Hypermesh，钢的本构模型为简化的 MAT_SIMPLIFIED_JOHNSON_COOK（模型 MAT_098[153]），主要材料参数见表 7-3。混凝土本构模型为 CSCM 模型（MAT_159[153]），主要材料参数见表 7-4。铝的本构模型为 MAT_PLASTIC_KINEMATIC 模型（MAT_003[153]），主要材料参数见表 7-5。刚体材料为 MAT_020，其密度为 3240kg/m³。

a)

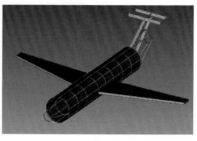
b)

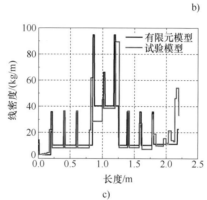
c)

图 7-5 试验模型

a) 飞机模型的几何模型　b) 有限元模型　c) 线密度对比

表 7-2　飞机模型与有限元模型参数对比

飞机模型	长度/m	翼展/m	高度/m	机身直径/m	质量/kg	速度/(m/s)	RC 板尺寸/m	RC 板总重量/kg
试验模型	2.2	1.8	0.466	0.25	41	198.4	1.5×1.5×0.4	2912
有限元模型	2.2	1.8	0.464	0.25	40.17	200	1.5×1.5×0.4	2912

表 7-3　MAT_098 材料模型参数

材料	密度/(kg/m³)	弹性模量/GPa	泊松比	硬化常数 A	硬化常数 B	应变率参数	硬化指数	失效应变
Q235 钢	7850	200	0.29	355	510	0.014	0.26	0.2

表 7-4　MAT_159 材料模型参数

材料	密度/(kg/m³)	侵蚀参数	受压强度/MPa	最大骨料粒径/mm
混凝土	3240	1.08	39.5	20

表 7-5　MAT_003 材料模型参数

材料	密度/(kg/m³)	弹性模量/GPa	泊松比	屈服强度/MPa	应变率参数 C	应变率参数 P	失效应变
6061 铝	2800	68	0.3	55	200	5	0.3

在 HyperMesh 的前处理中，将模型的圆形框架与蒙皮结构划分为不同厚度的 SHELL 单元，钢环之间连接的钢筋用 BEAM 单元划分，RC 板则用 SOLID 单元划分，单元尺寸为 50mm，共计 10 万个单元。飞机模型的框架之间采用共节点的方式连接；蒙皮与框架之间的接触选择 TIED_NODES_TO_SURFACE[153]；BEAM 单元与其余部分的接触以及 SHELL 单元与 RC 板的接触均为点面接触，LS-DYNA 中的关键字为 CONTACT_AUTOMATIC_NODES_TO_SURFACE[153]；所有涉及撞击的接触设置中，MasterSegment ID（MSID）均设为被撞击的 RC 板部件，SlaveSegment ID（SSID）均设为运动的飞机部件。边界条件方面，约束 RC 板底部单元使 RC 板整体仅可以沿飞机撞击方向同向滑动。通过模拟 Kobori 试验室的 1∶7.5 等效冲击试验，确定了模拟中使用的几种本构模型具体参数，如图 7-6 所示。

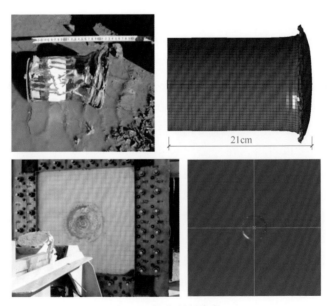

21cm

图 7-6　标定材料参数

2. 模拟结果与参数影响分析

图 7-7 所示为飞机模型在 200m/s 撞击作用下不同时刻飞机模型的压溃现象。可以看出飞机撞击过程中姿态良好，始终垂直作用于 RC 板，且模型充分压溃。

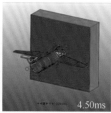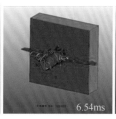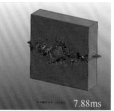

图 7-7　飞机模型撞击过程

　　因为在 200m/s 的速度下，模型充分压溃，所以尾翼上各点的运动状态是相同的。为了计算机身的压损荷载，取模型尾翼上一点作为测点，如图 7-7 所示。模拟得到的测量点位移与速度曲线，如图 7-8 所示。进而通过对速度求一阶导数得到加速度，然后结合图 7-5c 的模型线密度分布与图 7-8a 的尾部节点位移曲线求出未压溃部分质量，基于式（7-1），用模型未压溃部分质量乘以加速度，即可计算出沿模型长度分布的压损荷载（图 7-8c），即

$$P[x(t)] = v'(t) \times \left[M - \int_0^{x(\Delta t)} \mu(x)\,\mathrm{d}x \right] \tag{7-1}$$

式中，$P[x(t)]$ 是压损荷载；x 是已压溃部分长度；$v(t)$ 是 t 时刻时未压溃部分速度；M 是飞机模型总质量；$\mu(x)$ 是线密度。（方括号内为未压溃部分质量。）

　　与试验结果相比，有限元模型的压损荷载与试验所得结果在数量级与变化趋势上基本一致，由于无法获取结构细节，因此理论上获得的压损荷载和试验是有差异的。但是模拟结果仍然在一个与试验结果同数量级的合理区间内，模拟得到的压损荷载最大值为 300kN，试验最大值为 400kN，同时文献中压损荷载累计冲量在总冲量中最终占比为 15% 左右，而有限元模型此项的占比为 9%，结果是可以接受的。

　　从图 7-7 中可以看出，在撞击过程中，6.54ms 时，由于撞击产生的振动，飞机尾部的部分结构在撞击过程中就已经逐渐开始解体。这一现象会导致从某一时刻开始，模型机身会因结构破坏导致一定程度的压损荷载减小甚至失效，但是惯性力受影响不大，因此冲击荷载的整体数值变化也不大，从试验及模拟得到的压损荷载都能很好地反应这一观点。理论上压损荷载是一个只与结构相关的参数，相同结构的压损荷载应该是相同的，但是试验与有限元模型的压损荷载均呈现出逐渐减小的趋势，说明机身框架结构在撞击后期已经部分失效，想要知道结构的真实压损荷载，应该依靠静力试验。RC 板沿飞机速度方向的位移很小，如图 7-9a 所示仅有 25mm，可忽略不计；模拟最重要的部分是模型撞击产生的冲击荷载，有限元模型的模拟结果如图 7-9b 所示。从图 7-9 中可以看出，有限元模型与试验结果吻合较好，试验中冲击荷载两次峰值出现在 1.5ms 与 5.54ms 时刻，峰值为 904.1kN 与 1856.6kN；而有限元模拟结果中，两次峰值出

现在 2.3ms 与 5.6ms，峰值为 897.0kN 与 1910.4kN，与试验结果相比第二次峰值误差为 2.9%，处于可接受范围内。

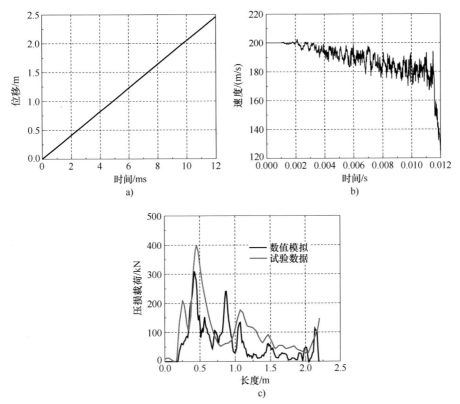

图 7-8　模拟得到的测量点位移与速度曲线

a）测点位移曲线　b）测点速度曲线　c）模型压损荷载与试验结果对比

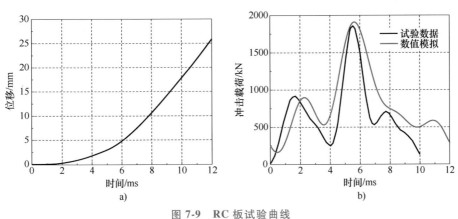

图 7-9　RC 板试验曲线

a）RC 板位移曲线　b）有限元模型的冲击荷载与试验对比

综上所述，建立的有限元模型与试验模型结构吻合度较高。

3. 加载速度对模型的影响

图 7-10 分别给出了加载速度为 150m/s、100m/s 与 60m/s 时的撞击过程，结合图 7-7 可以看出：速度为 150m/s 时的撞击效果与 200m/s 区别并不大，模型以理想的姿态撞击了 RC 板，机身充分压溃，加载速度仍在试件的有效使用范围内；在速度为 100m/s 的时候，与速度 200m/s 比较，现象出现了明显的不同，速度较低时，在机翼撞击结束后，机身后段压溃不够彻底，且尾翼已经倾斜；从图 7-10c 可以看到，机翼与机身后半段已经无法顺利作用于 RC 板，而撞击试验的试件最重要的使用参数之一就是加载速度，飞机撞击研究试验需保证模型充分压溃并以良好的姿态作用于加载面，而在速度低至一定程度的时候，模型已无法维持本身飞行姿态至撞击过程结束，因此为了在试验中保证模型充分撞击 RC 板，机身结构充分压溃，并获得与理论计算线型吻合较好的曲线，保守估计该试件的最低加载速度为 100m/s，这一观点在后续其他研究团队的相关试验中也得到了验证。

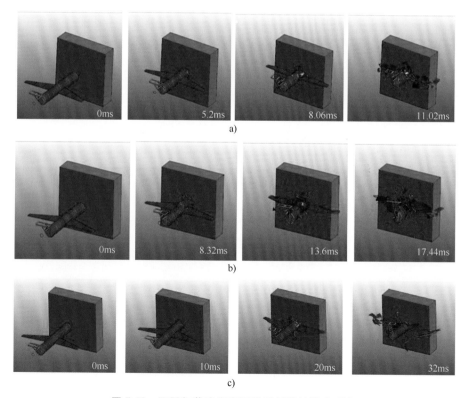

图 7-10　不同加载速度在不同时刻下的撞击现象

a）150m/s　b）100m/s　c）60m/s

最后将不同速度下的撞击产生的冲击荷载进行归纳，如图 7-11 所示。可以看出加载速度不仅影响冲击荷载作用的时长，同时影响着荷载峰值，速度越大，荷载峰值也越大；速度越小，压损荷载占比越高，曲线越不具有飞机冲击荷载"平台—峰值—平台"的典型特征，在速度足够小的时候，如 60m/s 时，飞机模型无法完全压溃，甚至在部分时刻出现了冲击荷载小于 200m/s 工况下计算出的压损

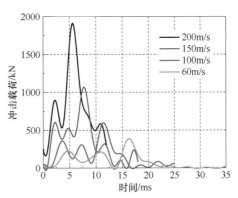

图 7-11　不同速度下产生的冲击荷载

荷载的情况。因此判断使用该模型进行冲击试验时，最小加载速度不应低于 100m/s。

7.2　飞机撞击核电厂房的模型试验

基于文献调研中现有研究不足与上一节的飞机模型设计验证，本节将开展飞机模型撞击核电厂房模型冲击试验。试验不仅为今后的大比例尺飞机撞击试验提供方法层面的参考与经验，为核电厂房设计提供一定指导，也可以作为校核数值模拟方法正确性的基准。

7.2.1　试验方案与模型

1. 试验方案

整个试验系统包括发射装置、铁轨、飞机模型、回收装置、核电厂房模型 5 个部分。试验系统示意图，如图 7-12 所示。

图 7-12　试验系统示意图

　　试验开始时，将对接完成的发射装置与飞机模型放置在单根铁轨上，安装推进器与加电网。点火后推进装置启动并搭载飞机模型沿铁轨直线加速。整个运动过程分为加速段、滑行减速段与自由飞行阶段：加速段全程大约 150m，速度最大值略大于设计速度；然后通过滑行减速段，全程约 80m，速度降至 170m/s 左右，滑行至水平铁轨末端加电网处引爆爆炸螺栓，飞机模型与发射装置分离；之后，飞机模型进入自由飞行阶段，撞击核电厂房模型，发射装置则沿下行轨道继续前进，行至轨道终点撞上回收装置，至此整个飞机模型运动过程结束。本试验涉及两个位置的撞击工况，分别为附属厂房侧墙（试验一）和安全壳筒身（试验二），如图 7-13 所示。两次试验使用相同的飞机模型进行撞击。现场施工调整地基需花费大量时间与人力，因此在试验结束后，用吊车将核电厂房模型原地调转方向并加装安全壳穹顶进行试验二，不再调整高度，图 7-13 中红色箭头为飞机撞击方向。

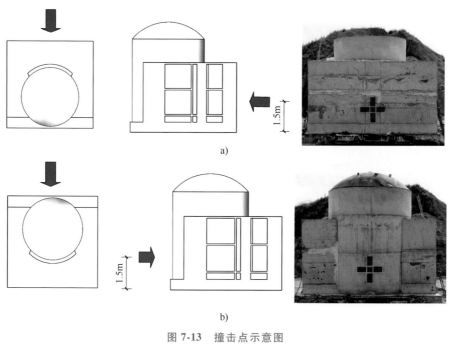

图 7-13　撞击点示意图

a）试验一　b）试验二

试验步骤如下：

　　1）提前完成厂房模型浇筑，穹顶与飞机模型的加工，应变片的预埋等。

　　2）调整厂房模型安置点的地面高度，使撞击高度在设计范围内。

　　3）使用两个最大起吊质量为 130t 的吊车，将厂房模型起吊放至运输卡车，运输卡车把厂房模型拉到预定位置，再次使用吊车将厂房模型安置在发射装置轨道终点，然后校准撞击面是否垂直地面与轨道，中轴线是否与轨道对齐，保证飞机模型竖直撞击厂房。

4）在厂房模型内部测点位置安装加速度传感器，校准传感器信号。

5）将飞机模型与发射装置对接，调整推进器负重，使最终加载速度在设计范围内。

6）将发射装置与飞机模型安装在轨道上，并在减速滑行段末端安装加电网。

7）开启传感器连续采集，人员撤离现场，点火启动发射装置，飞机模型在滑行减速段末端与发射装置分离，正面撞击厂房模型的平面撞击面，采集加速度与钢筋应变数据，完成试验一。

8）重新启用吊车将厂房模型原地调转 180°，让弧形撞击面正对轨道。

9）校准厂房模型撞击面是否垂直于地面，中轴线是否与轨道对齐。

10）在厂房模型筒体内部安装加速度传感器。

11）使用最大起吊质量为 8t 的吊车，将钢制穹顶安置在核电厂房预定位置。

12）重复步骤 4）~7），完成试验二。

根据现场提供的高速录像计算结果，试验一中飞机模型冲击速度为 172.3m/s，试验二中飞机模型冲击速度为 168.3m/s，两次试验的试验参数见表 7-6。

表 7-6　试验设置

试验编号	飞机模型质量/kg	加载速度/(m/s)	撞击高度/m	撞击面	有无穹顶
试验一	135	172.3	1.5	平面	无
试验二	135	168.3	1.5	弧形	有

2. 飞机模型与穹顶加工

如上一节所述，笔者设计并加工了，如图 7-14 所示的框架蒙皮结构飞机模型，用于此次试验。设计初期的模型方案总质量为 142kg，其中框架机身为 106kg，机翼为 36kg。

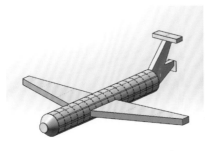

图 7-14　框架蒙皮结构飞机模型

为了还原真实的核电厂房结构，试验二中需安置一个如图 7-15 所示的钢制穹顶。穹顶壁厚为 30mm，高为 800mm，半径为 1765mm，质量为 2.6t。

图 7-15　钢制穹顶

3. 核电厂房模型设计与浇筑

本试验与已有飞机模型撞击试验的主要区别为采用了更复杂的混凝土结构，在保留实际结构特征的前提下，结合现场施工难度，将核安全壳及附属厂房的结构简化为如图 7-16 所示的 RC 结构。混凝土厂房模型结构整体长为 5.4m，宽为 5.4m，顶面高为 3.44m，筒体结构高为 4.59m，混凝土体积约为 28m^3。模型共分为基座、一层、二层、顶层与筒体结构 5 部分。为了便于施工期间及后期试验间人员进出，厂房模型楼层与楼层之间保留了 1.2m 高的空间。

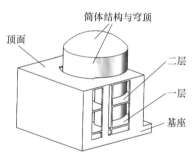

图 7-16　厂房模型结构

由于结构较为复杂，考虑到需要逐层支模浇筑以及预埋应变片，整个厂房结构分 7 次浇筑完成，混凝土强度等级均为 C40，浇筑顺序及详细结构，如图 7-17 所示。

首先浇筑基座，试验中厂房模型会被吊车起吊运输，基座需承受数十吨的重量，因此设计基座厚度为 500mm，配筋为 φ12@250mm。在浇筑底座时，预留筒体和墙体的部分钢筋，为后面上层结构的浇筑做准备。另外在两侧布置了 4 个起吊环，起吊环直径为 60mm，基座配筋与起吊环，如图 7-18 所示。

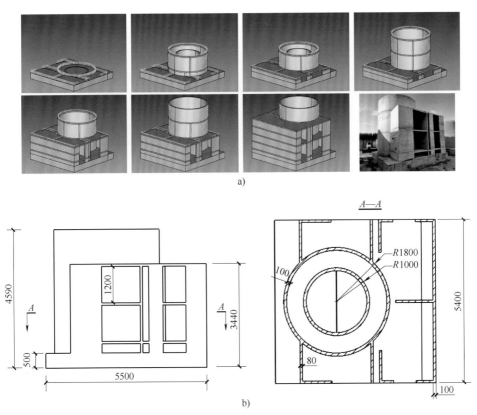

图 7-17　厂房模型结构混凝土浇筑（单位：mm）

a）浇筑顺序示意图　b）详细结构

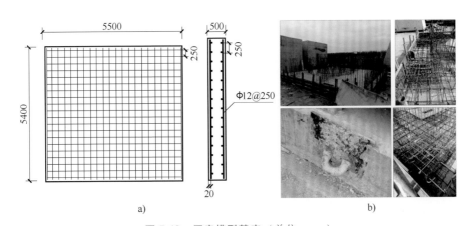

图 7-18　厂房模型基座（单位：mm）

a）厂房模型基座配筋　b）基座浇筑与起吊环

第二阶段是撞击高度以下的结构浇筑，即一层及以下部分。在二层以下未布置钢筋应变测点。浇筑中涉及核安全壳筒体结构的部分，专门预制了10mm厚的钢制模具，如图7-19所示。

图 7-19　一层及以下部分浇筑

基座及厂房模型部分的配筋方案，如图7-20所示，钢筋网为Φ8@80mm，两个撞击面为双层配筋，其余部分为单层配筋。

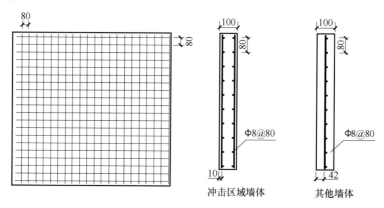

冲击区域墙体　　　其他墙体

图 7-20　厂房模型配筋（单位：mm）

在浇筑至二层时，需要在二层的试验一撞击点附近预埋钢筋应变片。在测点的设计位置，如图7-21所示安装钢筋应变片。布置应变片时，先打磨清洁钢筋表面，用胶水粘贴应变片，胶带固定并用密封胶密封，最后再做一些额外的防水与加固措施，以保证在混凝土浇筑过程中应变片不会失效。最后在每根导线上绑上标签扎带，并用电烙铁穿孔的方式记录导线编号，以保证间隔一段时间后可以准确找到对应的应变测点。最后将钢筋应变片与外接电线焊接在一起。从安装到试验，间隔5个月左右，面临野外很多不确定环境因素，但前期的安装及保护工作充分，截至试验前准备工作结束，全部的钢筋应变片均有效。需要说明的是，由于筒体结构的环形模具未设计埋线孔，因此试验二中的筒体结构撞击面并未预埋钢筋应变片。

图 7-21　安装钢筋应变片

　　第三阶段撞击点位置以上部分的浇筑，除试验一中的钢筋应变片外，整个厂房模型没有其他预埋件，因此后续楼层浇筑按计划逐层推进，如图 7-22 所示。

图 7-22　浇筑附属厂房

　　养护时间结束后，对混凝土试块进行了强度检测，楼层与筒体结构两次检测结果分别为 40.4MPa 与 42.3MPa，均达到了强度等级 C40 的要求。至此完成了试验中核电厂房模型的加工。

7.2.2　试验准备

1. 飞机模型与发射装置对接

　　试验开始前，将与发射装置对接完成的飞机模型安装在铁轨上，使之仅可以沿轨道方向滑行，同时在固定飞机模型的卡环上安装爆炸螺栓，在飞机与发射装置分离的区域（即滑行减速段末端）布置加电网，模型对接示意图，如图 7-23 所示。

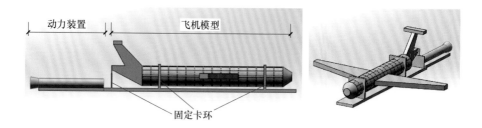

图 7-23 飞机模型与发射装置对接示意图

在实际的发射装置试验加速段，各个方向的过载可高达十几个重力加速度，在速度达到最大时还存在大幅度的震颤，过长的机翼可能划伤轨道，因此需要连接刚度更大而翼展较小的机翼。在试验前，针对飞机机翼刚度不足和翼展过大等问题进行了模型修改，最终飞机模型，如图 7-24 所示，采用薄钢板加角钢的形式对机翼进行了更换，用镂空的钢板对尾翼进行了加固。保证在发射装置点火加速阶段，机翼不会因高过载或是风阻而断裂，不会因机身震颤导致机翼磕碰到钢轨，尾翼不会因为点火瞬间巨大的推力而压溃。最后切割迎风面积较大的尾翼结构，在蒙皮的缝隙间采用环氧树脂黏合胶水填补缝隙，减小气流可能引起的飞行姿态异常和蒙皮撕裂等风险。

图 7-24 调整加固过后的飞机模型

2. 核电厂房模型吊装

使用绘图软件 SolidWorks 建模，计算出核电厂房模型的混凝土质量约为 67t，加上钢筋总质量约为 73t，出于安全考虑，实际吊装过程中使用了一台最大载重 90t 的运输车与两台最大起吊质量为 130t 的大型吊车同时作业，如图 7-25 所示。

图 7-25　现场厂房模型吊装

如图 7-25 所示，两台吊车将核电厂房模型原地吊起，配合 90t 载重的运输车将模型运送至 20m 外的预定位置，放置完毕后测定撞击面与地面夹角为 90°±0.1°，中轴线正对加速轨道。试验一模型放置地基距轨面实测 1.290m，飞机模型高于轨面 0.278m，撞击位置在 1.568m 处；试验二模型放置地基距轨面实测 1.280m，飞机模型中心高于轨面 0.278m，撞击位置在 1.558m 处。在计算撞击高度时，考虑到飞机模型在自由滑行阶段会抬头产生接近 10°的仰角，导致入射角不垂直于厂房模型平面，增加入射高度约 0.2m，总高度接近 1.8m，符合试验设计要求。

试验一结束后，将核电厂房模型原地调转 180°进行试验二。同样两台最大起重质量为 130t 的吊车将厂房模型原地吊起放置在运输车上，运输车转过方向后再由吊车将核电厂房模型放下。在进行试验二时，撞击部位是筒体结构，为了还原真实的核电厂房结构，需加装穹顶。安置穹顶前，先进入筒体结构内部，将试验二设置在筒体结构内的加速度传感器布设完毕并引出导线，最后安排吊车并配合其将钢制穹顶起吊放置在筒体结构顶部，穹顶吊装过程与最终效果，如图 7-26 所示。

图 7-26　穹顶吊装过程与最终效果

3. 数据采集系统

试验的数据采集系统，如图 7-27 所示，加速度与应变信号通过 DH8302 高速动态信号采集系统完成采集，由同步时钟完成同步，最终通过交换机传输给笔记本电脑。

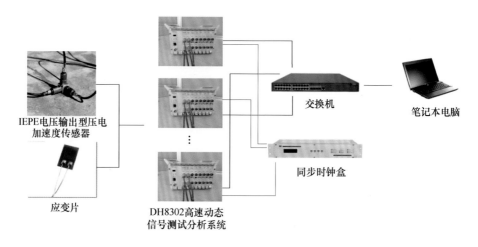

图 7-27　数据采集系统

4. 试验一测点与传感器布置

试验一共计布设 20 个三向振动加速度测点，编号 1~20，每个加速度测点均测量 x、y、z 三方向的振动加速度（其中 x 方向为飞机模型速度方向，y 方向垂直于 x 方向并指向数采设备方向，z 方向为竖直方向），共 60 个加速度信号通道，加上预埋的 21 个钢筋应变测点，共 81 个信号通道。出于试验安全与保护设备的考虑，将数据采集仪器放置于飞机速度方向左侧，撞击面斜后方约 25m 外的掩体后面。试验一选取的加速度采样频率为 500kHz，应变信号采样频率为 20kHz，采样方式均为连续采集。

试验一中加速度测点分布，如图 7-28 所示，分别为基座、一层、二层、顶面的测点分布（蓝色编号测点表示测点位于为该楼层夹层隔板位置）。试验的主要目的之一是研究飞机撞击产生的冲击荷载下结构的振动传播衰减规律，所以在撞击点附近的楼板，呈放射状布置了较多的测点（1、4、10~17 号测点）；试验预模拟显示基座加速度幅值很小，只在基座设置了一个测点（2 号测点）；筒体结构内部布置两个测点，8 号测点在筒体结构内部的小型环状结构中心位置，9 号测点在筒体结构靠近撞击点一侧 2m 高度的筒壁上。数据采集设备安置在飞机速度方向的左侧，即靠近测点 2 的一侧。实际操作过程中，由于导线长度只有 30m，连接测点 7、18、20 则需绕过厂房模型，导线长度不足导致数采设备太

靠近撞击位置，存在安全隐患，因此选择放弃这 3 个测点，实际测量中共 17 个
加速度测点。

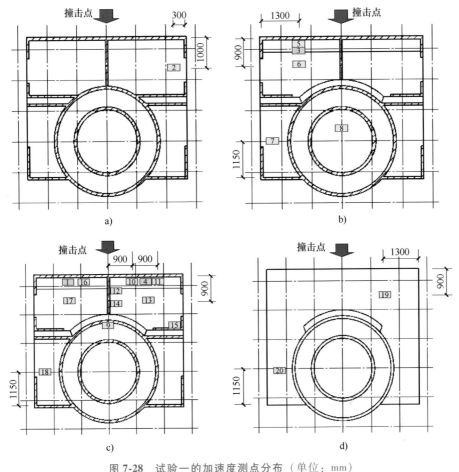

图 7-28　试验一的加速度测点分布（单位：mm）
a）基座测点分布　b）一层测点分布　c）二层测点分布　d）顶面测点分布

加速度传感器安装时，预先标好测点位置，清洁测点附近结构表面，如
图 7-29 所示，将三向加速度传感器安装座用 AB 胶黏在测点预定位置，然后
用螺栓或胶水将传感器固定在安装座上，最后连接导线。经过试验验证，这
种固定方式在混凝土没有剥落的情况下，完全可以支持冲击下的加速度数据
采集。

在厂房模型浇筑至二层时，已经完成了钢筋应变片的预埋工作，现场只需
完成接线工作。钢筋应变测点分布，如图 7-30 所示，红色十字为最终撞击点，
实际撞击点比布设应变片时预估的位置（12 号测点）偏低。

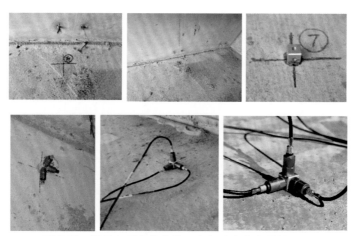

图 7-29　标注各测点并安装三向加速度传感器的过程

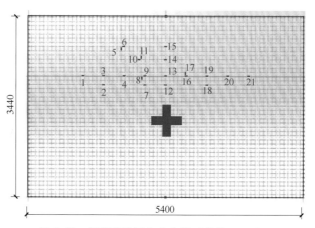

图 7-30　钢筋应变测点分布图（单位：mm）

5. 试验二测点与传感器布置

试验二共计布设 20 个振动加速度测点，编号 1~20，每个加速度测点均测量 x、y、z 方向的振动加速度（其中 x 方向为飞机模型速度方向，y 方向垂直于 x 方向并指向数据采集设备方向，z 方向为竖直方向），共计 60 个加速度传感器，需要 60 个数据采集通道。基于试验一结果，数据采集设备更靠近试验二测点一侧，如图 7-31 所示。由于 500kHz 采样频率导致单位时间内数据采集量过大，影响了正常的采集过程，因此试验二选取的采样频率为 200kHz，采样方式为连续采集。试验一数据同样验证了加速度信号频率基本全部集中在

图 7-31　试验现场的
数据采集设备

20kHz 以下，使用 100kHz 及以上的采样率都可以满足试验需求。

　　试验二的加速度测点分布如图 7-32 所示，由于试验二撞击位置是筒体结构，因此在筒体内部布设了较多测点（1~14 号测点），其中 1~12 号测点沿筒体内壁高度方向间隔 1m 均匀分布，13、14 号测点布置在筒体结构内部的小型环状结构上。

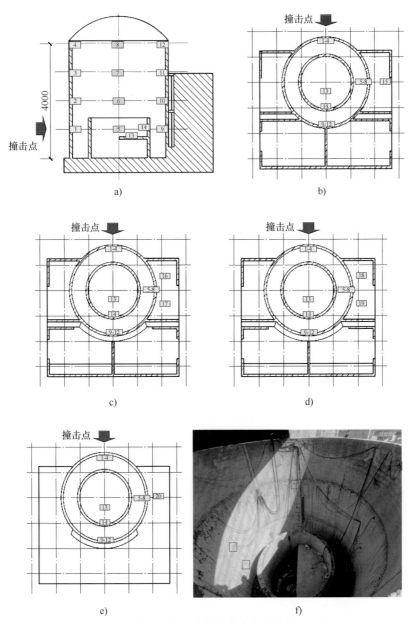

图 7-32　试验二的加速度测点分布（单位：mm）

a) 中轴线剖面测点分布　b) 基座测点分布　c) 一层测点分布　d) 二层测点分布

e) 顶面测点分布　f) 筒体内部测点分布

7.2.3 试验结果

1. 试验过程

现场布设 3 台高速摄像机，拍摄速度每秒 2000 张，放置于 120m 外的掩体中，分别记录加电网视角，厂房模型前视角以及整体视角。试验一各个时刻的试验现象，如图 7-33 所示。

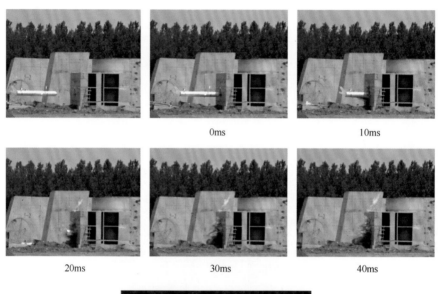

0ms　　　　　　10ms

20ms　　　　　　30ms　　　　　　40ms

图 7-33　试验一中飞机模型撞击过程与撞击角度

试验二的高速录像拍摄画面，如图 7-34 所示。

由图 7-33 和图 7-34 可以看出：飞机模型在与发射装置分离后，两次试验均保持良好的飞行姿态。飞机模型均垂直作用于核电厂房模型墙面直到整个过程结束；飞机模型框架结构在撞击过程中充分压溃；发射装置携带的部分飞射物同样高速撞上核电厂房模型；试验一中核电厂房整体结构没有出现明显的破坏；试验二中核电厂房的筒体结构发生贯穿破坏。

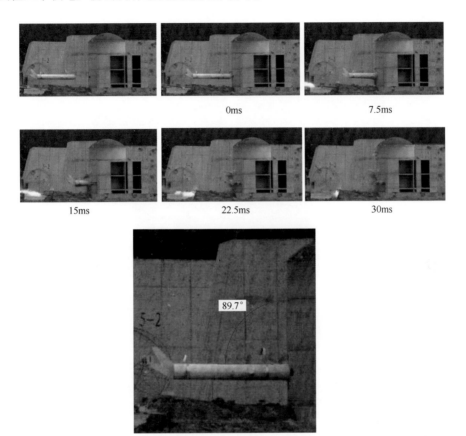

图 7-34　试验二中飞机模型撞击过程与撞击角度

2. 试验一核电厂房模型损伤破坏

试验一撞击过程结束后，从飞机模型残骸看出飞机模型框架结构纵筋完全压溃；厂房模型撞击点附近仅产生开坑破坏，翼展方向开坑长 2750mm，略大于机翼翼展 2600mm；机身处开坑直径 500mm，略大于机身直径 450mm，其余部分开坑深度在 55mm 至 70mm 不等。由于机翼采用刚度较大的钢板，因此机翼左侧末端存在局部贯穿，如图 7-35 所示。

如图 7-36 所示，除撞击面正面有开坑以外，撞击面背后混凝土也被震塌，撞击点附近钢筋混凝土保护层基本脱落，露出部分钢筋，钢筋产生了弯曲但是没有破坏。

在一层中轴线墙面上，以撞击中心点为中心，裂纹呈放射状辐射出去，如图 7-37 所示。

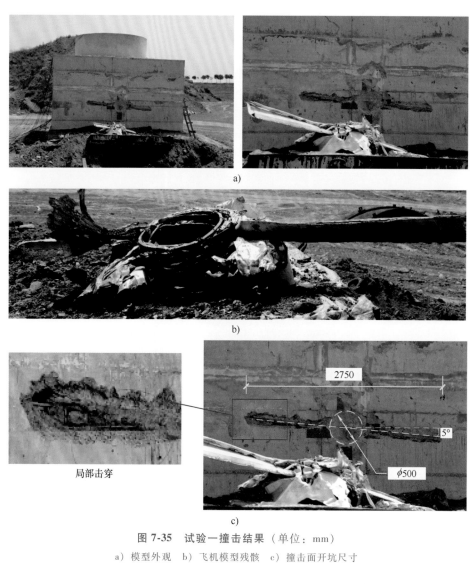

局部击穿

2750

5°

ϕ500

c)

图 7-35　试验一撞击结果（单位：mm）

a）模型外观　b）飞机模型残骸　c）撞击面开坑尺寸

撞击点

图 7-36　撞击面背后楼层分别位于冲击方向左右两侧的房间破坏情况

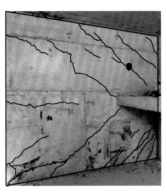

图 7-37 一层中轴线墙面产生的放射状裂纹

在厂房模型顶面，中轴线有一道贯穿的裂纹，如图 7-38 所示，这一裂纹与后文中钢筋应变云图都展现了厂房模型结构在撞击面的受力情况。

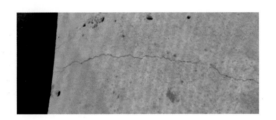

图 7-38 顶面中轴线贯穿裂纹

3. 试验一加速度及应变数据

试验一中选择的 500kHz 采样频率导致仪器设备一定程度的超负荷运行，部分数据没有被有效地采集到；另外靠近撞击点附近的测点，由于撞击导致的钢筋混凝土保护层剥落，测点的加速度传感器在试验过程中就已经发生了脱落，同样无法采集到有效数据，现将测量得到的有效数据整理如下。首先是对试验一测点振动加速度信号进行频谱分析，试验一中测点 13 与测点 15 的 3 个方向加速度信号频谱分析结果，如图 7-39 所示，可以看到的是，测点 15 与测点 17 的各轴向加速度曲线频谱特性比较接近，绝大部分频率都集中在 0～2000Hz 内，并且加速度信号的峰值都在 1000Hz 以下。同时参考文献 [5] 中的信号处理方法，高频信号对结构产生的结构位移较小，在核电设备安全性分析中，对设备造成的威胁较小。因此对于测点的加速度信号，作者选择 1000Hz 的低通滤波器滤波。

测点 2、4、13、15 和 17 的振动加速度，如图 7-40 所示，所有测点的时程曲线都是通过同步时钟完成同步的。

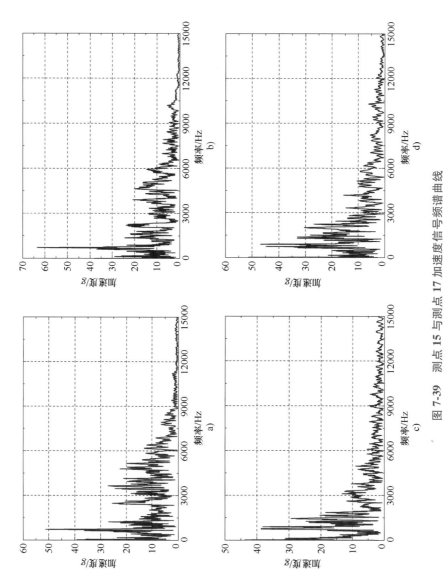

图 7-39　测点 15 与测点 17 加速度信号频谱曲线

a）测点 15 的 x 方向　b）测点 15 的 y 方向　c）测点 17 的 x 方向　d）测点 17 的 z 方向

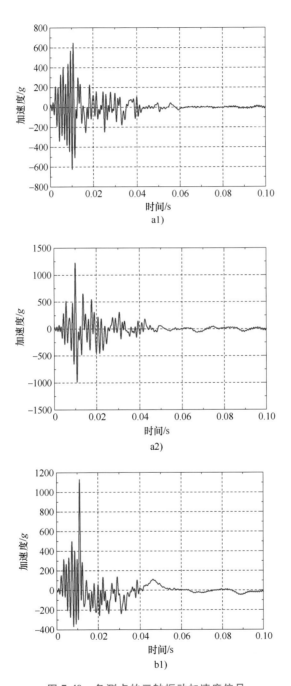

图 7-40 各测点的三轴振动加速度信号

a1）测点 4 的 y 轴加速度 a2）测点 4 的 z 轴加速度 b1）测点 13 的 x 轴加速度

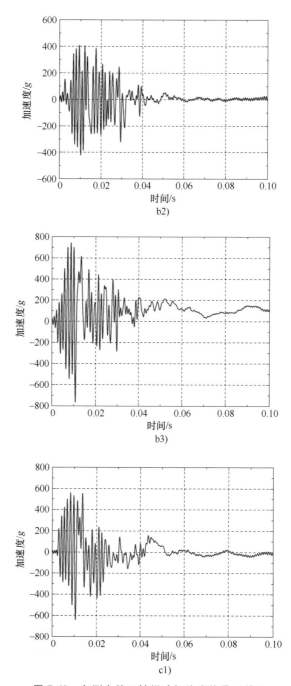

图 7-40　各测点的三轴振动加速度信号（续）

b2）测点 13 的 y 轴加速度　　b3）测点 13 的 z 轴加速度　　c1）测点 15 的 x 轴加速度

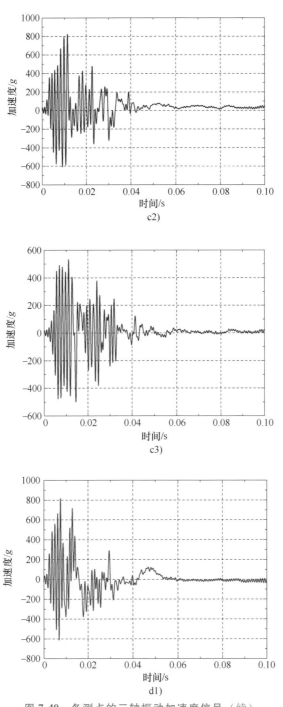

图 7-40　各测点的三轴振动加速度信号（续）

c2）测点 15 的 y 轴加速度　c3）测点 15 的 z 轴加速度　d1）测点 17 的 x 轴加速度

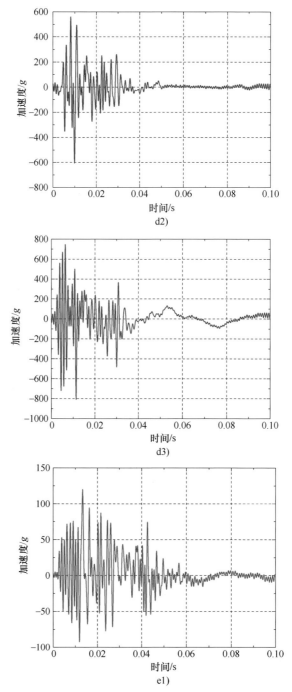

图 7-40 各测点的三轴振动加速度信号（续）

d2）测点 17 的 y 轴加速度   d3）测点 17 的 z 轴加速度   e1）测点 2 的 x 轴加速度

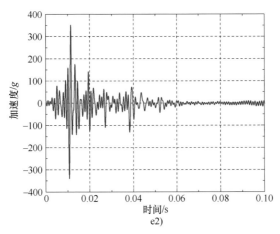

图 7-40　各测点的三轴振动加速度信号（续）

e2）测点 2 的 y 轴加速度

各测点的峰值加速度整理见表 7-7，从表中可以看出，各个轴向测得的加速度最大值在测点 4 的 z 轴向，为 1226.49g，若按照试验近似设定的 1 : 15 的比例缩小，全尺寸下飞机撞击产生的撞击加速度峰值应该在 80g 左右。

表 7-7　各测点的三轴向加速度峰值

测 点 编 号	轴向加速度峰值/g		
	x 轴	y 轴	z 轴
2	120.03	351.47	—
4	—	647.29	1226.49
13	1130.22	-420.98	-764.65
15	-639.95	823.44	532.25
17	815.25	-605.88	-808.10

钢筋应变采用 10kHz 的采样频率，由于飞机模型未撞击到预定高度，导致钢筋应变整体数值较小，均为几百微应变，部分测点在试验过程中失效。各测点应变曲线，如图 7-41 所示。

将各测点的应变以应变云图的形式表示，如图 7-42 所示，由于纵向钢筋在试验一中采集到的数据有限，因此仅获得了水平方向钢筋的应变云图。可以看到在撞击面中轴线的顶部，始终是应变值最大的区域，在该区域结构受到较大的拉力，也与上节提到的顶面中轴线产生的贯穿裂纹吻合。

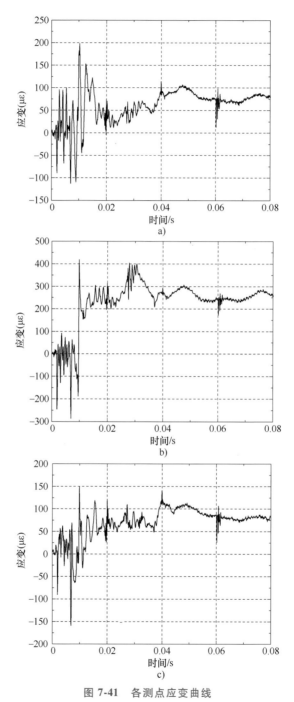

图 7-41　各测点应变曲线

a）测点 1　b）测点 2　c）测点 3

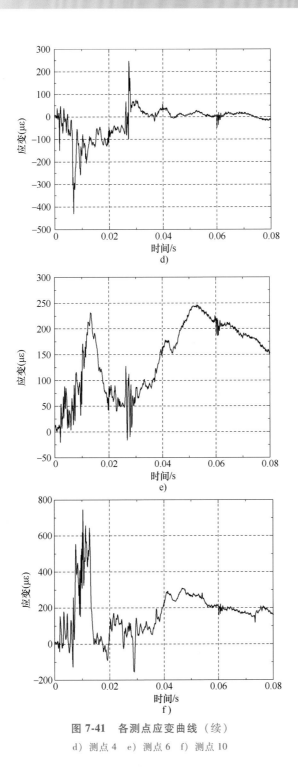

图 7-41　各测点应变曲线（续）

d）测点 4　e）测点 6　f）测点 10

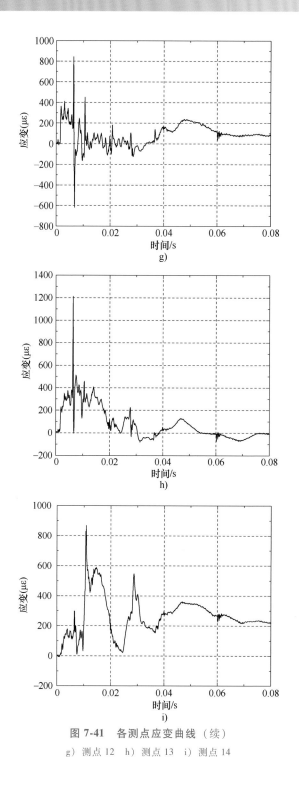

图 7-41　各测点应变曲线（续）

g）测点 12　h）测点 13　i）测点 14

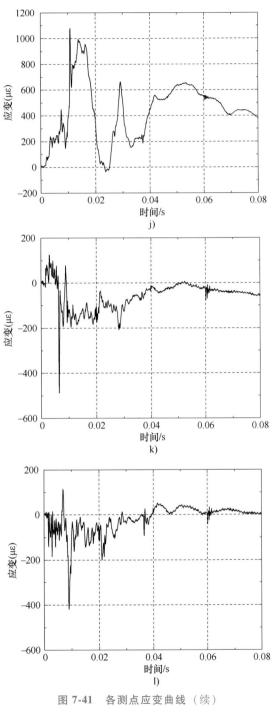

图 7-41　各测点应变曲线（续）

j）测点 15　k）测点 16　l）测点 17

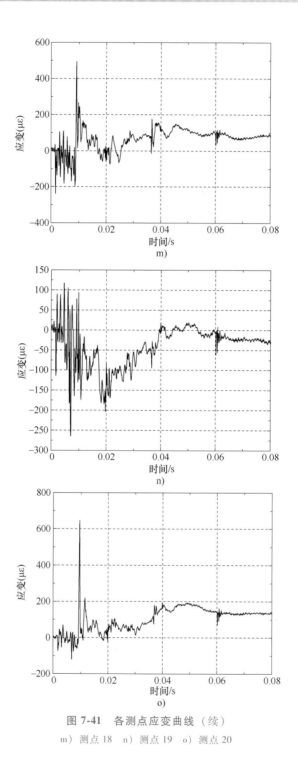

图 7-41　各测点应变曲线（续）

m）测点 18　n）测点 19　o）测点 20

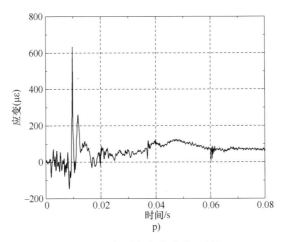

图 7-41　各测点应变曲线（续）

p）测点 21

4. 试验二核电厂房模型损伤破坏

试验二中，飞机模型将核电厂房筒体结构贯穿，接着二次撞击并破坏了筒体结构的内部的部分小型环状结构，其余附属厂房没有遭到破坏，无破坏痕迹。测点 1 的三向加速度传感器在撞击过程中完全脱落，其余筒壁上的测点保存完好；筒壁上撞击区域内的钢筋被飞机模型拉扯变形，钢筋被

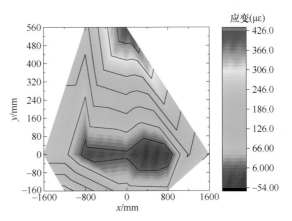

图 7-42　76.8ms 时刻水平方向钢筋应变

抽离混凝土的同时产生大量的混凝土碎块，掩埋了小型环状结构上布置的测点 13 与测点 14 传感器。试验二结束后厂房模型的破坏情况，如图 7-43 所示。

对比试验一和试验二，产生较大的结构破坏差异可能有以下几个原因：①试验一撞击点背面正对厂房模型楼板结构，结构刚度比试验二单层的筒体结构更大，可更有效抵御撞击，这是主要原因；②试验二中撞击点附近的筒体结构浇筑时，纵筋之间并不是焊接而是绑扎的，因此在撞击时直接被抽离出混凝土，没有起到有效的抗拉作用；③筒体结构与平面结构在撞击时的接触模式不同，平面结构在撞击时接近面面接触，而筒体结构在撞击时更接近点面接触，应力更集中；飞机模型试验中的速度比试验的设计速度高。

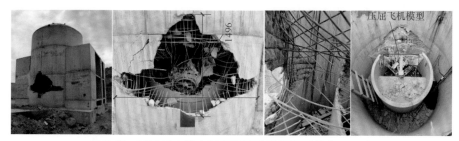

图 7-43 试验二中核电厂房模型破坏情况（单位：mm）

5. 试验二加速度数据

与试验一相同，首先对加速度信号进行频谱分析，确认振动的功率在各频率的分布，试验二中的测点 10 与测点 12，他们测得的加速度信号频谱分析结果，如图 7-44 所示，与试验一的情况类似，主要的频率集中在 0~2000Hz 内，但是峰值仍然在 1000Hz 以下。因此在后续使用 FFT 滤波器时，仍然采用 1000Hz 的低通滤波。

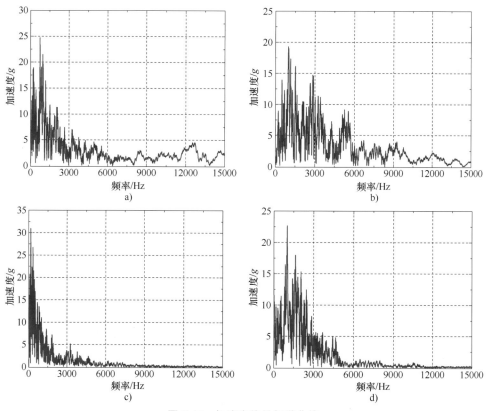

图 7-44 加速度信号频谱曲线

a）测点 10 的 x 轴 b）测点 10 的 z 轴 c）测点 12 的 x 轴 d）测点 12 的 y 轴

　　按照俯视图上互相重叠的测点分组，图 7-45 所示为测点 2 和测点 4 的加速度曲线，测点 1 由于处于撞击点附近，三向传感器损坏，没有采集到有效数据。

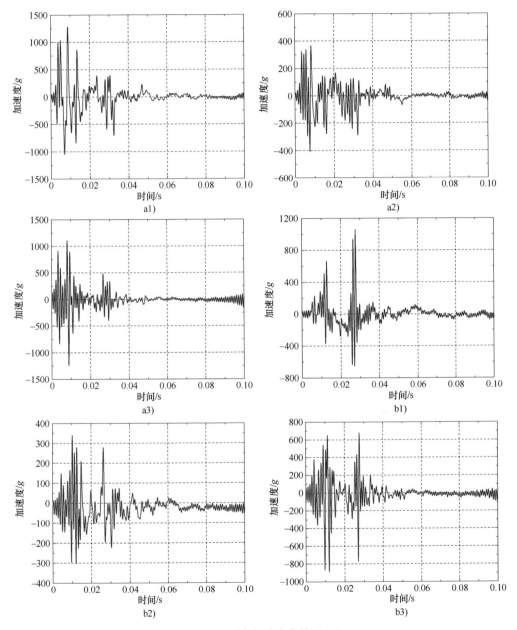

图 7-45　测点加速度曲线（一）

a1）测点 2 的 x 轴　a2）测点 2 的 y 轴　a3）测点 2 的 z 轴　b1）测点 4 的 x 轴

b2）测点 4 的 y 轴　b3）测点 4 的 z 轴

图 7-46 所示为测点 5~12 的加速度曲线。

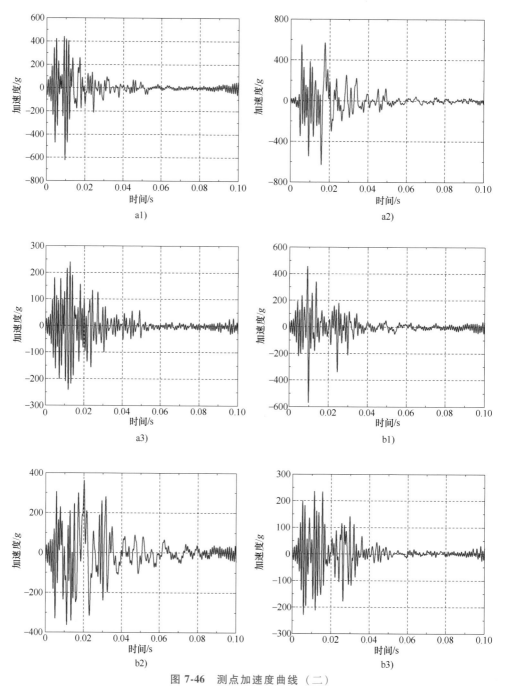

图 7-46　测点加速度曲线（二）

a1）测点 5 的 x 轴　a2）测点 5 的 y 轴　a3）测点 5 的 z 轴　b1）测点 6 的 x 轴

b2）测点 6 的 y 轴　b3）测点 6 的 z 轴

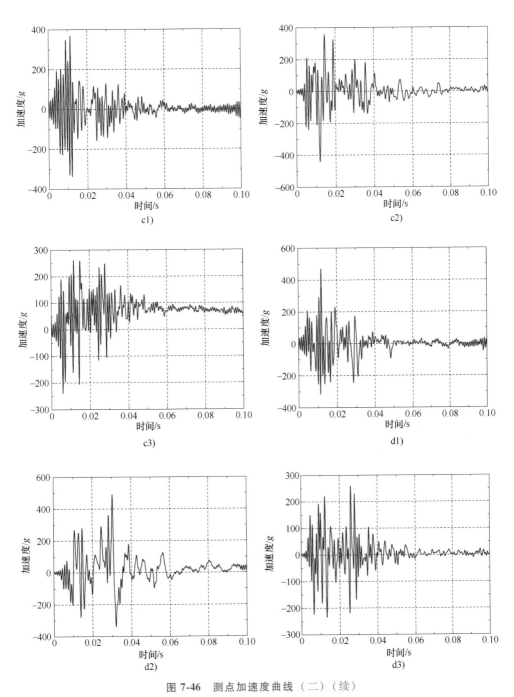

图 7-46　测点加速度曲线（二）（续）

c1）测点 7 的 x 轴　c2）测点 7 的 y 轴　c3）测点 7 的 z 轴　d1）测点 8 的 x 轴

d2）测点 8 的 y 轴　d3）测点 8 的 z 轴

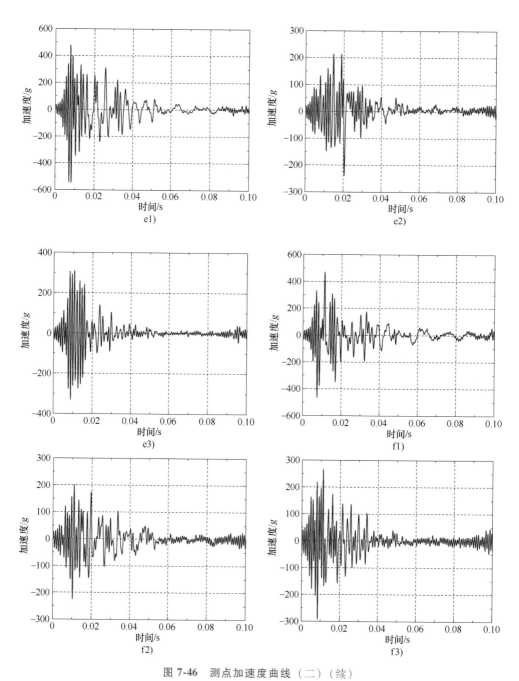

图 7-46　测点加速度曲线（二）（续）

e1）测点 9 的 x 轴　e2）测点 9 的 y 轴　e3）测点 9 的 z 轴　f1）测点 10 的 x 轴

f2）测点 10 的 y 轴　f3）测点 10 的 z 轴

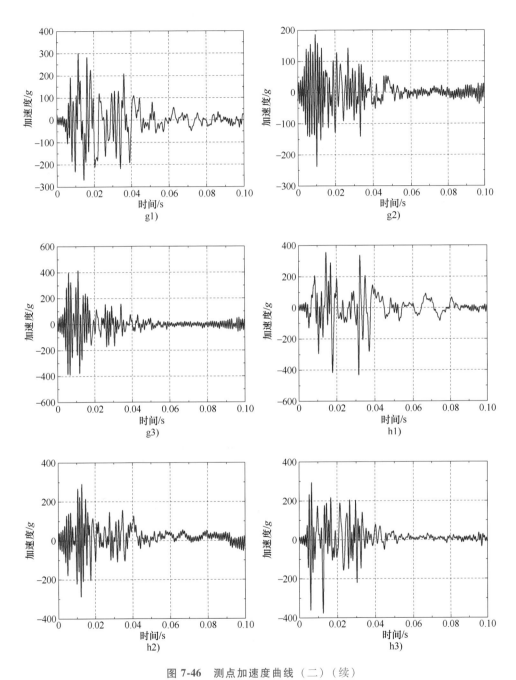

图 7-46　测点加速度曲线（二）（续）

g1）测点 11 的 x 轴　g2）测点 11 的 y 轴　g3）测点 11 的 z 轴　h1）测点 12 的 x 轴

h2）测点 12 的 y 轴　h3）测点 12 的 z 轴

　　由于测点 13 与测点 14 并没有直接接触被撞击的筒体结构，而是布置在中间的环状结构上，图 7-47 所示为测点 13 与测点 14 的频谱曲线。

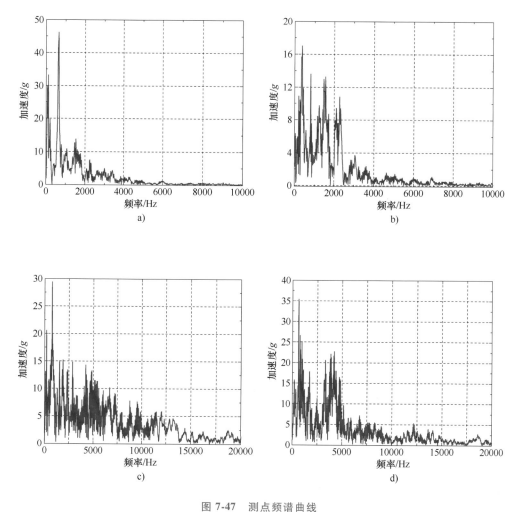

图 7-47　测点频谱曲线

a）测点 13 的 x 轴　b）测点 13 的 z 轴　c）测点 14 的 y 轴　d）测点 14 的 z 轴

　　图 7-48 所示为测点 13 与测点 14 各轴向滤波后的加速度时程曲线，可以看出测点 13 和测点 14 并未出现与之前一样的多波峰特性，因为仅有机翼与测点所在结构有直接接触。并且原信号的幅值与测点 1 ~ 测点 12 相比差距很大，有理由认为筒体结构的撞击对附属厂房的影响较小。

　　各测点的三轴向加速度峰值汇总见表 7-8。

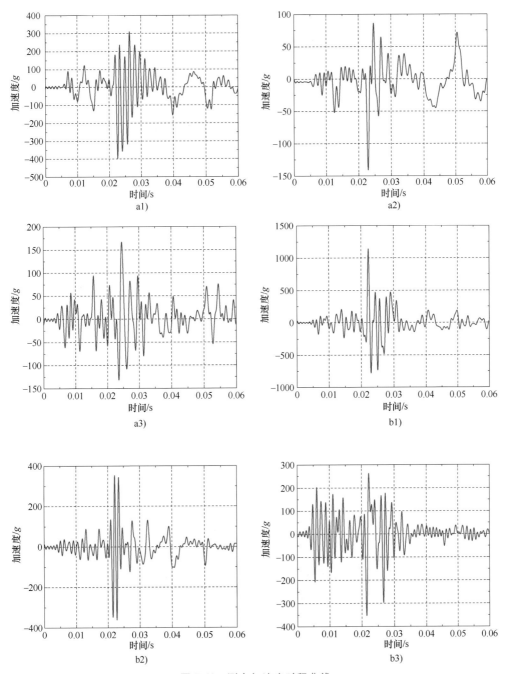

图 7-48　测点加速度时程曲线

a1）测点 13 的 *x* 轴　　a2）测点 13 的 *y* 轴　　a3）测点 13 的 *z* 轴

b1）测点 14 的 *x* 轴　　b2）测点 14 的 *y* 轴　　b3）测点 14 的 *z* 轴

表 7-8　试验二各测点的三轴向加速度峰值

测点编号	轴向加速度峰值/g		
	x 轴	y 轴	z 轴
2	1286.01	−406.02	−1238.25
4	1061.32	340.18	−889.21
5	−623.85	−630.69	−241.45
6	−569.82	−363.12	234.85
7	367.89	−440.55	260.34
8	468.19	487.63	259.88
9	−545.02	−239.11	−329.30
10	470.42	−223.67	−292.78
11	300.49	−238.01	413.77
12	−432.67	290.19	−376.80
13	−395.84	−140.82	167.03
14	1141.21	−360.88	−352.28

7.2.4　试验结果分析

1. 试验一结果分析

试验一中，从测点 13 加速度数据可以知道，撞击开始于 1.45ms，结束于 37.0ms，整个飞机模型压溃过程产生的振动伴随衰减过程持续时间约 35.5ms；测点 13 的 x 轴向振动峰值为 1130.22g，y 轴峰值 −420.98g，z 轴峰值 −764.65g，出现峰值的时刻均在 8ms 左右，结合飞机模型结构与图 7-49 所示高速录像来看，该时间点机翼前端完全压溃，机翼刚刚接触到撞击面，因此这个瞬间的峰值是由于机翼撞击产生的；机翼撞击结束后，整体振动加速度的幅值开始大幅衰减。根据加速度信号的原始数据，处于基座的测点 2，在 38.3ms 产生了第二个峰值，但撞击在 37.0ms 结束，所以推断第二个峰值是来自于发射装置回收，回收装置的振动传递到了基座上产生的，这次撞击产生的振动同样在其他测点的 38.3ms 时刻附近产生了一个峰值。

图 7-49　试验一中 0ms 与 7.55ms 时刻高速录像照片

另外，如图 7-50 所示将试验一中 13 号与 15 号测点原始信号的 1~3ms 时段的曲线比较，可以看到 13 号测点与 15 号测点有大约 0.5ms 的延迟，因为测点 15 更加远离撞击中心，用测点之间的距离 1.62m 除以估算的应力波波速 3680m/s，传播间隔约为 0.441ms，与这一时间延迟基本吻合。

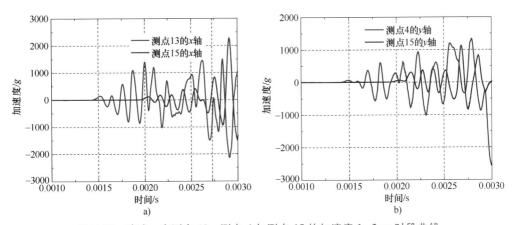

图 7-50　试验一中测点 13、测点 4 与测点 15 的加速度 1~3ms 时段曲线

a）测点 13 与测点 15 在 1~3ms 时段 x 方向的加速度　b）测点 4 与测点 15 在 1~3ms 时段 y 方向的加速度

从各点振动曲线的峰值来看，x 轴方向中，测点 17 峰值最大，为 1130.22g；y 轴方向上，测点 13 峰值最大，为 823.44g；z 轴方向上，测点 4 峰值最大，为 1226.49g。

2. 试验二结果分析

首先在讨论之前，将 12 个分布在筒体上的测点分为 3 组，测点 1~4 为 A 组，测点 5~8 为 B 组，测点 9~12 为 C 组。在比较峰值大小时仅对比其绝对值。试验二中，将各测点的峰值加速度取绝对值后汇总，如图 7-51 所示。测点 3 的数值过大，可能是无效数据，在后面的分析与校核中应排除测点 3。

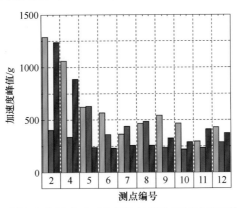

图 7-51　测点 2 和测点 4~12 各轴向振动加速度峰值的绝对值

　　从图 7-52 中可以看到，除去包含疑似无效的测点 3 数据的 A 组之外，B、C 两组的测点在组内比较时，加速度幅值变化沿着高度方向上没有明显的规律，但在两组之间比较时，沿着 x、y、z 轴 3 个方向上分别表现出了一定的一致性。

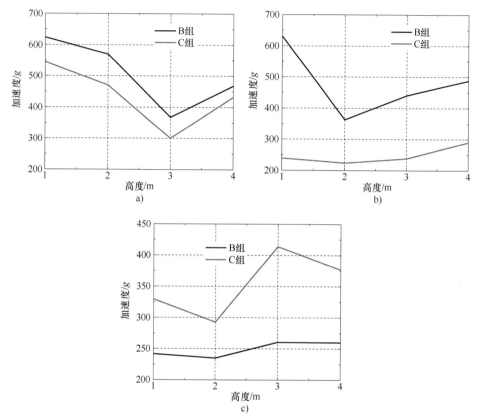

图 7-52　B、C 两组测点各轴向加速度峰值变化趋势

a）x 轴　　b）y 轴　　c）z 轴

　　在同一高度上，测点 2、6、10，与测点 4、8、12 的各轴向加速度变化趋势，如图 7-53 所示，从图中可以看出：在幅值较大的 x、z 方向上，距离撞击点越近的点之间，振动衰减得越快，距离撞击点越远，振动衰减越慢；而在 y 方向上，则表现出了幅值较小且波动也不大的特点，结合试验一与试验二的 y 方向加速度数据，可以认为在飞机撞击的工况下，水平面上垂直于飞机速度方向的振动是比较小的。

　　分别讨论了 x、y、z 轴各向加速度衰减规律后，算出测点 5~测点 12 的合加速度时程曲线如图 7-54 所示。

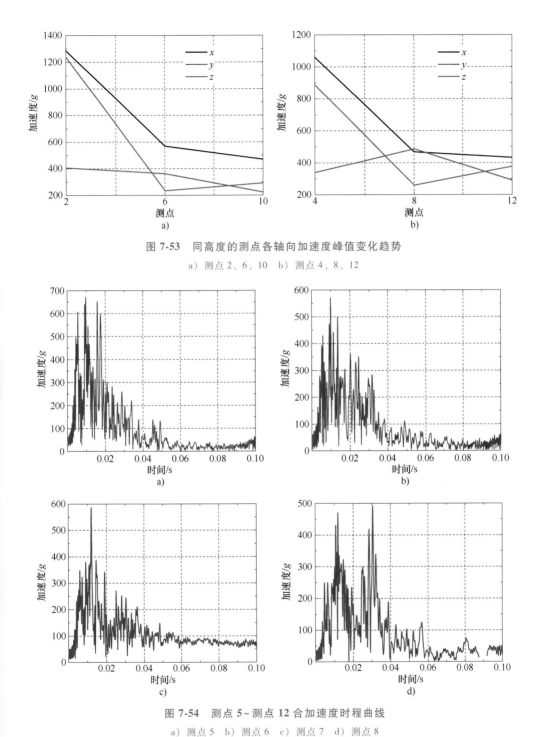

图 7-53　同高度的测点各轴向加速度峰值变化趋势

a）测点 2、6、10　b）测点 4、8、12

图 7-54　测点 5~测点 12 合加速度时程曲线

a）测点 5　b）测点 6　c）测点 7　d）测点 8

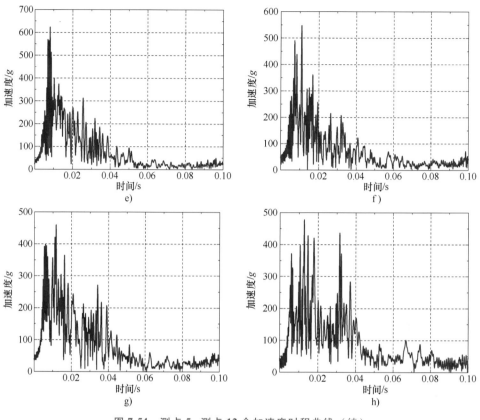

图 7-54 测点 5~测点 12 合加速度时程曲线 (续)

e) 测点 9　f) 测点 10　g) 测点 11　h) 测点 12

其中测点 5~测点 8 与测点 9~测点 12 分别为高度不同的两组测点, 分别比较各测点可知, 每组 4 个测点均出现了多个峰值, 且出现的时间点基本相同; 测点 5~测点 7 与测点 9~测点 11 的波形比较接近, 且最大值均出现在 0.01s 附近; 而最高的测点 8 与测点 12, 这两个位置最高的测点, 合加速度的波形变成了双波峰, 并且第二个 0.03s 左右波峰的峰值与第一个 0.01s 时刻的相当。

在起始时刻上将距离撞击点最近的测点 2, 与距离撞击点最远的测点 12 进行对比, 如图 7-55 所示, 比试验一中测点 13 与测点 15 的延迟更大, 达到了 1.65ms 左右; 同样用两点之间的距离 5.70m, 除以估算的应力波波速 3680m/s, 理论计算的振动延迟为 1.55ms, 基本吻合。

试验二中, 飞机模型穿透筒体结构, 撞击到内部的小型环状结构, 通过测点 13 与测点 14 的加速度曲线观察到, 在大概 19ms 时刻, 产生了第二个较大的振动, 但这一撞击产生的振动在其他测点的曲线上并没有得到体现, 证明飞机模型贯穿筒体结构后二次撞击小型环状结构产生的振动,对厂房其余部分影响很小。

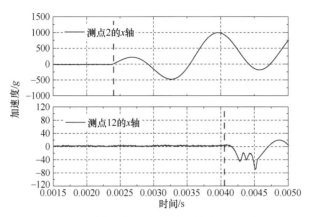

图 7-55　测点 2 与测点 12 振动起始时刻对比

　　比较试验一与试验二,撞击速度相同且撞击面壁厚相同,但是试验一仅产生了开坑破坏,试验二产生了贯穿破坏。产生较大的结构破坏差异可能有以下几个原因:①试验一撞击点背面正对厂房模型楼板结构,结构刚度比试验二单层的筒体结构更大,可更有效抵御撞击,这是主要原因;②试验二中撞击点附近的筒体结构浇筑时,纵筋之间并不是焊接而是绑扎的,在撞击时直接被抽离出混凝土,没有起到有效的加固作用;③筒体结构与平面结构在撞击时的接触模式不同,平面结构在撞击时接近面面接触,而筒体结构在撞击时更接近点面接触,应力更集中;④飞机模型试验中的速度比试验的设计速度高。

7.3　飞机模型冲击试验数值模拟

　　上一节完成了飞机模型撞击核电厂房模型冲击试验,其试验目的之一是校核数值模拟方法的正确性。本节将使用有限元软件 LS-DYNA 对飞机模型撞击核电厂房模型试验进行模拟,结合实际模型加工与浇筑过程,针对部分结构进行特殊建模,将试验结果与模拟结果对比,主要关注结构破坏与振动加速度,验证数值模拟的建模方法、参数设置、材料本构模型等的正确性。

7.3.1　有限元模型

　　使用绘图软件 SolidWorks 绘制了飞机模型的几何模型,如图 7-56 所示。

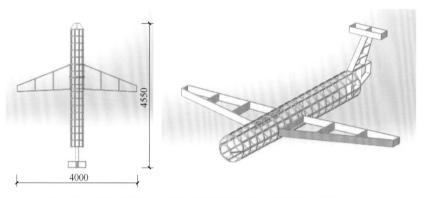

图 7-56　用 SolidWorks 绘制的试验飞机的几何模型（单位：mm）

在构建试验飞机的几何模型时，角钢、槽钢等厚度为 2mm 的薄壁构件考虑到后期模拟中会使用 SHELL 单元来模拟，因此采用平面的方式绘制；框架中的铁环采用实体的方式绘制；机身细节修改与蒙皮结构将在后续进行的 HyperMesh 前处理中进行补充，如图 7-57 所示。

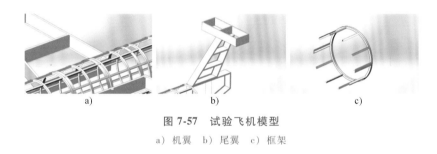

图 7-57　试验飞机模型

a）机翼　b）尾翼　c）框架

然后将 SolidWorks 中的几何模型另存为 stp 或 igs 格式，导入前处理软件 HyperMesh 中，可以获得如图 7-58 所示的几何结构。

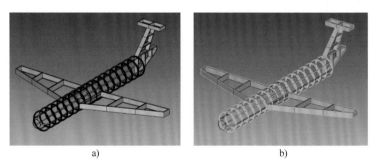

图 7-58　stp 或 igs 格式导入 HyperMesh 后的飞机模型

a）几何模型　b）拓扑结构

如图 7-58b 所示，stp 格式文件导入 HyperMesh 中后，对几何模型进行切割后即可划分单元网格。划分单元时，机翼框架的角钢与槽钢均使用 SHELL 单元划分，钢环使用 SOLID 单元划分，单元尺寸为 5mm。

在试验前，经过现场的协调修改，为了保证试验的安全展开，由于原有的机翼框架-蒙皮结构在高过载情况下存在一定的危险性，可能出现影响模型飞行姿态，或是划伤铁轨甚至模型解体等状况，因此试验用飞机模型的机翼采用了刚度更大的钢板结构来替代原有结构，并且切割了尾翼中迎风面较大的部分，因此建模时也遵照实际的加强结构进行建模，如图 7-59 所示。

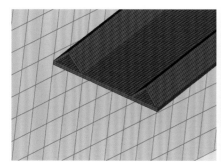

图 7-59　修改后的飞机模型机翼网格

最终数值模拟中的飞机有限元模型，如图 7-60 所示，飞机模型共计 213571 个单元。

图 7-60　试验用飞机模型的有限元模型

试验用飞机模型与有限元模型的部分参数对比见表 7-9。

表 7-9　试验与有限元模型对比

模型	直径/mm	长度/mm	高度/mm	机翼宽度/mm	模型质量/kg
试验模型	450	4560	900	2600	135
有限元模型	450	4555	900	2600	134.9

建立核电厂房模型的混凝土部分时，先在 SolidWorks 中建立几何实体模型，如图 7-61 所示。

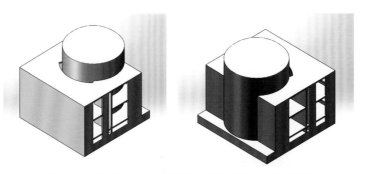

图 7-61　SolidWorks 绘制核电厂房模型的几何模型

然后生成 stp 格式的文件，导入 HyperMesh 中，对几何模型进行切割后即可划分单元网格，如图 7-62 所示，由于最薄部分板厚 800mm，因此使用 30~40mm 的 SOLID 单元进行划分，共计 619075 个 SOLID 单元，撞击面划分尽可能采用较小的单元，撞击面部分墙体厚度方向上均划分三层 SOLID 单元。另外由于整体模型较大，如果全局都采用更小尺寸的单元会导致单元数过多，影响计算效率。

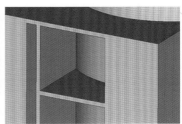

图 7-62　核电厂房模型单元划分示意图

考虑到在实际浇筑过程中，筒体结构的纵筋不是通长的，而是由数根 1.5 m 长的钢筋互相绑扎连接的，而试验证明绑扎处强度很低，其所提供的抗力可以忽略不计。故建模时，钢筋在竖直方向每 1.5m 处都有一个断点，即绑扎位置上、下钢筋不共节点。钢筋单元，如图 7-63 所示，共计 238386 个 BEAM 单元。

飞机模型的框架结构与机翼，核电厂房模型的钢筋与穹顶采用 Q235 钢，其中机身钢环采用 SOLID 单元，机翼框架的角钢与槽钢以及厂房穹顶采用 SHELL 单元，钢筋采用 BEAM 单元。对于采用 SOLID 单元进行网格划分且材料为 Q235 钢的构件，采用 MAT_SIMPLIFIED_JOHNSON_COOK（MAT_098）模型进行模拟，对于采用 SHELL 和 BEAM 单元进行网格划分且材料为 Q235 钢的构件，采用 MAT_PLASTIC_KINEMATIC（MAT_003）模型进行模拟。机身蒙皮材料采

6061 铝，同样采用 MAT_003 进行模拟。核电厂房筒身和附属厂房采用 C40 混凝
土，材料模型为 MAT_CSCM_CONCRETE（MAT_159）。各模型主要材料参数见
表 7-10~表 7-12。

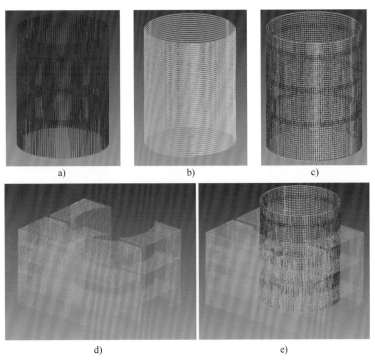

图 7-63 钢筋单元

a）筒体结构纵筋单元 b）筒体结构环形环向钢筋单元 c）筒体结构全部钢筋单元
d）平面墙体钢筋单元 e）核电厂房模型全部钢筋单元

表 7-10 MAT_003 材料模型参数

材料	密度/(kg/m³)	弹性模量/GPa	泊松比	屈服强度/MPa	应变率参数 C	应变率参数 P	失效应变
Q235 钢	7850	210	0.3	355	40.4	5	0.3
6061 铝	2700	68	0.3	215	200	5	0.7

表 7-11 MAT_098 材料模型参数

材料	密度/(kg/m³)	弹性模量/GPa	泊松比	硬化常数 A	硬化常数 B	应变率参数	硬化指数	失效应变
Q235 钢	7850	210	0.29	792	510	5	0.3	0.5

表 7-12　混凝土 SOLID 单元的 MAT_159 参数设置

材料	密度/(kg/m³)	侵蚀参数	受压强度/MPa	最大骨料粒径/mm
混凝土	2400	1.2	42.3	20

模拟中涉及的不同单元及构件之间的接触见表 7-13。

表 7-13　模拟中的接触设置

单元类型	飞机模型 SHELL 单元	飞机模型 SOLID 单元	厂房模型 SOLID 单元	厂房模型 BEAM 单元
飞机模型 SHELL 单元	CONTACT_ AUTOMATIC_ SINGLE_SURFACE	CONTACT_ AUTOMATIC_ NODES_TO_ SURFACE	CONTACT_ AUTOMATIC_ NODES_TO_ SURFACE	CONTACT_ AUTOMATIC_ NODES_TO_ SURFACE
飞机模型 SOLID 单元	—	CONTACT_ AUTOMATIC_ SINGLE_ SURFACE	CONTACT_ AUTOMATIC_ SURFACE_TO_ SURFACE	—
厂房模型 SOLID 单元	—	—	—	CONSTRAINED_ LAGRANGE_ IN_SOLID
厂房模型 BEAM 单元	—	—	—	—

在试验中，核电厂房模型是放置在平整过后的土地上，没有做任何的加固措施，但飞机模型质量与核电厂房模型质量比大于 1∶500 左右，根据现场高速录像捕捉画面也证实，试验中核电厂房模型基座没有发生位移，因此在模拟中将核电厂房模型基座最下层的节点固定。此外，对整个模型施加重力荷载，并设置飞机模型沿航向的初速度 170m/s。

7.3.2　数值模拟结果对比

1. 试验一

试验一撞击过程的模拟结果与试验结果对比如图 7-64 所示。可以看出：模拟中飞机同样以较好的飞行姿态垂直于墙体作用在 NPP 模型上，并且完全压溃。

图 7-65 所示为飞机模型撞击结束后的残骸对比、撞击点损伤对比，以及撞击面背后贯穿对比。

试验一厂房模型开裂情况与数值模拟结果对比，如图 7-66 所示。可以看出：模拟中塑性变形较大的区域，均对应试验中厂房模型出现裂纹的区域，主要包括中轴线墙体以撞击点为中心的放射状裂纹，以及顶面的中轴线贯穿裂纹。

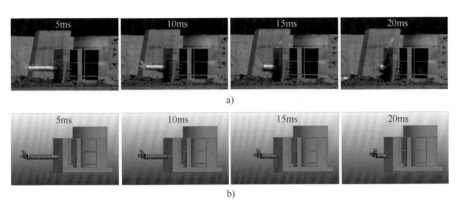

图 7-64 试验一撞击过程的模拟结果与试验结果对比

a）试验结果 b）模拟结果

图 7-65 模拟结果与试验对比 （单位：mm）

a）飞机残骸 b）撞击点损伤 c）撞击面背后贯穿

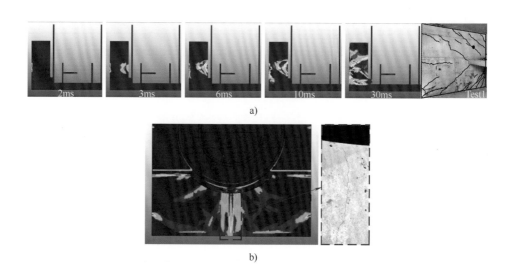

图 7-66　试验一厂房模型破坏对比

a）中轴线墙体损伤开裂　b）顶面损伤开裂

图 7-67 所示为模拟中各个时刻的塑性应变云图，从图中可以看出，结构只有附属厂房受到了冲击作用的影响，而未直接接触的厂房结构受到的影响较小，几乎不产生塑性应变。

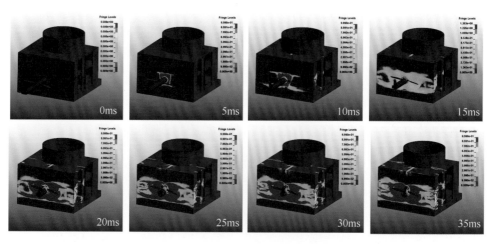

图 7-67　试验一模型损伤塑性应变

试验一部分典型测点与模拟中测点的加速度原始信号对比，如图 7-68 所示，可以看出模拟加速度的衰减速度较慢，且高频部分幅值也较小。

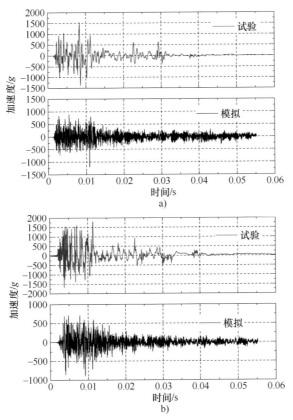

图 7-68　部分测点模拟加速度与试验对比

a）测点 17 的 y 轴　b）测点 15 的 y 轴

2. 试验二

在试验二模拟建模时，考虑到试验二中附属厂房的振动加速度实测数据很小，仅为十几个重力加速度左右，可以认为由于试验一的撞击导致附属厂房与筒体结构发生了分离，无法正常传递振动。所以在对试验二建模时，删除了附属厂房的单元，如图 7-69 所示。

试验二的撞击过程对比，如图 7-70 所示，模拟过程与试验过程吻合较好。

试验二模拟结果的塑性应变云图，如图 7-71 所示，从图中可以看出：受冲击作用影响，正面结构的变形和破坏较为严重，但受影响的区域仅限于撞击面，背面几乎不受影响。模拟中撞击过程持续时间约为 35ms，与试验测得的加速度信号反映出的作用时长 35.5ms 一致。

试验二厂房模型的破坏情况的模拟结果与试验结果对比，如图 7-72 所示，从模型破坏形状上来看，模拟结果与试验结果吻合较好。

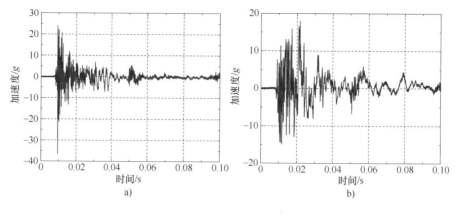

图 7-69　附属厂房的测点振动加速度与建模

a）测点 17 的 x 轴加速度信号　b）测点 18 的 x 轴加速度信号　c）试验二模拟建模

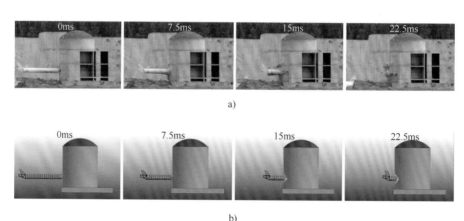

图 7-70　试验二撞击过程对比

a）试验过程　b）模拟过程

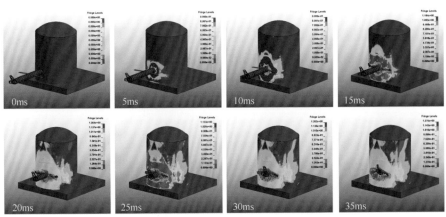

图 7-71　试验二模型损伤塑性应变

a)　　　　　　　　　　　　　　　　b)

图 7-72　试验二厂房模型破坏情况对比（单位：mm）

a）试验结果　b）模拟结果

　　试验二的模拟中，撞击面开坑尺寸宽 2372mm，高 1478mm，而试验结果撞击面开坑尺寸宽 2600mm，高 1496mm，如图 7-73 所示，开坑尺寸上两者吻合较好。试验与数值模拟中飞机模型均穿透筒体结构撞击到内部小型环状结构上，然后将小型环状结构局部击穿。按照本书前段所述方法钢筋建模，模拟得到的厂房模型贯穿洞口形貌与试验一致，且钢筋的断裂也较为一致，从而证明了本书前述结合实际情况的钢筋在冲击作用下的建模方法的正确性。

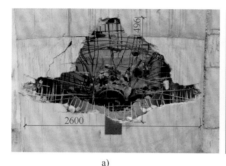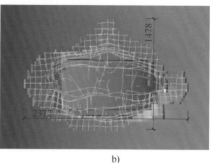

a)   b)

图 7-73　试验二贯穿处破坏情况（单位：mm）

a）试验结果　b）模拟结果

试验二的测点试验与数值模拟中测点的原始加速度信号对比，如图 7-74 所示。从图中可以看出，与试验一情况相似，数值模拟得到的加速度高频部分的振幅与试验结果仍有差异（不受数值模拟的采样频率影响），但是总体幅值保持在同一数量级。

测点 12 的合加速度对比（1000Hz 低通滤波），如图 7-75

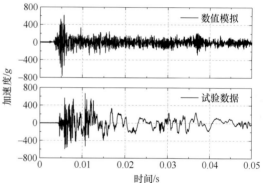

图 7-74　测点 11 的 x 轴加速度数值模拟与试验对比

所示。可以看到试验与数值模拟的合加速度峰值大小吻合较好，均为 $400g$ 左右，且除峰值以外的数值均在 $100\sim200g$ 范围内波动。

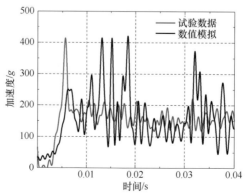

图 7-75　测点 12 合加速度数值模拟与试验对比

通过试验结果与数值模拟结果的对比，证明了采用的建模方法、材料本构模型与模拟参数设置的正确性。

7.4　原型飞机撞击核电厂房数值模拟研究及核电设备安全性评估

上节中完成了飞机模型撞击核电厂房模型缩比试验的数值模拟，验证了建模方法、数值模拟方法的正确性。在此基础上，本节将建立原型核电厂房有限元模型并进行 A380 飞机撞击下核电厂房振动响应的数值仿真分析。现有的飞机撞击研究主要关注核安全壳的混凝土结构破坏，但是飞机撞击引起的振动已经逐渐开始引起了多国学者和协会的关注，因为高幅值的振动可能会导致核心设备的失效进而导致停堆甚至更严重的后果。本节工作除了讨论核电厂房结构的安全性以外，将重点关注由飞机撞击引起的振动响应，并依据美国的设计规范 NEI 07-13[5] 进行核电设备的安全评估，给出具体的核电设施安全范围。

7.4.1　有限元模型

本节建立了假设的核电厂安全壳及附属厂房的有限元模型，整个模型宽 81m，长 68.5m，高 75m，具体尺寸如图 7-76a 所示。附属厂房分别记为厂房 A 和厂房 B，并在核电厂安全壳与附属厂房之间设置宽 0.6m 的隔震缝。同样先在 SolidWorks 中完成整体几何模型的建模，然后导入到 HyperMesh 进行单元划分等前处理工作。在 HyperMesh 中完成网格划分后，整个模型由 1089904 个实体单元和 1227240 个梁单元组成。撞击区的墙体设计厚度为 1.7m，以承受飞机的冲击，墙体厚度方向上划为 6 层单元，并用两层直径 20mm、间距 200mm 的双层钢筋进行加固，如图 7-76b 所示。

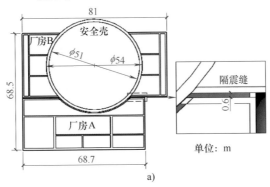

图 7-76　核电厂安全壳及附属厂房的有限元模型

a）核电厂房结构鸟瞰图

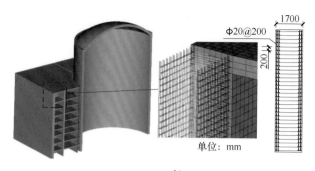

b)

图 7-76　核电厂安全壳及附属厂房的有限元模型（续）

b）有限元模型

空客 A380 飞机建模方法在 3.1.2 小节已经做了详细介绍，本节中仅将 A380 的质量调整到 293.8t。调整后的空客 A380 飞机模型的线密度以及加载速度 160m/s 时的冲击力，如图 7-77 所示。其他设置将使用 7.3 节中已经验证过的参数设置。

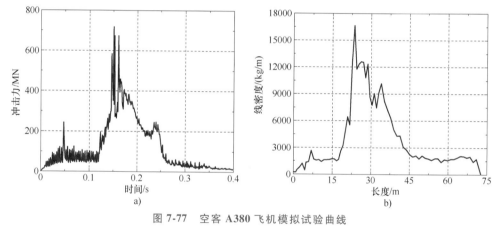

图 7-77　空客 A380 飞机模拟试验曲线

a）速度 160m/s 时的冲击荷载　b）线密度

7.4.2　数值模拟结果

在"9·11"事件中，撞击世贸双子塔的波音客机，速度高达 200m/s，这是人为操纵商用飞机恶意撞击时的速度，但是在起降过程中，通常意外坠毁的飞机速度仅为不到 100m/s。综合考虑过后，在本节的数值模拟中设置空客 A380 飞机的冲击速度为 150m/s。撞击点位于厂房 A 第 8 层和第 9 层之间，如图 7-78a 所示，高度 33.35m。冲击过程及塑性应变云图如图 7-78b 所示。由此可见，墙体与楼板的连接部位是最容易发生塑性破坏的部位。此外，虽然冲击并没有导致外墙贯穿、结构坍塌等后果，但冲击区域附近的结构遭到严重破坏，极大可能产生大量裂纹或是失去原有的结构功能。

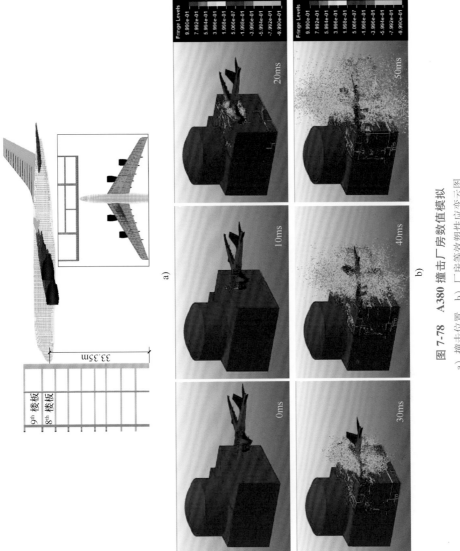

图 7-78　A380 撞击厂房数值模拟

a）撞击位置　b）厂房等效塑性应变云图

后续提出的核电设备安全评估方法需要大量的结构振动加速度数据，所以在本节的模拟场景中，以撞击点为中心，预先在厂房 A 每层在圆弧与直线相交的位置布置了共计 77 个测点，如图 7-79 所示，其中每条圆弧之间的距离为 5m，直线之间的夹角为 15°。测量点从撞击点到下一点用直线和圆弧标记。例如，点 L1R0 表示撞击点，点 L2R4 表示直线 2 与半径为 20m 的圆弧的交点。

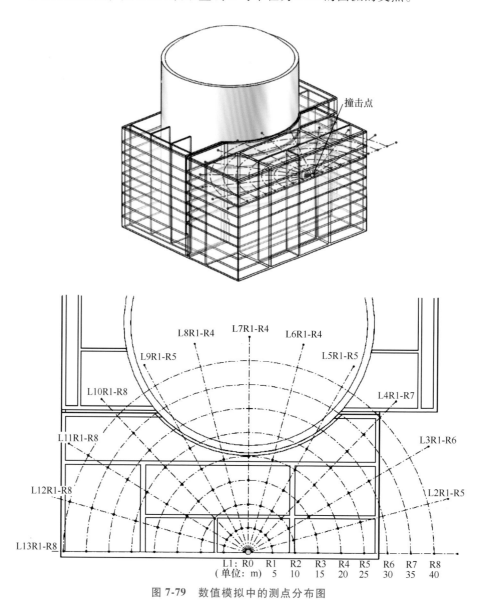

图 7-79 数值模拟中的测点分布图

图 7-80 所示为测点的部分合加速度时程曲线，每条曲线都有多个峰值。

显而易见的是，当关注的测点位置离碰撞点越远，峰值加速度越低。不同测点之间加速度曲线的波形也各不相同，这可能与距离和结构等因素有关。特别值得注意的是，厂房 B 的振动相对较弱，说明隔震缝能有效保护安全壳不受飞机撞击辅助建筑引起的振动影响。图 7-80a、d 所示测点之间也有 0.3s 的持续时间。

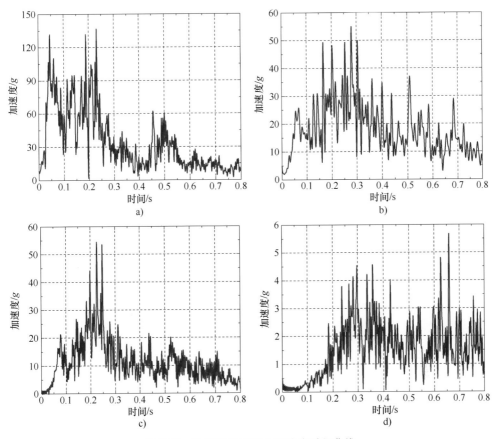

图 7-80　数值模拟中的合加速度时程曲线

a）第 9 层测点 L8R2　b）第 9 层测点 L3R4　c）第 9 层测点 L11R8　d）厂房 B 的 3 层测点

7.4.3　核电设备振动安全性评估

本节提出新的核电设备受飞机撞击振动影响的安全评估方法，主要参考依据是原型飞机撞击产生的合加速度峰值与美国相应规范。在本节的原型飞机撞击核电厂房数值仿真结果中，显然壁厚 1.7m 的附属厂房结构能够承受空客 A380 飞机的冲击，且受冲击区域内没有发生局部穿孔。此外，针对目前飞机撞击附属厂房的情况，隔震缝可以有效地保护安全壳免受冲击。然而，从有效塑性应变等值线可以看出，仍然存在着潜在的结构破坏风险，根据第4章的模拟与试验对比来看，严重损伤的区域可能出现裂纹。

在美国核能研究所发布的飞机冲击评估方法 NEI 07-13[5] 中，提出了基于设备中值易损性极限（Median Fragility Limit，MFL）的核设备冲击损伤准则，以及冲击损伤安全距离（Shock Damage Propagation Distance，SD）。SD 的数值被纳入了美国核管理委员会指定的安全保障资料中，但相关信息未公开，只是在 NEI 07-13 中给出了不同类别设备的中值易损性极限（MFL），见表 7-14，美国核能研究所将核电设备按照其中值易损性极限由低到高分为了 A~F 六个级别，级别越高设备的中值易损性极限越小，其对应的冲击损伤安全距离也应该越远。

表 7-14 NEI 07-13[5] 给出的部分核电设备的中值易损性极限

中值易损极限	冲击损伤安全距离	典型设备
A（27g）	<SD1	污水泵，控制面板，监控和控制设备（电流跳闸、开关、探头、发射器、传感器、控制器），柴油发电机（发电机、调速器、联动装置），燃气轮机发电机，继电器，交流配电板和直流电源，单位变电站（变压器、电压调节器、断路器、电机控制），计算机等
B（54g）	<SD2	空调，空气处理程序，泵（离心和容积），空压机、储罐、干燥机，指示器（压力、温度、流量），厂用电池，电气面板（无空气断路器）等
C（80g）	<SD3	风机（离心流和轴流），阻尼器，扩散器，电机控制中心，电气面板（带有空气断路器）等
D（108g）	<SD4	水箱，热交换器，冷水机组，仪器面板，电动发电机，塑壳断路器，干式变压器
E（160g）	<SD5	铁壳开关装置等
F（200g）	<SD6	阀门，各种过滤器，膨胀接头等

撞击发生在厂房 A 第 8 层和第 9 层之间，因此这两层楼的峰值加速度最值得关注，根据预先布置图 7~81 的测点，读取各自楼层的全部 77 个测点的合加速度并取最大值，绘制 8 层与 9 层平面的加速度峰值云图，按照 NEI 07-13 给出的 6 个等级的中值易损性极限划分等高线。图 7-81 给出了在本章工况下，按照冲击损伤安全距离划分的 A380 飞机撞击下核电设备的危险区域图。

由图 7-81 可以得到，图中的黑色区域为最危险的区域，在黑色区域中，楼板振动合加速度都大于甚至远大于 200g，按照 NEI 07-13 给出的设备中值易损性极限来划分属于 F 级，黑色区域中的所有核电设备都会因为振动而受到损坏；

沿着冲击速度方向的振动衰减速度是低于两侧的；其次在第 9 层中，最危险的黑色区域的半径大概是 10m 左右，而在第 8 层，黑色区域的半径大概是 5m；而无论是在第 8 层还是第 9 层，加速度小于 27g 的区域都很小，因此在大型商用飞机撞击的影响下，撞击楼层附近的位置想要保证全部的设备都正常运行比较困难。

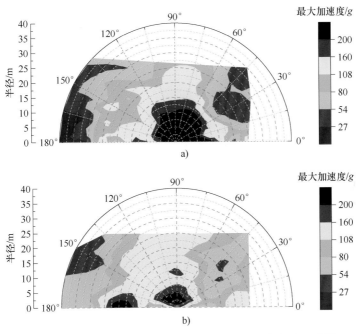

图 7-81　A380 飞机撞击下核电厂房 A 的核电设备危险区域图
a）第 8 层　b）第 9 层

可以看到即使是第 8 层与第 9 层这样距离很近的情况下，第 8 层中同级别的核电设备危险区域仍然大幅小于第 9 层，因此剩余楼层更不具备讨论价值，只需要对第 9 层进行分析，这里将飞机撞击核电厂房受振动影响最大的楼层简称为主楼层，在飞机垂直于墙面撞击核电厂房的工况中，主楼层应该都是机身结构对应的楼板所在楼层。

通过线性插值法，结合第 9 层所有测点的数据，得到了在本节工况中，A380 撞击核电厂房 A 时，破坏最严重的楼层里核电设备的冲击损伤安全距离，见表 7-15。在本章的工况中，SD1 作为最脆弱的核电设备等级，距离约为 33.5m，即在 33.5m 外的所有核电设备都基本可以保持正常运行。考虑到飞机撞击的作用点一般都在较高的位置。因此，建议关键核设备的布置应同时考虑其功能与安全范围，可以布置在高度较低且远离外墙的位置。

表 7-15　本节工况中各等级设备的冲击损伤安全距离

设备安全等级	SD1	SD2	SD3	SD4	SD5	SD6
冲击损伤安全距离/m	33.5	25.9	21.7	19.2	15.3	11.5

通过比较各级别的冲击损伤安全距离，比如 SD6 到 SD5，设备中值易损性极限降低了 $40g$，其安全距离增加了 3.8m；而比较 SD1 和 SD2，设备的中值易损性极限降低了 $27g$，其安全距离增加了 7.6m，结合图 7-53 得到的振动加速度峰值变化规律，再次证明由飞机撞击引起的核电厂房振动，其衰减速度随着距撞击点距离的增大而减小。

7.4.4　典型撞击工况分析

上文分析了空客 A380 飞机撞击核电厂房第 8 层与第 9 层楼的位置带来的影响，本小节将讨论不同的撞击位置对模拟结果的影响。由于低楼层的撞击更靠近地基位置，也更靠近下部各楼层互相连接的位置，因此判断如果撞击位置更低，撞击产生的振动加速度幅值应该更小，核电设备的危险范围就应该更小。本小节选择的撞击点与 7.4.2 小节中的撞击点仅有高度上的区别，本小节的撞击点位于核电厂房附属厂房的第 5 层楼，距离底部 22.39m，如图 7-82 所示。

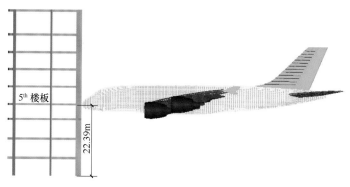

图 7-82　撞击位置

本小节测点设置在附属厂房第 5 层楼板上，具体分布与图 7-79 相同。撞击过程及核电厂房的等效塑性应变云图，如图 7-83 所示。与图 7-78 对比可以发现，外墙塑性应变较大的位置都集中在撞击楼层附近的区域，且墙体与楼板连接的位置最易发生破坏。

再次根据全部 77 个测点的加速度峰值数据，绘制该工况下测点的加速度峰值云图，并按照 A～F 等级划分核电设备的冲击损伤危险区域，如图 7-84 所示。

图 7-83　撞击过程与厂房等效塑性应变云图

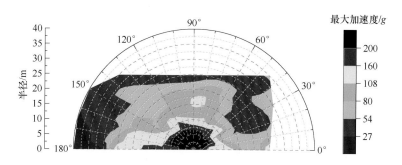

图 7-84   A380 飞机撞击下核电厂房的核电设备危险区域图

将图 7-84 与图 7-81a 对比，可以看到主楼层加速度的变化趋势基本相同，中间的振动衰减比两边慢，且各个危险区域的范围都将大幅度减小。说明撞击位置较低时，在主楼层中，由飞机撞击引起的结构振动对核电厂房内的核电设备威胁更小。将图 7-84 与图 7-81b 对比，综合来看，图 7-84 中各级别的核电设备危险区域也更小。说明撞击低层结构时对核电设备的威胁降低幅度很大，不仅核电设备的危险区域低于高楼层工况的主楼层，甚至还低于部分其他楼层。

同样使用插值法，求得在低楼层工况中，主楼层的各级别核电设备冲击损伤安全距离取值见表 7-16。

表 7-16   低楼层工况中各等级设备的冲击损伤安全距离

设备安全等级	SD1	SD2	SD3	SD4	SD5	SD6
冲击损伤安全距离/m	31.6	22.6	17.0	12.5	8.4	6.4

撞击高楼层工况与低楼层工况时的各级别核电设备的冲击损伤安全距离变化趋势，如图 7-85 所示。由表 7-16 与图 7-85 可知，与高楼层工况比较，低楼层工况主楼层的核电设备冲击损伤安全距离中，对应的核电设备对振动越不敏感、中值易损性极限越高的（如 SD5、SD6）减少的越多，高达 44.3%；而对振动越敏感、中值脆性极限越低的（如 SD1、SD2）则减少幅度较小，最低的 SD1 减少幅度仅有 5.7%。此处需要说明的是，由于 SD1 的冲击

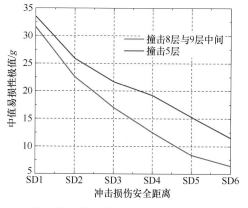

图 7-85   撞击不同楼层时各级别核电
设备的冲击损伤安全距离变化趋势

损伤安全距离数据点较少，因此其计算结果误差可能比其他项偏大。

7.5　本章小结

本章通过飞机模型撞击核电厂房模型冲击试验与数值模拟，对大型商用飞机撞击下核电厂房的损伤破坏和动态响应进行了研究，主要工作和结论如下。

1）完成了飞机模型、核电厂房模型的设计验证、加工与浇筑。使用工程绘图软件 SolidWorks 设计并采用有限元软件 LS-DYNA 模拟了适用于后续试验的飞机模型，讨论了加载速度对冲击过程的影响，证明了该模型的可靠性与使用条件，为了保证飞机模型充分压溃，最低的加载速度不应低于 100m/s；获取了飞机模型在不同加载速度下的试验特性与冲击荷载，证实了该飞机模型能够为后续试验提供与大型商用飞机撞击具有相似性质的冲击荷载。

2）设计并完成飞机撞击核电厂房模型试验，获得了核电厂房模型在飞机模型撞击作用下的损伤破坏及动力反应特性参数，分析了振动的传播规律。在已公开文献中，这是全球研究首例大型复杂结构在飞机模型撞击作用下的动态响应试验。基于大型发射装置，将自主设计加工的飞机模型加速到 170m/s 并按预定位置撞击了核电厂房模型，获取了核电厂房结构在飞机撞击作用下的损伤破坏与动态响应参数。试验一中墙体撞击点表面有开坑，背面钢筋混凝土保护层被震塌，但是试验二筒体结构被完全贯穿，说明厂房模型的楼板与隔墙能增加结构强度，极大地提升了结构抗飞机撞击的能力；初步归纳了飞机撞击引起的结构振动传播衰减规律，结构振动加速度的衰减速度随着到撞击点距离的增大而减小；确定了飞机撞击引起的厂房楼板加速度范围为几十到一百多个重力加速度，从而可能影响核电设备的正常运行。此次试验不仅为飞机撞击核电厂房相关试验提供了参照，也为后续校核数值模拟方法提供了依据。

3）使用 LS-DYNA 对两次飞机模型冲击试验进行了数值模拟分析，结合试验论证了数值模拟方法的正确性。首先使用 SolidWorks 与 HyperMesh 完成了两次冲击试验的有限元建模，而后开展了飞机模型撞击核电厂房模型的数值模拟，模拟结果无论是从试验过程、核电厂房模型损伤破坏、飞机模型姿态与最终形态、核电厂房的动态响应等方面都能与试验结果吻合得很好，从而证明了所使用的数值模拟方法、建模方法、材料本构模型与参数设置等的正确性。模拟得到飞机模型在贯穿及不贯穿两种情况下的冲击荷载，且飞机未屈曲部分的速度曲线符合公开文献中的飞机撞击双线性速度模型曲线特征，证明了本书所采用的飞机模型具有大型商用飞机的典型特征。

4）使用已验证过的数值模拟方法开展了原型 A380 飞机撞击核电厂房数值

模拟，结果表明：飞机撞击通常仅引起直接承受撞击荷载楼层的剧烈振动，其他楼层振动加速度衰减极为明显，且核电站的隔震缝能有效降低飞机撞击引起的振动的传播；飞机撞击不会导致结构直接破坏、坍塌、贯穿等问题，但是在局部塑性应变较大的区域，结构存在产生大量裂纹甚至失效的风险。本章结合模拟结果与 NEI 07-13 报告，提出了核电设备受飞机撞击振动影响的安全评估方法，初步校核了在本章两种工况下的核电设备各级别的冲击损伤安全距离相关参数，获得了不同中值易损性极限的核电设备的危险范围，建议将核电厂房中的重要设备布置在较低的楼层且尽量远离可能发生撞击的外墙。

参 考 文 献

［1］吴昊，方秦，龚自明，等.冲击爆炸作用对核电站安全壳毁伤效应研究的进展［J］.防灾减灾工程学报，2011，32（3）：384-392.

［2］DEPARTMENT OF ENERGY. Accident analysis for aircraft crash into hazardous facilities：DOE-STD-3014-2006［S］. Washington，DC：U. S. Department of Energy，2006.

［3］NUCLEAR REGULATORY COMMISSION. Domestic licensing of production and utilization facilities：10 CFR Part 50［S］. Washington，DC：U. S. Nuclear Regulatory Commission，2009.

［4］NUCLEAR REGULATORY COMMISSION. Consideration of aircraft impacts for new nuclear power reactors：74 FR 28111［S］. Washington，DC：U. S. Nuclear Regulatory Commission，2009.

［5］NUCLEAR ENERGY INSTITUTE. Methodology for performing aircraft impact assessments for new plant designs：NEI 07-13，Revision 8［R］. Washington，DC：U. S. Nuclear Energy Institute，2009.

［6］NUCLEAR REGULATORY COMMISSION. Guidance for the assessment of beyond-design-basis aircraft impacts：76 FR 50275［R］. Washington，DC：U. S. Nuclear Regulatory Commission，2011.

［7］国家核安全局.核动力厂设计安全规定：HAF 102—2016［S］.北京：国家核安全局，2016.

［8］JIANG H，CHORZEPA M G. Aircraft impact analysis of nuclear safety-related concrete structures：A review［J］. Engineering Failure Analysis，2014，46：118-133.

［9］刘晶波，韩鹏飞，林丽，等.飞机撞击建（构）筑物研究进展［J］.爆炸与冲击，2016，36（2）：269-278.

［10］温丽晶，张春明，刘海庆，等.飞机撞击下核电厂安全壳载荷曲线相关问题研究［J］.安全与环境学报，2015，15（6）：106-110.

［11］CHENG S J，SUN Y G，LI S X，et al. Methodology for the analysis of large commercial aircraft impact on NPP［C］// In：Transactions of the 25th International Conference on Nuclear Engineering. American Society of Mechanical Engineers，2017.

［12］EIBL J. Soft and hard impact［C］// Proceedings of the FIP Congress. The Concrete Society，Concrete for Hazard Protection. Edinburgh，Scotland，1987，175-186.

［13］KŒCHLIN P，POTAPOV S. Specificity of aircraft crash compared to other missile impacts［C］// In：Transactions of the 16th International Conference on Nuclear Engineering. American Society of Mechanical Engineers，2008：285-291.

［14］KŒCHLIN P，POTAPOV S. Classification of soft and hard impacts—Application to aircraft crash［J］. Nuclear Engineering and Design，2009，239（4）：613-618.

［15］RIERA J D. On the stress analysis of structures subjected to aircraft impact forces［J］. Nuclear Engineering and Design，1968，8（4）：415-426.

[16] 韩鹏飞，刘晶波，陆新征，等. 飞机撞击荷载计算模型中压溃力选取分析 [J]. 工程力学，2016，33（2）：81-87.

[17] HORNYIK K. Analytic modeling of the impact of soft missiles on protective walls [C]//Transaction of the 4th International Conference on Structural Mechanics in Reactor Technology, 1977, J7/3.

[18] BAHAR L Y, RICE J S. Simplified derivation of the reaction-time history in aircraft impact on a nuclear power plant [J]. Nuclear Engineering and Design, 1978, 49（3）：263-268.

[19] KAR A K. Impactive effects of tornado missiles and aircraft [J]. Journal of the Structural Division, 1979, 105（11）：2243-2260.

[20] RIERA J D. A critical reappraisal of nuclear power plant safety against accidental aircraft impact [J]. Nuclear Engineering and Design, 1980, 57（1）：193-206.

[21] SUGANO T, TSUBOTA H, KASAI Y, et al. Full-scale aircraft impact test for evaluation of impact force [J]. Nuclear Engineering and Design, 1993, 140（3）：373-385.

[22] 张超. 飞机碰撞混凝土靶的冲击载荷解析研究 [D]. 北京：北京理工大学，2015.

[23] DRITTLER K, GRUNER P. Calculation of the total force acting upon a rigid wall by projectiles [J]. Nuclear Engineering and Design, 1976, 37（2）：231-244.

[24] DRITTLER K, GRUNER P. The force resulting from impact of fast-flying military aircraft upon a rigid wall [J]. Nuclear Engineering and Design, 1976, 37（2）：245-248.

[25] WOLF J P, BUCHER K M, SKRIKERUD P E. Response of equipment to aircraft impact [J]. Nuclear Engineering and Design, 1978, 47（1）：169-193.

[26] ZORN N F, SCHUËLLER G I. On the failure probability of the containment under accidental aircraft impact [J]. Nuclear Engineering and Design, 1986, 91（3）：277-286.

[27] ALDERSON MAHG, DAVIS I L, BARTLEY R, et al. Reinforced concrete behaviour due to missile impact [C]// In: Transactions of the 4th International Conference on Structural Mechanics in Reactor Technology, 1977, J7/7: 1-10.

[28] NACHTSHEIM W, STANGENBERG F. Interpretation of results of Meppen slab tests—Comparison with parametric investigations [J]. Nuclear Engineering and Design, 1983, 75（2）：283-290.

[29] NACHTSHEIM W, STANGENBERG F. Selected results of Meppen slab tests—State of interpretation, comparison with computational investigations [C]// In: Transactions of the 7th International Conference on Structural Mechanics in Reactor Technology, 1983, J8/1: 379-386.

[30] RÜDIGER E, RIECH H. Experimental and theoretical investigations on the impact of deformable missiles onto reinforced concrete slabs [C]// In: Transactions of the 7th International Conference on Structural Mechanics in Reactor Technology, 1983, J8/3: 387-394.

[31] MARTIN O, CENTRO V, SCHWOERTZIG T. Finite element analysis on the Meppen-II-4 slab test [J]. Nuclear Engineering and Design, 2012, 247（6）：1-10.

[32] KOJIMA I. An experimental study on local behavior of reinforced concrete slabs to missile impact [J]. Nuclear Engineering and Design, 1991, 130（2）：121-132.

［33］ VON RIESEMANN W A, PARRISH R L, BICKEL D C, et al. Full-scale aircraft impact test for evaluation of impact forces, Part 1: Test plan, test method, and test results ［C］. Proc. of the 10th SMiRT, 1989.

［34］ MUTO K, SUGANO T, TSUBOTA H, et al. Full-scale aircraft impact test for evaluation of impact forces, Part 2: Analysis of the results ［C］. Proc. of the 10th SMiRT, 1989.

［35］ LEE K, JUNG J W, HONG J W. Advanced aircraft analysis of an F-4 Phantom on a reinforced concrete building ［J］. Nuclear Engineering and Design, 2014, 273: 505-528.

［36］ ITOH M, KATAYAMA M, RAINSBERGER R. Computer simulation of an F-4 Phantom crashing into a reinforced concrete wall ［J］. WIT Transactions on Modelling and Simulation, 2005 (40): 207-217.

［37］ SUGANO T, TSUBOTA H, KASAI Y, et al. Local damage to reinforced concrete structures caused by impact of aircraft engine missiles Part 1. Test program, method and results ［J］. Nuclear Engineering and Design, 1993, 140 (3): 387-405.

［38］ SUGANO T, TSUBOTA H, KASAI Y, et al. Local damage to reinforced concrete structures caused by impact of aircraft engine missiles Part 2. Evaluation of test results ［J］. Nuclear Engineering and Design, 1993, 140 (3): 407-423.

［39］ MUTO K, TACHIKAWA H, SUGANO T, et al. Experimental studies on local damage of reinforced concrete structures by the impact of deformable missiles, Part 1: Outline of test program and small-scale tests ［C］// In: Transactions of the 10th International Conference on Structural Mechanics in Reactor Technology, 1989, 257-264.

［40］ ESASHI Y, OHNUMA H, ITO C. Experimental studies on local damage of reinforced concrete structures by the impact of deformable missiles, Part 2: Intermediate scale tests ［C］// In: Transactions of the 10th International Conference on Structural Mechanics in Reactor Technology, 1989, 265-270.

［41］ MUTO K, SUGANO T, TSUBOTA H, et al. Experimental studies on local damage of reinforced concrete structures by the impact of deformable missiles, Part 3: Full scale tests ［C］// In: Transactions of the 10th International Conference on Structural Mechanics in Reactor Technology, 1989, 271-278.

［42］ MUTO K, SUGANO T, TSUBOTA H, et al. Experimental studies on local damage of reinforced concrete structures by the impact of deformable missiles, Part 4: Overall evaluation of local damage ［C］// In: Transactions of the 10th International Conference on Structural Mechanics in Reactor Technology, 1989, 279-284.

［43］ SAWAMOTO Y, TSUBOTA H, KASAI Y. Analytical studies on local damage to reinforced concrete structures under impact loading by discrete element method ［J］. Nuclear Engineering and Design, 1998, 179 (2): 157-177.

［44］ TSUBOTA H, KOSHIKA N, MIZUNO J, et al. Scale model tests of multiple barriers against aircraft impact: Part 1. experimental program and test results ［C］// In: Transactions of the 15th International Conference on Structural Mechanics in Reactor Technology, 1999, J04/2:

137-144.

[45] MORIKAWA H, MIZUNO J, MOMMA T, et al. Scale model tests of multiple barriers against aircraft impact: Part 2. simulation analyses of scale model impact tests [C]// In: Transactions of the 15th International Conference on Structural Mechanics in Reactor Technology, 1999, J04/3: 145-152.

[46] MIZUNO J, KASAI Y, KOSHIKA N, et al. Analytical evaluation of multiple barriers against full-scale aircraft impact [C]// In: Transactions of the 15th International Conference on Structural Mechanics in Reactor Technology, 1999, J04/4: 153-160.

[47] 李小军, 侯春林, 贺秋梅, 等. 飞机撞击混凝土结构的动力学分析 [J]. 爆炸与冲击, 2015, 35 (2): 215-221.

[48] MIZUNO J, KOSHIKA N, SAWAMOTO Y, et al. Investigation on impact resistance of steel plate reinforced concrete barriers against aircraft impact Part 1: test program and results [C]// In: Transactions of the 18th International Conference on Structural Mechanics in Reactor Technology, 2005, J05/1: 2566-2579.

[49] MIZUNO J, KOSHIKA N, MORIKAWA H, et al. Investigation on impact resistance of steel plate reinforced concrete barriers against aircraft impact Part 2: simulation analyses of scale model impact tests [C]// In: Transactions of the 18th International Conference on Structural Mechanics in Reactor Technology, 2005, J05/2: 2580-2590.

[50] MIZUNO J, KOSHIKA N, TANAKA E, et al. Investigation on impact resistance of steel plate reinforced concrete barriers against aircraft impact Part 3: analyses of full-scale aircraft impact [C]// In: Transactions of the 18th International Conference on Structural Mechanics in Reactor Technology, 2005, J05/3: 2591-2603.

[51] SADIQ M, ZHU X Y, PAN R. Simulation analysis of impact tests of steel plate reinforced concrete and reinforced concrete slabs against aircraft impact and its validation with experimental results [J]. Nuclear Engineering and Design, 2014, 273: 653-667.

[52] LEE H K, KIM S E. Comparative assessment of impact resistance of SC and RC panels using finite element analysis [J]. Progress in Nuclear Energy, 2016, 90: 105-121.

[53] LASTUNEN A, HAKOLA I, JÄRVINEN E, et al. Impact test facility [C]// In: Transactions of the 19th International Conference on Structural Mechanics in Reactor Technology, 2007, J08/2: 1-8.

[54] HECKÖTTER C, SIEVERS J, TARALLO F, et al. Comparative analyses of impact tests with reinforced concrete slabs [J]. EUROSAFE Towards Convergence of Technical Nuclear Safety Practices in Europe, 2010.

[55] TARALLO F, RAMBACH J M, BOURASSEAU N, et al. VTT IMPACT program—First phase: Lessons gained by IRSN [C]// In: Transactions of the 20th International Conference on Structural Mechanics in Reactor Technology, 2009, Division V, Paper ID 1746.

[56] TARALLO F, RAMBACH J M. Some lessons learned from tests of VTT impact program, phases I and II [C]// In: Transactions of the 22nd International Conference on Structural Mechanics

in Reactor Technology, 2013, Division V.

［57］BORGERHOFF M, SCHNEEBERGER C, STANGENBERG F, et al. Conclusions from combined bending and punching tests for aircraft impact design［C］// In: Transactions of the 22nd International Conference on Structural Mechanics in Reactor Technology, 2013, Division V.

［58］ZINN R, BORGERHOFF M, STANGENBERG F, et al. Analysis of combined bending and punching tests of reinforced concrete slabs within IMPACT Ⅲ Project［C］// In: Transactions of the 9th International Conference on Structural Dynamics, 2014, 3533-3540.

［59］BORGERHOFF M, RODRÍGUEZ J, SCHNEEBERGER C, et al. Knowledge from further IMPACT Ⅲ tests of reinforced concrete slabs in combined bending and punching［C］// In: Transactions of the 23rd International Conference on Structural Mechanics in Reactor Technology, 2015, Division V, Paper ID 771.

［60］SAARENHEIMO A, TUOMALA M, CALONIUS K. Shear punching studies on an impact loaded reinforced concrete slab［J］. Nuclear Engineering and Design, 2015, 295 (3): 730-746.

［61］BORGERHOFF M, SCHNEEBERGER C, STANGENBERG F, et al. Vibration propagation and damping behaviour of reinforced concrete structures tested within IMPACT Ⅲ project［C］// In: Transactions of the 23rd International Conference on Structural Mechanics in Reactor Technology, 2015, Division V, Paper ID 773.

［62］VEPSÄ A, AATOLA S, CALONIUS K, et al. Impact testing of a wall-floor-floor reinfroced concrete structure［C］// In: Transactions of the 23rd International Conference on Structural Mechanics in Reactor Technology, 2015, Division V, Paper ID 337.

［63］VEPSÄ A, CALONIUS K, SAARENHEIMO A, et al. Soft impact testing of a wall-floor-wall reinforced concrete structure［J］. Nuclear Engineering and Design, 2017, 311: 86-103.

［64］HECKÖTTER C, VEPSÄ A. Experimental investigation and numerical analyses of reinforced concrete structures subjected to external missile impact［J］. Progress in Nuclear Energy, 2015, 84 (6): 56-67.

［65］NUCLEAR ENERGY AGENCY. Improving robustness assessment methodologies for structures impacted by missiles (IRIS_2010) Final Report: NEA/CSNI/R (2011) 8［R］. Paris, France: Organisation for Economic Co-operation and Development, 2012.

［66］RAMBACH J M, ORBOVIC N, TARALLO F. IRIS_2010-Part Ⅰ: General overview of the benchmark［C］// In: Transactions of the 21st International Conference on Structural Mechanics in Reactor Technology, 2011, Division V.

［67］VEPSÄ A, SAARENHEIMO A, TARALLO F, et al. IRIS_2010-PART Ⅱ: Experimental data［C］// In: Transactions of the 21st International Conference on Structural Mechanics in Reactor Technology, 2011, Division V, Paper ID 520.

［68］ORBOVIC N, BENBOUDJEMA F, BERTHAUD Y, et al. IRIS_2010-PART Ⅲ: Numerical simulations of MEPPEN Ⅱ-4 test and VTT-IRSN-CNSC punching tests［C］// In: Transactions of the 21st International Conference on Structural Mechanics in Reactor Technology, 2011, Division V, Paper ID 163.

[69] BERTHAUD Y, BENBOUDJEMA F, COLLIAT J B, et al. IRIS_2010-PART Ⅳ: Numerical simulations of flexural VTT-IRSN tests [C]// In: Transactions of the 21st International Conference on Structural Mechanics in Reactor Technology, 2011, Division V, Paper ID 197.

[70] TARALLO F, RAMBACH J M, ORBOVIC N. IRIS_2010-PART Ⅴ: Lessons learned, recommendations and tracks for future works [C]// In: Transactions of the 21st International Conference on Structural Mechanics in Reactor Technology, 2011, Division V, Paper ID 145.

[71] MARTIN O, CENTRO V, SCHWOERTZIG T. Numerical analyses on the missile impact tests performed at VTT within the benchmark project IRIS [M]. Luxembourg, Publications Office of the European Union, 2011.

[72] SAGALS G, ORBOVIC N, BLAHOIANU A. Sensitivity studies of reinforced concrete slabs under impact loading [C]// In: Transactions of the 21st International Conference on Structural Mechanics in Reactor Technology, 2011, Division V, Paper ID 184.

[73] CALONIUS K, ELGOHARY M, SAGALS G, et al. Punching failure of a reinforced concrete slab due to hard missile impact (IRIS_2010 case) [C]// In: Transactions of the 21st International Conference on Structural Mechanics in Reactor Technology, 2011, Division V, Paper ID 668.

[74] MARTIN O, CENTRO V, SCHWOERTZIG T. Finite element analysis on the VTT-IRSN flexural failure test [J]. Nuclear Engineering and Design, 2012, 252: 88-95.

[75] Nuclear Energy Agency. Improving Robustness Assessment Methodologies for Structures Impacted by Missiles (IRIS_2012) Final Report: NEA/CSNI/R (2014) 5 [R]. Paris, France: Organisation for Economic Co-operation and Development, 2014.

[76] ORBOVIC N, TARALLO F, RAMBACH J M, et al. IRIS_2012 benchmark-PART Ⅰ: Overview and summary of the results [C]// In: Transactions of the 22nd International Conference on Structural Mechanics in Reactor Technology, 2013, Division Ⅲ.

[77] TARALLO F, ORBOVIC N, RAMBACH J M, et al. IRIS_2012 benchmark-PART Ⅱ: Lessons learned and recommendations [C]// In: Transactions of the 22nd International Conference on Structural Mechanics in Reactor Technology, 2013, Division Ⅲ.

[78] JUNG R, CHUNG C, LEE J, et al. Model update for numerical simulation of missile impacts on reinforced concrete plates-IRIS-2012 benchmark test [C]// In: Transactions of the 22nd International Conference on Structural Mechanics in Reactor Technology, 2013, Division Ⅲ.

[79] SAGALS G, ORBOVIC N, BLAHOIANU A. Effect of transverse reinforcement for missile impact on reinforced concrete slabs [C]// In: Transactions of the 22nd International Conference on Structural Mechanics in Reactor Technology, 2013, Division Ⅵ.

[80] HECKÖTTER C, SIEVERS J. Simulation of impact tests with hard, soft and liquid filled missiles on reinforced concrete structures [J]. Journal of Applied Mechanics, 2013, 80 (3): 1805.

[81] SAGALS G, ORBOVIC N, BLAHOIANU A. Modelling of reinforced concrete slabs under impact loading [C]// Computers and Advanced Technology in Education. 2014.

［82］ ORBOVIC N, TARALLO F, RAMBACH J M, et al. IRIS_2012 OECD/NEA/CSNI benchmark：Numerical simulations of structural impact ［J］. Nuclear Engineering and Design, 2015, 295：700-715.

［83］ ORBOVIC N, SAGALS G, BLAHOIANU A. Influence of transverse reinforcement on perforation resistance of reinforced concrete slabs under hard missile impact ［J］. Nuclear Engineering and Design, 2015, 295：716-729.

［84］ CHUNG C, LEE J, JUNG R. Numerical simulations of missile impacts on reinforced concrete plates：IRIS-2010/2012 benchmark project ［J］. Nuclear Engineering and Design, 2015, 295：747-758.

［85］ HERVÉ G, GALAN M, DARRABA A. IRIS Phase 3-Description of IRIS Phase 3 project ［R］. Paris, France：Électricité de France, 2016.

［86］ THAI D K, KIM S E. Failure analysis of reinforced concrete walls under impact loading using the finite element approach ［J］. Engineering Failure Analysis, 2014, 45 (1)：252-277.

［87］ RIEDEL W, NÖLDGEN M, STRAẞBURGER E, et al. Local damage to Ultra High Performance Concrete structures caused by an impact of aircraft engine missiles ［J］. Nuclear Engineering and Design, 2010, 240 (10)：2633-2642.

［88］ THAI D K, KIM S E. Failure analysis of UHPFRC panels subjected to aircraft engine model impact ［J］. Engineering Failure Analysis, 2015, 57：88-104.

［89］ THAI D K, KIM S E. Prediction of UHPFRC panels thickness subjected to aircraft engine impact ［J］. Case Studies in Structural Engineering, 2016, 5：38-53.

［90］ 王强. 典型飞机模拟结构冲击载荷测试研究 ［D］. 北京：北京理工大学, 2016.

［91］ 孔建伟, 刘君. CPR1000 核电厂安全壳撞击试验研究 ［J］. 工业建筑, 2017, 47 (1)：21-26.

［92］ DUAN Z P, ZHANG L S, WEN L J, et al. Experimental research on impact loading characteristics by full-scale airplane impacting on concrete target ［J］. Nuclear Engineering and Design, 2018, 328：292-300.

［93］ WEN L J, ZHANG C M, GUO C, et al. Dynamic responses of a steel-reinforced concrete target impacted by aircraft models ［J］. International Journal of Impact Engineering, 2018, 117：123-137.

［94］ ARROS J, DOUMBALSKI N. Analysis of aircraft impact to concrete structures ［J］. Nuclear Engineering and Design, 2007, 237 (12)：1241-1249.

［95］ SIEFERT A, HENKEL F O. Nonlinear analysis of commercial aircraft impact on a reactor building-Comparison between integral and decoupled crash simulation ［J］. Nuclear Engineering and Design, 2014, 269：130-135.

［96］ 张涛. 大型商用客机对核电站安全壳撞击破坏效应的理论与数值模拟研究 ［D］. 南京：解放军理工大学, 2015.

［97］ 郑文凯. 大型商用飞机撞击核电站屏蔽厂房的荷载研究 ［D］. 北京：清华大学, 2013.

［98］ 刘晶波, 郑文凯. 大型商用飞机撞击核电站屏蔽厂房荷载研究 ［J］. 振动与冲击, 2014,

33（6）：97-101.

[99] 左家红. 秦山核电厂安全壳在飞机撞击下的非线性分析 [J]. 核科学与工程, 1992, 12 (1)：35-42.

[100] 李笑天, 何树延. 飞机撞击核反应堆安全壳的动力学分析 [J]. 核动力工程, 2004, 25 (5)：426-429.

[101] KUKREJA M. Damage evaluation of 500 MWe Indian pressurized heavy water reactor nuclear containment for aircraft impact [J]. Nuclear Engineering and Design, 2005, 235 (17)：1807-1817.

[102] FRANO R L, FORASASSI G. Preliminary evaluation of aircraft impact on a near term nuclear power plant [J]. Nuclear Engineering and Design, 2011, 241 (12)：5245-5250.

[103] IQBAL M A, RAI S, SADIQUE M R, et al. Numerical simulation of aircraft crash on nuclear containment structure [J]. Nuclear Engineering and Design, 2012, 243：321-335.

[104] SADIQUE M R, IQBAL M A, BHARGAVA P. Nuclear containment structure subjected to commercial and fighter aircraft crash [J]. Nuclear Engineering and Design, 2013, 260：30-46.

[105] 李亮, 潘蓉, 朱秀云. 飞机撞击反应堆安全壳的有限元分析 [J]. 电力建设, 2013, 34 (8)：77-80.

[106] 汤胜文. 核电站外安全壳冲击荷载与冲击响应研究 [D]. 哈尔滨：哈尔滨工业大学, 2014.

[107] IQBAL M A, SADIQUE M R, BHARGAVA P, et al. Damage assessment of nuclear containment against aircraft crash [J]. Nuclear Engineering and Design, 2014, 278：586-600.

[108] 李亮, 潘蓉, 朱秀云, 等. 基于荷载时程分析法的飞机撞击反应堆安全壳的对比研究 [J]. 工业建筑, 2015, 45 (9)：17-21.

[109] ROUZAUD C, GATUINGT F, HERVÉ G, et al. Influence of the aircraft crash induced local nonlinearities on the overall dynamic response of a RC structure through a parametric study [J]. Nuclear Engineering and Design, 2016, 298：168-182.

[110] 朱秀云, 潘蓉, 朱京圣. 商用飞机撞击钢筋混凝土结构安全壳筒身的最不利部位数值分析 [J]. 工业建筑, 2017, 47 (9)：14-19.

[111] SADIQUE M R, IQBAL M A, BHARGAVA P. Impact analysis of fighter jet near the nuclear containment base [J]. Procedia Engineering, 2017, 173：1342-1348.

[112] WANG X Q, WANG D Y, ZHANG Y S, et al. Research on the impact effect of AP1000 shield building subjected to large commercial aircraft [J]. Nuclear Engineering and Technology, 2021, 53 (5)：1686-1704.

[113] 王晓雯, 王明弹, 夏祖讽. 先进半球顶安全壳在飞机撞击下的动态响应分析 [C]// 第 15 届全国反应堆结构力学会议论文集. 北京：原子能出版社, 2008.

[114] LEE K, HAN S E, HONG J W. Analysis of impact of large commercial aircraft on a prestressed containment building [J]. Nuclear Engineering and Design, 2013, 265：431-449.

[115] 曹健伟. 商用客机对核安全壳撞击破坏效应的数值模拟分析 [D]. 南京：解放军理工

大学，2013.

[116] 曹健伟，方秦，龚自明，等. 商用客机对核安全壳撞击破坏效应的数值模拟分析 [J]. 工程力学，2014，31（9）：63-70.

[117] 张涛，方秦，吴昊，等. 飞机对核安全壳撞击破坏效应的数值模拟 [J]. 解放军理工大学学报（自然科学版），2014，15（4）：335-340.

[118] 张涛，方秦，吴昊，等. 飞机撞击核安全壳不同位置破坏效应的数值模拟 [J]. 应用数学和力学，2015，36（增刊）：107-116.

[119] ANDONOV A, KOSTOV M, ILIEV A. Capacity assessment of concrete containment vessels subjected to aircraft impact [J]. Nuclear Engineering and Design, 2015, 295: 767-781.

[120] MOHAN K M, CHAKRABARTI S K, BASU P C, et al. Study of the linear behaviour of a PSC containment dome with large openings [J]. Nuclear Engineering and Design, 2000, 196 (2): 123-137.

[121] 徐征宇. 飞机撞击核岛屏蔽厂房的有限元分析 [J]. 核科学与工程，2010，30（增刊）：309-313.

[122] 周妙莹. 冲击荷载作用下安全壳的破坏机理研究 [D]. 哈尔滨：哈尔滨工业大学，2014.

[123] 程书剑. AP1000 钢板混凝土屏蔽厂房抗大型商用飞机撞击分析 [J]. 核电工程与技术，2014（1）：41-48.

[124] 程书剑，王晓雯，葛鸿辉，等. AP1000 钢筋混凝土屏蔽厂房抗大型商用飞机撞击分析 [J]. 核动力工程，2015，36（5）：140-143.

[125] 林丽，陆新征，韩鹏飞，等. 大型商用飞机撞击刚性墙及核电屏蔽厂房的撞击力分析 [J]. 振动与冲击，2015，34（9）：158-163，176.

[126] 朱秀云，潘蓉，林皋，等. 基于荷载时程分析法的商用飞机撞击钢板混凝土结构安全壳的有限元分析 [J]. 振动与冲击，2015，34（1）：1-5.

[127] 吴婧姝，张兴斌，潘蓉. 大型商用飞机撞击核安全壳破坏效应的数值模拟 [J]. 工业建筑，2016，46（10）：28-32.

[128] 刘晶波，韩鹏飞，郑文凯，等. 商用飞机撞击核电站屏蔽厂房数值模拟 [J]. 爆炸与冲击，2016，36（3）：391-399.

[129] CHUNG C H, CHOI H, PARK J. Local collision simulation of an SC wall using energy absorbing steel [J]. Nuclear Engineering and Technology, 2013, 45 (4): 553-564.

[130] JEON S J, JIN B M. Improvement of impact-resistance of a nuclear containment building using fiber reinforced concrete [J]. Nuclear Engineering and Design, 2016, 304: 139-150.

[131] DUNDULIS G, KULAK R F, MARCHERTAS A, et al. Structural integrity analysis of an Ignalina nuclear power plant building subjected to an airplane crash [J]. Nuclear Engineering and Design, 2007, 237 (14): 1503-1512.

[132] THAI D K, KIM S E, LEE H K. Effects of reinforcement ratio and arrangement on the structural behavior of a nuclear building under aircraft impact [J]. Nuclear Engineering and Design, 2014, 276: 228-240.

359

[133] 黄涛, 李忠诚. 基于 ANSYS/LS-DYNA 的抗飞机撞击结构非线性动力分析 [J]. 核科学与工程, 2015, 35 (4): 743-748.

[134] THAI D K, KIM S E. Safety assessment of a nuclear power plant building subjected to an aircraft crash [J]. Nuclear Engineering and Design, 2015, 293: 38-52.

[135] SHIN S S, HAHM D, PARK T. Shock vibration and damage responses of primary auxiliary buildings from aircraft impact [J]. Nuclear Engineering and Design, 2016, 310: 57-68.

[136] LO FRANO R, STEFANINI L. Investigation of the behaviour of a LILW superficial repository under aircraft impact [J]. Nuclear Engineering and Design, 2016, 300: 552-562.

[137] LEE S, CHOI W S, SEO K S. Safety assessment of a metal cask under aircraft engine crash [J]. Nuclear Engineering and Technology, 2016, 48 (2): 505-517.

[138] ALMOMANI B, LEE S, KANG H G. Structural analysis of a metal spent-fuel storage cask in an aircraft crash for risk assessment [J]. Nuclear Engineering and Design, 2016, 308: 60-72.

[139] ALMOMANI B, LEE S, JANG D C, et al. Probabilistic risk assessment of aircraft impact on a spent nuclear fuel dry storage [J]. Nuclear Engineering and Design, 2017, 311: 104-119.

[140] ALMOMANI B, JANG D, LEE S, et al. Development of a PSA framework for an interim dry storage facility subjected to an aircraft crash using best-estimate structural analysis [J]. Nuclear Engineering and Technology, 2017, 49 (2): 411-425.

[141] LI Y, LIN F, GU X L, et al. Numerical research of a super-large cooling tower subjected to accidental loads [J]. Nuclear Engineering and Design, 2014, 269 (4): 184-192.

[142] ITOH M, KATAYAMA M, RAINSBERGER R. Computer simulation of a Boeing 747 passenger jet crashing into a reinforced concrete wall [J]. Materials Science Forum, 2004, 465-466: 73-78.

[143] LU X Z, LIN K Q, CEN S, et al. Comparing different fidelity models for the impact analysis of large commercial aircrafts on a containment building [J]. Engineering Failure Analysis, 2015, 57: 254-269.

[144] LUTHER W, MÜLLER W C. FDS simulation of the fuel fireball from a hypothetical commercial airliner crash on a generic nuclear power plant [J]. Nuclear Engineering and Design, 2009, 239 (10): 2056-2069.

[145] JEON S J, JIN B M, KIM Y J. Assessment of the fire resistance of a nuclear power plant subjected to a large commercial aircraft crash [J]. Nuclear Engineering and Design, 2012, 247: 11-22.

[146] SIKANEN T, HOSTIKKA S. Numerical simulations of liquid spreading and fires following an aircraft impact [J]. Nuclear Engineering and Design, 2017, 318: 147-162.

[147] PETRANGELI G. Large airplane crash on a nuclear plant: Design study against excessive shaking of components [J]. Nuclear Engineering and Design, 2010, 240 (12): 4037-4042.

[148] LIN F, TANG H. Nuclear containment structure subjected to commercial aircraft crash and subsequent vibrations and fire [J]. Nuclear Engineering and Design, 2017, 322: 68-80.

[149] SIDDIQUI N A, IQBAL M A, ABBAS H, et al. Reliability analysis of nuclear containment

without metallic liners against jet aircraft crash [J]. Nuclear Engineering and Design, 2003, 224 (1): 11-21.

[150] ABBAS H, PAUL D K, GODBOLE P N, et al. Aircraft crash upon outer containment of nuclear power plant [J]. Nuclear Engineering and Design, 1996, 160 (1-2): 13-50.

[151] TENNANT D, LEVINE H, MOULD J, et al. Rapid evaluation of buildings and infrastructure to accidental and deliberate aircraft impact [J]. Nuclear Engineering and Design, 2014, 269 (6): 142-148.

[152] KOSTOV M, HENKEL F O, ANDONOV A. Safety assessment of A92 reactor building for large commercial aircraft crash [J]. Nuclear Engineering and Design, 2014, 269 (4): 262-267.

[153] HALLQUIST J O. LS-DYNA keyword user's manual [J]. Livermore Software Technology Corporation, 2007, Version: 970.

[154] JONES N. Structural Impact [M]. 2nd ed. Cambridge University Press, 2011.

[155] GERARD G. The crippling strength of compression elements [J]. Journal of the Aerospace Science, 1958, 25 (1): 37-52.

[156] BIGNON P G, RIERA J D. Verification of methods of analysis for soft missile impact problems [J]. Nuclear Engineering and Design, 1980, 60 (3): 311-326.

[157] http://www.airbus.com/aircraftfamilies/passengeraircraft/a380family/specifications/.

[158] http://tu.vx.com/1409/35732.html#ad-image-0.

[159] http://www.airbus.com/aircraftfamilies/passengeraircraft/a380family/specifications/.

[160] http://tu.vx.com/1307/533.html#ad-image-1.

[161] JOHNSON G R, COOK W H. A constitutive model and data for metals subjected to large strains, high strain rates and high temperatures [C]// Proceedings of the 7th International Symposium on Ballistics, 1983, 21: 541-548.

[162] 丁宁, 余文力, 王涛, 等. LS-DYNA 模拟无限水介质爆炸中参数设置对计算结果的影响 [J]. 弹箭与制导学报, 2008, 28 (2): 127-130.

[163] 龚振斌. 核电站安全壳预应力工程 [C]// 新世纪预应力技术创新学术交流会论文集. 北京: 中国土木工程学会, 2002, 515-522.

[164] MURRAY Y D. User's manual for LS-DYNA concrete material model 159 [R]. Washington DC: Federal Highway Administration, 2007.

[165] MURRAY Y D, ABU-ODEH A, BLIGH R. Evaluation of LS-DYNA concrete material model 159 [R]. Washington DC: Federal Highway Administration, 2007.

[166] SCHWER L E, MURRAY Y D. A three-invariant smooth cap model with mixed hardening [J]. International Journal for Numerical and Analytical Methods in Geomechanics, 1994, 18 (10): 657-688.

[167] MURRAY Y D. Theory and evaluation of concrete material model 159 [C]. 8th International LS-DY NA Users Conference, 2004.

[168] Electric Power Research Institute. A criterion for determining exceedance of the operating basis

earthquake: NP-5930 [R]. California: International Association for Structural Mechanics in Reactor Technology, 1988.

[169] KOSTOV M. Seismic safety evaluation based on DIP [J]. Nuclear Engineering and Design, 2014, 269 (4): 256-261.

[170] PETRY L. Monographies de Systemes d'Artillerie [M]. Brussels: Meline, Coms et Compagnie, 1910.

[171] SAMUELY F J, HAMANN C W. Civil protection [M]. Lodon: The Architectural Press, 1939.

[172] WALTER T A, WOLDE-TINSAE A M. Turbine missile perforation of reinforced concrete [J]. J Struct Eng ASCE, 1984, 110 (10): 2439-2455.

[173] AMIRIKIAN A. Design of protective structures: Report NT-3726 [R]. Washington, DC: Bureau of Yards and Docks, Department of the Navy, 1950.

[174] AMDE A M, MIRMIRAN A, WALTER T A. Local damage assessment of turbine missile impact on composite and multiple barriers [J]. Nuclear Engineering and Design, 1997, 178 (1/2): 145-156.

[175] BETH R A. Penetration of projectiles in concrete: PPAB Interim Report No. 3 [R]. Maryland: Ballistic Research Laboratories, 1941.

[176] CHELAPATI C V, KENNEDY R P, WALL I B. Probabilistic assessment of aircraft hazard for nuclear power plants [J]. Nuclear Engineering and Design, 1972, 19 (2): 333-364.

[177] GWALTNEY R C. Missile generation and protection in light water-cooled reactor power plants: ORNL NSIC-22 [R]. Tennessee: Oak Ridge National Laboratory, 1968.

[178] ADELI H, AMIN A M. Local effects of impactors on concrete structures [J]. Nuclear Engineering and Design, 1985, 88 (3): 301-317.

[179] FAKHARI M, LINDERMAN R B, ROTZ J V, et al. Design of structures for missile impact [R]. Rev. 1, Bechtel Power Corporation, San Francisco, July, 1972.

[180] ACE. Fundamentals of protective design [R]. Office of the Chief of Engineers, Army Corps of Engineers, Report AT120 AT1207821, 1946.

[181] NATIONAL DEFENSE RESEARCH COMMITTEE. Effects of impact and explosion: Summary Technical Report of Division 2, Vol 1 [R]. Washington, DC: National Defense Research Committee, 1946.

[182] KENNEDY R P. Effects of an aircraft crash into a concrete reactor containment building [M]. Anaheim, CA: Holmes & Narver Inc, 1966.

[183] KENNEDY R P. A review of procedures for the analysis and design of concrete structures to resist missile impact effects [J]. Nuclear Engineering and Design, 1976, 37 (2): 183-203.

[184] BEN-DOR G, DUBINSKY A, ELPERIN T. High-speed penetration dynamics: Engineering models and methods [M]. World Scientific Publishing Co. Pte. Ltd, 2013.

[185] WHIFFEN P. UK road research laboratory note [M]. No. MOS/311, 1943.

[186] KAR A K. Local effects of tornado-generated missiles [J]. ASCE J the Structural Division 104

（ST5）：809-816，1978.

[187] BERRIAUD C, SO-KOLOVSKY A, GUERAUD R, et al. Local behaviour of reinforced concrete walls under hard missile impact [J]. Nuclear Engineering and Design, 1978, 45: 457-469.

[188] FULLARD K, BAUM M R, BARR P. The assessment of impact on nuclear power plant structures in the United Kingdom [J]. Nuclear Engineering and Design, 1991, 130 (2): 113-120.

[189] BARR P. Guidelines for the design and assessment of concrete structures subjected to impact [R]. London: UK Atomic Energy Authority, 1990.

[190] BPC. Design of structures for missile impact [R]. Topical Report BC-TOP-9-A, Bechtel Power Corporation, 1974.

[191] ROTZ J V. Evaluation of tornado missile impact effects on structures [C]// Proceedings of a symposium on tornadoes, assessment of knowledge and implications for man. Lubbock, TX: Texas Technical University; June, 1976.

[192] SLITER G E. Assessment of empirical concrete impact formulas [J]. J Struct Div ASCE, 1980, 106 (ST5): 1023-1045.

[193] BANGASH M Y H. Impact and explosion: structural analysis and design [M]. Boca Raton, FL: CRC Press, 1993.

[194] JANKOV Z D, SHANAHAN J A, WHITE M P. Missile tests of quarter-scale reinforced concrete barriers [C]// Proceedings of a symposium on tornadoes, assessment of knowledge and implications for man. Lubbock, TX: Texas Technical University; June, 1976.

[195] DEGEN P P. Perforation of reinforced concrete slabs by rigid missiles [J]. J Struct Div ASCE, 1980, 106 (7): 1623-1642.

[196] CHANG W S. Impact of solid missiles on concrete barriers [J]. J Struct Div ASCE, 1981, 107 (ST2): 257-271.

[197] HALDAR A, HAMIEH H. Local effect of Solid missiles on concrete structures [J]. J Struct Div ASCE, 1984, 110 (5): 948-960.

[198] BANGASH M Y H. Concrete and concrete structures: numerical modelling and application [M]. London: Elsevier Applied Science, 1989.

[199] TM 5-855-1. Fundamentals of protective design for conventional weapons [M]. Washington DC: US Department of Army, 1986.

[200] REID S R, WEN H M. Predicting penetration, cone cracking, scabbing and perforation of reinforced concrete targets struck by flat-faced projectiles: Technical Report No. ME/AM/02.01/TE/G/018507/Z [R]. Manchester: University of Manchester Institute of Science and Technology, 2001.

[201] RONG Z D, SUN W. Experimental and numerical investigation on the dynamic tensile behavior of ultra-high performance cement based composites [J]. Construction and Building Materials, 2012, 31 (6): 168-173.

[202] VERMA M, PREM P R, RAJASANKAR J, et al. On low-energy impact response of ultra-high

performance concrete (UHPC) panels [J]. Materials and Design, 2016, 92: 853-865.

[203] Teng T L, Chu Y A, Chang F A, et al. Development and validation of numerical model of steel fiber reinforced concrete for high-velocity impact [J]. Computational Materials Science, 2008, 42 (1): 90-99.

[204] WANG Z L, WU J, WANG J G. Experimental and numerical analysis on effect of fibre aspect ratio on mechanical properties of SRFC [J]. Construction and Building Materials, 2010, 24 (4): 559-565.

[205] MAO L, BARNETT S, BEGG D, et al. Numerical simulation of ultra high performance fibre reinforced concrete panel subjected to blast loading [J]. International Journal of Impact Engineering, 2014, 64: 91-100.

[206] XU Z, HAO H, LI H N. Mesoscale modelling of dynamic tensile behaviour of fibre reinforced concrete with spiral fibres [J]. Cement and Concrete Research, 2012, 42 (11): 1475-1493.

[207] FANG Q, ZHANG J H. Three-dimensional modelling of steel fiber reinforced concrete material under intense dynamic loading [J]. Construction and Building Materials, 2013, 44 (7): 118-132.

[208] WILLE K, NAAMAN A E. Pullout behavior of high-strength steel fibers embedded in ultra-high-performance concrete [J]. ACI Materials Journal, 2012, 109 (4): 479-488.

[209] 胡昌明, 贺红亮, 胡时胜. 45 号钢的动态力学性能研究 [J]. 爆炸与冲击, 2003, 23 (2): 188-192.

[210] SAGALS G, ORBOVIC N, BLAHOIANU A. Sensitivity studies of reinforced concrete slabs under impact loading [C]// Presented at the Transactions of the 21st SMiRT, New Delhi, India, 2011.

[211] LI Q M, TONG D J. Perforation thickness and ballistic limit of concrete target subjected to rigid projectile impact [J]. J Eng Mech ASCE, 2003, 129 (9): 1083-1091.

[212] LI Q M, REID S R, WEN H M, et al. Local impact effects of hard missiles on concrete targets [J]. International Journal of Impact Engineering, 2005, 32 (1-4): 224-284.

[213] GRISARO H, DANCYGIER A N. A modified energy method to assess the residual velocity of non-deforming projectiles that perforate concrete barriers [J]. International Journal of Protective Structures, 2014, 5 (3): 307-322.

[214] HANCHAK S J, FORRESTAL M J, YOUNG E R, et al. Perforation of concrete slab with 48MPa (7ksi) and 140MPa (20ksi) unconfined compressive strengths [J]. International Journal of Impact Engineering, 1992, 12 (1): 1-7.